软件工程导论

晏 峰 著

中南大学出版社
www.csupress.com.cn

前　言

　　一直以来想写一本书，用作软件工程专业学生入门的参考书，希望本书能够让学生在开始时就能够明确学习的方向，能够理解软件项目并不是简单的编程，而是涉及到计算机科学、软件工程、系统工程学、管理学等多领域知识的集合体。同时作为一本入门的参考书，重点应该是介绍软件项目实际操作过程的方法论，而不是简单的理论堆砌或是大量的数学推导，这样做也许在学术上并不严谨，但是作为入门级参考书却能够降低学习的门槛。本书也不想写得太厚，这样在内容上不可避免地有所取舍。实际上本书的每个章节都可以对应到一本教材，所以本书仅仅只是入门，希望能够起到抛砖引玉的效果，引导学生主动地去看一些其他的资料。

　　本书可以分成三部分：第一部分也就是第 1 章，阐述了软件工程师的职业发展、素质要求和成长途径；第二部分从第 2 章开始到第 5 章，从软件开发模型开始，介绍了软件项目的系统分析方法和设计方法；第三部分包括第 6 章和第 7 章，重点介绍了软件质量管理和项目管理。这种章节的布局同样是希望学生能够在宏观上了解一个软件项目到底是如何开展的，而不仅仅是把软件开发就当成编程。

　　本书由晏峰执笔，吴章勇、任青松负责审校工作。在撰写过程中参考了百度百科、百度文库、维基百科、MBA 文库等网络资料，同时也参考了计算机科学与技术、软件工程专业的部分教材，对此，深表谢意。

　　本书可以作为软件工程专业的专业导论教材，也可以作为相关专业的参考书使用。

编　者

2016 年 11 月 30 日

目　录

第 1 章　软件工程师的素养和成长

1.1　软件工程师职业规划

计算机硬件技术的发展符合"摩尔定律"所述：当价格不变时，集成电路上可容纳的晶体管数目，约每隔 18 个月便会增加一倍，性能也将提升一倍。软件技术的发展同样符合此规律，每隔 1 ~ 2 年便有新的概念和新的技术出现，对软件开发者而言，所面临的是一个知识和技能需要不断更新的挑战。

在软件行业流传着这样的说法："程序员只能做到 35 岁"、"软件行业技术更新太快，学到的技术很快过时"、"在中国做技术没有前途，只有去做管理、销售……"这些说法当中第一条并非完全没有道理。35 岁是人类精力和体力发展的顶峰，过了这个年龄段，是否能够继续进行高强度的软件开发确实值得商榷。但后面两条就有失偏颇，技术发展是一个不断积累的过程，类似于爱因斯坦相对论这样划时代的发现在软件行业未必不会出现，但古典物理学在人们日常生活当中还是随处可见，在 IT 技术的发展中新的技术和新的概念总是与之前的技术和概念之间存在千丝万缕的关系，可能一项技术会过时，但是通过这项技术所积累的经验不会过时，所需要做的是修正已有经验中过时的部分。与技术提升相对应的是程序员自身价值和定位的变化，最开始的工作岗位并不一定是最合适的岗位。在整个职业生涯过程中，人们将通过不断的换岗、晋升和跳槽来找到适合自己的位置，实现自我的价值。

软件行业的岗位如果细分不下百种，简单的可以分为开发工程师（程序员）、测试工程师、售前工程师、实施工程师、售后工程师、运维工程师、系统分析师、系统架构师、开发经理、项目经理等，这些岗位又可以根据方向和职位的不同进行进一步划分，比如开发工程师（程序员）可以按照开发所使用的语言种类进行进一步划分，如 C 程序员、C ++ 程序员、Java程序员、C#程序员、PHP 程序员等（国外已经很少做这个划分）。每个语言种类都有在软件行业中相应的开发领域，差别在于需求量的大小和薪资的高低而已。了解软件行业的岗位分类有助于软件开发者进行职业生涯规划。

图 1 - 1 展示了一个软件编程爱好者的职业发展之路。在编程爱好者阶段还可以纠结于C ++ 还是 Java 的语言选择，但一旦选定职业化路径后，语言的偏好将让位给企业的需要和技术的发展，此时他成为一名开发工程师。之后有两条路可以选择，一条路是纯技术路线，成为资深专家→系统架构师；另一条路是技术 + 管理的路线，成为开发经理→项目经理。实际上随着职位的升高，管理素质的要求是在不断提高的。换言之就是他都将从团队底层的执行者逐步上升到团队的管理者或决策者。在这个过程中他将不断积累软件开发经验、项目管理经验和团队管理经验，路径的最后一步是成为 CTO。这一步取决于他的创新能力和机遇。

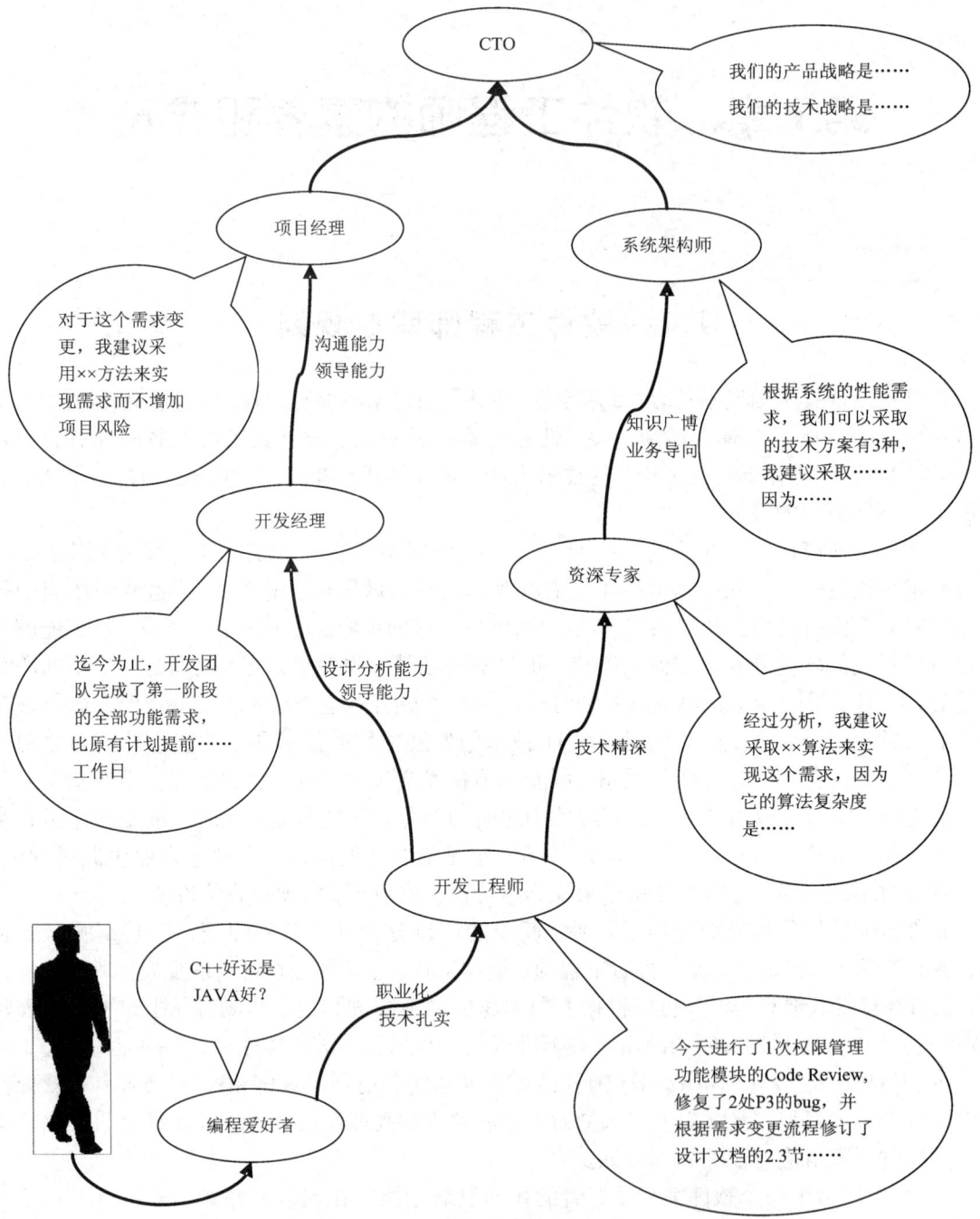

图1-1 软件开发者职业之路

从另外一个角度来考察图1-1,可以发现随着职位的提升,编程的代码量是递减的,在最底层开发工程师这一级,可能需要花费80%的时间在代码编写上,但到了CTO这一级别,代码可能仅仅会成为一种休闲的方式;与代码量的递减相反的是系统性思考工作量的递增,在开发工程师这一级仅仅需要思考如何去完成需求说明书所提出的功能性要求，而在 CTO 这一级需要考虑的是企业战略如何与信息技术的结合，这是一个思想从微观具体到宏观抽象的转变过程。

图 1-1 还隐含了一个命题，请注意从资深专家到系统架构师的路径上的这段文字——"知识广博、业务导向"。这段文字所希望表达的含义是在整个职业生涯的发展路径当中，需要充分考虑"跨专业领域"，跨专业领域所涵盖的范围非常广，所有非计算机学科专业或软件工程学科专业都属于此范畴。软件开发简单的可以分为计算机系统软件开发（如操作系统、数据库管理系统等）和应用软件系统开发（如财务管理系统、股票分析系统、游戏等），对应用软件系统而言，开发人员除了需要了解计算机软硬件方面的知识以外，还需要了解应用软件所处行业的专业知识、业务流程，只有这样才能够开发出符合"用户体验"的系统，才能够最终被用户所接受。

除了针对具体应用领域的知识以外，在软件工程师职业成长过程中，一些体现综合素质的知识也必须要掌握，就像从开发经理走向项目经理，此时他不仅需要软件开发的知识、项目管理的知识，还需要具备基本的会计和财务分析能力，只有这样他才能够去控制项目的成本，获取更多的资源。

1.2　软件工程师职业能力

职业能力（Occupational Ability）是人们从事某种职业的多种能力的综合。职业能力所涵盖的范围非常广，因此在实践当中更关注的是其关键能力或核心职业能力。软件工程师的核心职业能力可以概括为：专业能力、团队协作能力、学习与创新能力、计划与执行能力、心理素质。上述能力指标又可以具体划分为多个二级能力指标，具体见表 1-1 软件工程师的核心职业能力指标。

表 1-1　软件工程师的核心职业能力指标

一级指标		二级指标	
I	专业能力	I-1	数学能力
		I-2	外语能力
		I-3	系统分析与建模能力
		I-4	系统编程能力
		I-5	系统测试能力
		I-6	系统部署能力
		I-7	文档写作能力

续表1-1

一级指标		二级指标	
Ⅱ	团队协作能力	Ⅱ-1	团队协作精神
		Ⅱ-2	沟通和表达能力
		Ⅱ-3	人际交往能力
		Ⅱ-4	绩效管理能力
Ⅲ	学习与创新能力	Ⅲ-1	学习态度
		Ⅲ-2	学习方法
		Ⅲ-3	理解记忆能力
		Ⅲ-4	信息检索能力
		Ⅲ-5	发现问题能力
		Ⅲ-6	批判思维能力
		Ⅲ-7	直觉思维能力
Ⅳ	计划与执行能力	Ⅳ-1	组织管理能力
		Ⅳ-2	成本控制能力
		Ⅳ-3	时间管理能力
		Ⅳ-4	质量管理能力
		Ⅳ-5	风险防控能力
Ⅴ	心理素质	Ⅴ-1	成就导向
		Ⅴ-2	自我调节能力

上述指标在进行职业能力评测的时候，需要根据软件工程师不同的职位或岗位要求进行权重再分配，也可以增减其中的一些指标。一级指标中的专业能力和团队协作能力是关键性指标，心理素质指标在大企业招聘过程中会成为性格测试的一部分。此外上述指标都可以通过恰当的训练进行提升。

1.2.1　专业能力

专业能力指标反映了软件工程师执业的基本任职要求，可分解为数学能力、外语能力、系统分析与建模能力、系统编程能力、系统测试能力、系统部署能力和文档写作能力等7个二级指标。

- 数学能力

在魏德林关于数学能力一书中指出："数学能力是理解数学的(以及类似的)问题、符号、方法和证明本质的能力，是学会它们、在记忆中保持和再现它们的能力；是把它们同其他问题、符号、方法和证明结合起来的能力；也是在解数学的(或类似的)课题时应用它们的能力。"数学能力可以概括为抽象思维能力、逻辑推理与判断能力、空间想象能力、数学建模能力、数学运算能力、数据处理与数值计算能力、数学语言与符号表达能力等。对软件开发工程师而言数学建模能力、空间想象能力、抽象思维能力、逻辑推理和判断能力是必须具备的基本素质。

- 外语能力

在软件开发领域，最新技术文献和专业技术文档一般都是采用英文写作。英语在软件外包和国际交流领域也是通用语言，因此作为软件工程师最少需要掌握一门外语（英语），并具备基本的听说读写能力，除此以外还应了解相应英文公文信函的书写格式。

- 系统分析与建模能力

系统分析是软件开发的第一步，在与用户沟通的基础上，提出用户需求模型，规划设计系统的实现框架和软件的逻辑结构，并选择合适的技术用于开发，因此软件工程师应熟悉软件开发的相关技术（如软件开发框架、开发语言、数据库技术等）。掌握常用系统建模工具的使用，并使用建模工具完成系统分析过程。

- 系统编程能力

系统编程是在系统分析或概要设计的基础上，对软件项目进行详细设计，并完成代码的编写工作，系统编程能力是软件工程师的基本职业素质。对软件工程师而言要求理解操作系统的概念，熟悉数据库操作，熟悉软件开发过程，熟练掌握软件开发模式和开发框架。最少掌握 2 门或以上常用开发语言。

- 系统测试能力

系统测试在软件生命周期中占有非常重要的地位，是软件质量的保证之一。软件测试分为程序调试、单元测试、集成测试和试运行几个步骤。软件工程师不仅需要有系统分析和编程的能力，同时也需要具备软件测试的能力，具体包括了解软件测试理论，掌握软件测试方法，能够熟练运用软件测试工具，能够编制软件测试计划和完成软件测试过程。

- 系统部署能力

最终完成的软件系统需要在最终用户环境中运行，软件开发者很多时候会被要求参与最后的系统部署和试运行阶段，因此软件工程师对软件系统所运行环境，包括软件系统本身的结构、所运行的操作系统、数据库管理系统以及网络应有一定的了解。对操作系统和数据库管理系统应当掌握系统安装及基本参数配置的基本方法。对软件工程师更高的要求是掌握上述系统的调优方法。

- 文档写作能力

文档写作一直是被软件工程师所忽略的一个能力，但在正规项目开发流程当中，特别是在大型项目开发过程中，文档可能会占据软件工程师近三分之一的工作时间。文档是项目沟通交流和开发实施的基本依据，因此对软件工程师而言了解软件项目文档的分类，熟悉软件项目文档撰写的要求，掌握文档中各类文档、图形符号，能够独立编写完成软件项目文档是其基本职业能力之一。

1.2.2　团队协作能力

软件开发已经从"单兵模式"转向"兵团模式"。团队协作的范围可以从小组协作、部门内协作、组织内协助一直延伸到组织间协作，团队协作能力是软件工程师执业的一个基本条件，团队协作能力指标可以分解为团队协作精神、沟通和表达能力、人际交往能力、绩效管理能力等 4 个二级指标。

01

● 团队协作精神

团队协作精神包括大局意识、协作精神和服务精神。团队协作精神的核心是协同协作，要求在团队当中的个体利益和整体利益统一。应当注意的是团队协作并不是抹杀个性，一个优秀的团队是在充分发扬团队成员向善个性的基础上发展起来的，团队成员之间优势互补，各司其职。

● 沟通和表达能力

在团队内部以及与团队外部为完成共同的工作目标，需要进行良好的协作，良好协作的基础是良好的沟通，良好的沟通首先需要有正确的心态，其次需要掌握正确的沟通方法和沟通技巧，最后需要因时、因地、因人进行正确的表达，能够利用语言、肢体以及其他媒介无歧义的表达所需要传递的思想和意识，不怯场。在沟通过程中必要的让步有时是必需的，也就是通常所说的"以退为进"。

● 人际交往能力

人际交往能力就是指人际关系处理能力，可以分为人际感受能力、人事记忆力、人际理解力、人际想象力、风度和表达力、合作能力与协调能力等，简单地说就是能够妥善处理组织内外关系，包括与周围环境建立广泛联系和对外界信息的吸收、转化，以及正确处理上下左右关系，使自己能够成为一个受欢迎的人。需要注意的是好的人际关系并不代表没有原则，做"滥好人"。

● 绩效管理能力

目前团队考核一般都是采用绩效考核的方式，团队绩效不能简单认为是个人绩效的总和，按照"木桶理论"，团队绩效的优劣不仅仅取决于团队成员的平均绩效，而可能是团队当中最差成员的表现，因此要在团队中立足，需要不断提高或者提升个人的绩效水平。绩效管理能力分为自我绩效管理和团队绩效管理两个方面，个人绩效管理主要指是否能够按时、按质、按量完成团队所分派的任务指标；团队绩效管理则包括指标制定、分解、落实、检查和激励等方面，作为团队项目负责人更需要关注的是团队绩效管理水平的提高。

1.2.3　学习与创新能力

软件行业的特征是不断发展、不断创新，软件工程师必须适应这种特征，只有通过不断学习和创新才能够延长软件工程师的职业生涯里程，才能够为软件工程师向更高层次发展打下基础，学习与创新能力指标可以分解为学习态度、学习方法、理解记忆能力、信息检索能力、发现问题能力、批判思维能力、直觉思维能力等7个二级指标。

● 学习态度

学习态度决定了学习的成效，事实上也决定了工作的成效，每个人都有惰性，这是需要客观面对的。软件工程师从行业发展的需要，必须要有积极向上的学习态度，可以从以下几方面分析：是否有接受新事物的愿望？是否有学习新事物的冲动？是否有良好的时间管理观念？是否有付诸实施的勇气？是否有坚持不懈的毅力？需要经常问问自己，为什么要读书？为什么要学习？我与他人的差距到底在哪里？

● 学习方法

明确了学习态度，之后就需要一个好的学习方法，好的方法事半功倍，差的方法事倍功半，没有那种"放之四海而皆准"的学习方法，适合别人的方法未必就适合自己，就像现在的

"成功学"教程，别人按那个方法做可能能够成功，而自己来用就未必能行。好的学习方法是目标导向，要根据自身的特点和不同的目标制定不同的学习方法和学习计划，对软件工程师而言只能提几点建议："学中做、做中学"、学会使用工具书(包括网络信息检索)、学会阅读的方法(快速阅读和精读)、学会从前人的项目中吸取经验、学会归纳总结和反思、学会知识归零。

- 理解记忆能力

记忆能力是人的天赋，记忆力的好坏对学习、工作的影响较大，但是记忆力是可以训练和通过有效的方法进行弥补的，最简单的就是在日常工作当中的工作笔记本，重要的东西可以先用笔记下来，通过之后的反复阅读和背诵可以强化记忆。对软件工程师而言理解后的记忆比强记(死记硬背)更重要，特别是对软件专业领域的知识，原因很简单，软件行业是应用性行业，是直接面向问题的，如果不能够理解其中的精髓，就如同赵括的"纸上谈兵"，而且理解后的记忆效果是远优于强记的效果。如果理解后再进行实际项目的运用，这样会更好地加深记忆。

- 信息检索能力

不论是学习、做项目、做研究还是要搞创新，都要进行信息检索(狭义上可以称为文献检索)，通过信息检索可以获得知识参考、了解发展动态和可能出现的问题、提供有用的思路和方法。软件工程师尤其需要具备信息检索的能力，包括了解信息检索的方式、方法和渠道，掌握信息检索工具的使用，检索结果的分析、归纳、整理和应用等。

- 发现问题能力

发现问题是创新的第一步，实际上也是软件项目的第一步，是软件项目系统调优的第一步。发现问题源于认真的观察和思考，凡事需要多问一个为什么，有什么可以改进的地方。在观察的过程当中最为忌讳的是存在"事实就是如此"的思想，一旦有了这种思想就不会进一步的去思考"为什么会这样"的问题；发现问题的第二步是记录问题，很多时候可能想到了有问题、有改进之处，但是因为这样或那样的原因无法立即实施改进的步骤，这个时候记录问题就非常重要；发现问题的最后一步是实施改进，实施改进有时候是需要勇气和毅力的，大多数人在这个时候选择了放弃。

- 批判思维能力

思维是人类的本能，当遇到问题时，会不自觉的开始思考，因为知识阅历、思考方式、思考方法的不同，会得到不同的结论。在思考过程中很多时候人们会基于"本能自信"，也就是认定自己的知识和经验是正确的、所了解的信息材料是准确和全面的、所掌握的方法是正确的。但事实上，知识和经验中可能存在错误的或过时的成分，所了解的信息材料中可能有不准确、不全面的成分，所运用的方法中也可能有不恰当或错误的方法，思维过程会受到各种不利因素的干扰。因此，我们的思维活动并不是必然科学合理的，得出的结论不是必然正确的，而是存在产生错误的可能性。因此，需要对我们的思维过程进行审查，发现并排除可能存在的错误，这就需要进行批判性思维。培养批判思维能力，就是要从对自己思维的"本能自信"，转向对自己思维的"自觉质疑"和"仔细审查"。

- 直觉思维能力

直觉思维也称非逻辑思维，它是一种没有完整的分析过程与逻辑程序，依靠灵感或顿悟迅速理解并做出判断和结论的思维。这是一种直接的领悟性的思维，具有直接性、敏捷性、

01

简缩性、跳跃性等特点，可以认为它是逻辑思维的凝聚或简缩。直觉思维是创造性思维活跃的一种表现，是发明创造的先导，在创造发明的过程中具有重要的地位。很多时候，软件工程师过度强调了系统性和逻辑性思考，而忽视了对直觉性思考的训练，但软件行业的创新需要软件工程师具备直觉思维能力。

1.2.4 计划与执行能力

计划执行是指企业在经营和发展过程中制定战略目标，由企业各组成部分对战略目标进行分解，制定切实可行的行动计划，有效地协调与运用各种资源，执行并达到目标与任务要求的过程。在这个过程中所表现的能力就是计划执行能力，可以分成三个部分，分解制定计划，协调运用资源，执行并达到目标。在软件项目团队中，项目负责人负责计划制定和资源协调，项目成员负责计划执行。计划与执行能力可以分解为：组织管理能力、成本控制能力、时间管理能力、质量管理能力、风险防控能力等 5 个二级指标。

• 组织管理能力

组织管理能力是指为了有效地实现目标，灵活地运用各种方法，把各种力量合理地组织和有效地协调起来的能力，组织管理能力是一个人的知识、素质等基础条件的外在综合表现，是作为项目团队负责人的必备能力之一。组织管理包括设计组织架构、明确责权关系、制订工作计划、管理工作进度、充分授权、沟通协调内外部资源、资源分配等。

• 成本控制能力

软件项目的失败很多时候是因为成本控制失败，软件项目成本按大类可以分为固定成本和可变成本两类，主要包括人力成本、实施成本、材料成本、其他直接成本以及分摊成本等，成本控制的核心目标是保证各项工作在其费用预算范围之内完成，软件项目成本控制工作从资源计划开始、通过资源计划进行费用预估和成本预算工作，之后在项目执行过程中实施成本控制。成本控制过程要求随时监控成本的执行情况，根据监控情况对成本进行及时有效的调整并告知利益相关方，当成本不可控时，及时终止项目。

• 时间管理能力

时间管理水平的高低很大程度上决定了软件项目的进度执行效率，也决定了软件工程师的学习效率，时间具有无弹性、无积蓄的特征，软件工程师每日工作时间分配到具体任务上的时候是呈现碎片化特征，在固定任务与突发事件处理之间存在着不可调和的矛盾。在具体任务时间分配上软件工程师可以考虑使用 ABC 分类法或者是 6 点优先工作制，此类方法同样适用于软件项目进度管理。

• 质量管理能力

质量是产品的生命所在，软件质量的优劣同样是软件项目成败的关键因素之一，在软件项目执行过程中的各阶段产品质量直接影响项目进度和成本控制，软件项目的质量保证并不是仅仅依靠测试来完成的，测试仅仅只是软件产品质量保证的一小部分，软件产品质量包括代码质量、文档质量、沟通质量、实施质量等，因此软件项目的整个生命周期都需要实施全面质量管理，对软件工程师而言首先需要具备全面质量管理的思想，了解和掌握全面质量管理的方法和评估工具的使用，并在软件项目全生命周期中贯彻执行。

• 风险防控能力

软件项目的整个生命周期当中事实上存在有很多风险因素，这些风险因素严重的可以影响整个软件项目的生存，最直观的比如技术风险、进度控制风险、成本控制风险、质量控制风险、知识产权风险等。风险防控包括事前、事中和事后三个阶段，事前需要充分预估项目可能存在的风险，并提出相应的应对措施，在软件开发瀑布模型中的第一环节可行性分析其中的重要部分就是对项目可能存在的风险进行预估；事中需要及时检查诸如项目进度、成本、质量等风险点，并对已发生的风险提出改正措施，评估后执行；事后需要总结在整个软件项目周期的所发生的风险事件，为下一个项目提前做好准备。

1.2.5 心理素质

心理素质是以生理素质为基础的，在实践活动中通过主体与客体的相互作用，而逐步发展和形成的心理潜能、能量、特点、品质与行为的综合。心理素质涵盖的范围非常广，比如自信心、责任感、坚韧性、主动性等，这里选取了对软件开发工程师核心的两个指标——成就导向和自我调节能力。

- 成就导向

成就导向是指为自己及所管理的组织设立目标、提高工作效率和绩效的动机与愿望。个人希望出色地完成任务，愿意从事具有挑战性的任务。这种人在工作中有强烈地表现自己能力的愿望，不断地为自己设立更高的标准，努力不懈地追求事业上的进步。软件行业是一个充满挑战性的行业，新概念、新技术、新方法层出不穷，对软件工程师而言时时存在不进则退的危机感，只有具备成就导向才能够不断地提升自身素养，在激烈竞争的环境当中生存下来。

- 自我调节能力

自我调节是个体认知发展从不平衡到平衡状态的一种动力机制。自我调节有广义和狭义之分。广义的自我调节，指人们给自己制定行为标准，用自己能够控制的奖赏或惩罚来加强、维护或改变自己行为的过程。狭义的自我调节，实际上指自我强化，即当人们达到了自己制定的标准时，用自己能够控制的奖赏来加强和维持自己的行为的过程。软件工程师所面临的压力非常多，项目进度的压力、新技术的压力、人际关系的压力、社会期望的压力等，面对诸多压力软件工程师必须要有良好的心态和冷静的思考，这些都需要软件工程师通过自我调节来达成。

1.3 软件工程师的成长

软件工程师的成长是一个渐进的过程。在开启软件工程师职业生涯之路时，首先需要明确兴趣和职业的关系。兴趣代表的是一种个人的喜好，可以随着时间的推移而改变，或者因为一件微不足道的小事而改变，兴趣改变的代价是不显著或者是对个人没有太大的影响。职业所代表的是一种专业，随着时间的推移职业的经验是不断累积的，职业改变的代价是显著的，对个人有较大影响的，最少更换一个职业意味着需要重新进行学习与新职业相关的知识和技能。有兴趣不代表一定要从事与兴趣相关的职业，同样的从事与兴趣无关的职业也是可行的，当然从事与兴趣相关的职业时能够获得的事业成就感更强，同样的当职业受到打击的时候其事业挫折感也会更强。

其次需要明确的是职业能力是可以训练的，是可以通过后天的学习、实践来弥补先天不足的，就如沟通和表达能力，可能有的人天生就是表演家，有的人天生就言语木讷，但并非是没有办法来进行改变，只要他愿意敞开心扉，愿意接受相关的训练，就如同"士兵突击"中的战士许三多一样，是能够改变自己能力不足的，区别在于不同人的付出和收入比不同而已。

最后需要正确的评估自己的能力，过高的评估会导致不切实际的目标制定，最后的结果是放弃，过低的评估会设立低水平的目标，导致自满情绪的产生，一旦碰到困难后，最后的结果同样是放弃。

在正确的评估自己的能力之后需要制定成长的目标和计划，目标、计划的制订应符合SMART 原则（Specific：具体的；Measurable：可以衡量的；Attainable：可以达到的；Relevant：和岗位发展目标相关的；Time - based：明确的截止期限），不建议制订时间跨度过长的成长目标和计划，因为技术和需求的变化在软件行业是非常快速的，过长时间的目标、计划几乎不可能跟上这种变化的速度；同样不建议制订过细的计划，具体细致到每天或者每个小时，这种计划在实施过程中同样是没有意义的，因为你无法预计到每天、每个小时到底会发生什么，你可以做的是确定在当天根据你的目标和计划你准备完成哪些任务。一般目标计划建议以三年为一个周期，在三年时间内再制定年度计划、季度计划和月计划，具体过程如图 1 - 2所示。在每一个计划的终止时间都应该设置检查点，检查是否按预期达成目标和完成计划，对已经达到的总结经验，对未达到的检讨其发生的原因并提出改进措施，之后根据当前阶段所完成的目标情况，修订下一阶段的目标，再制定完成目标的下一阶段工作计划。

在软件工程师成长过程当中了解可能的学习途径、学习内容、掌握正确的学习方法是有必要的。

1.3.1　学习途径

学习途径主要有正规学习、短期进修、研讨会或技术交流和自学四种。每种方式各有其优劣，在具体选择时应根据实际情况进行选择。

●正规学习

软件工程师可以在正规院校、培训机构参与学习。其特点是时间周期较长，一般在半年以上，强调所学习知识的系统性和完整性，在进入软件行业之前，建议先进行正规学习。

●短期进修

短期进修一般在半年以内，短的可能只有 1 周左右。形式有很多种，有实体开班的，也有网络学习的，一般短期进修所关注的是某一个具体问题的解决，比如一项新的技术。短期进修比较适合已经在岗的软件工程师。

●研讨会或者技术交流

这个时间要比短期进修的时间更短，可能是一个小时或者是一天，研讨会或技术交流可以是针对某个专题展开，也可以是不同技术之间的一个碰撞，通过这种方式所获取的信息量是非常大的，应当记录一些感兴趣的问题，之后再通过其他方式进行进一步学习。

```
                    ┌─────────┐
                    │   开始   │
                    └────┬────┘
                         │
   ┌──────────────┐      ┌──────────────┐  是   ╱╲
   │  制定三年目标  │◄─────│  检查完成情况  │◄────╱    ╲
   └──────┬───────┘      └──────────────┘    ╲三年结束?╱
          │                                   ╲    ╱
   ┌──────▼───────┐                            ╲╱
   │  分解年度目标  │                            △
   └──────┬───────┘                            │
          │                                    │
   ┌──────▼───────┐                            │
   │  制定年度计划  │◄───────────────┐           │
   └──────┬───────┘                │           │
          │                        │           │
   ┌──────▼───────┐                │           │
   │  分解季度目标  │                │           │
   └──────┬───────┘                │           │
          │                        │           │
   ┌──────▼───────┐                │           │
   │  制定季度计划  │◄──────┐         │           │
   └──────┬───────┘       │         │           │
          │               │         │           │
   ┌──────▼───────┐       │         │           │
   │  分解每月目标  │       │         │           │
   └──────┬───────┘       │         │           │
          │               │         │           │
   ┌──────▼───────┐       │         │           │
   │  制定月计划   │       │         │           │
   └──────┬───────┘       │         │           │
          │               │         │           │
   ┌──────▼───────┐       │         │           │
   │  执行月计划   │◄──┐    │         │           │
   └──────┬───────┘   │    │         │           │
          │           │    │         │           │
         ╱╲      否 ┌──┴──────────┐  │           │
        ╱    ╲──────│  修订下月目标  │  │           │
       ╲当月结束?╱   └─────────────┘  │           │
        ╲    ╱                        │           │
         ╲╱  是                       │           │
          │                          │           │
   ┌──────▼─────────────┐            │           │
   │  检查当月目标完成情况  │            │           │
   └──────┬─────────────┘            │           │
          │                          │           │
         ╱╲      否 ┌──────────────┐ │           │
        ╱    ╲──────│  修订下季度目标 ─┘           │
       ╲当季结束?╱   └──────────────┘             │
        ╲    ╱                                   │
         ╲╱  是                                  │
          │                                      │
   ┌──────▼─────────────┐                        │
   │  检查当季目标完成情况  │                        │
   └──────┬─────────────┘                        │
          │                                      │
         ╱╲      否 ┌──────────────┐              │
        ╱    ╲──────│  修订下年度目标 ─────────────┘
       ╲当年结束?╱   └──────────────┘
        ╲    ╱
         ╲╱  是
          │
   ┌──────▼─────────────┐
   │  检查当年目标完成情况  │
   └────────────────────┘
```

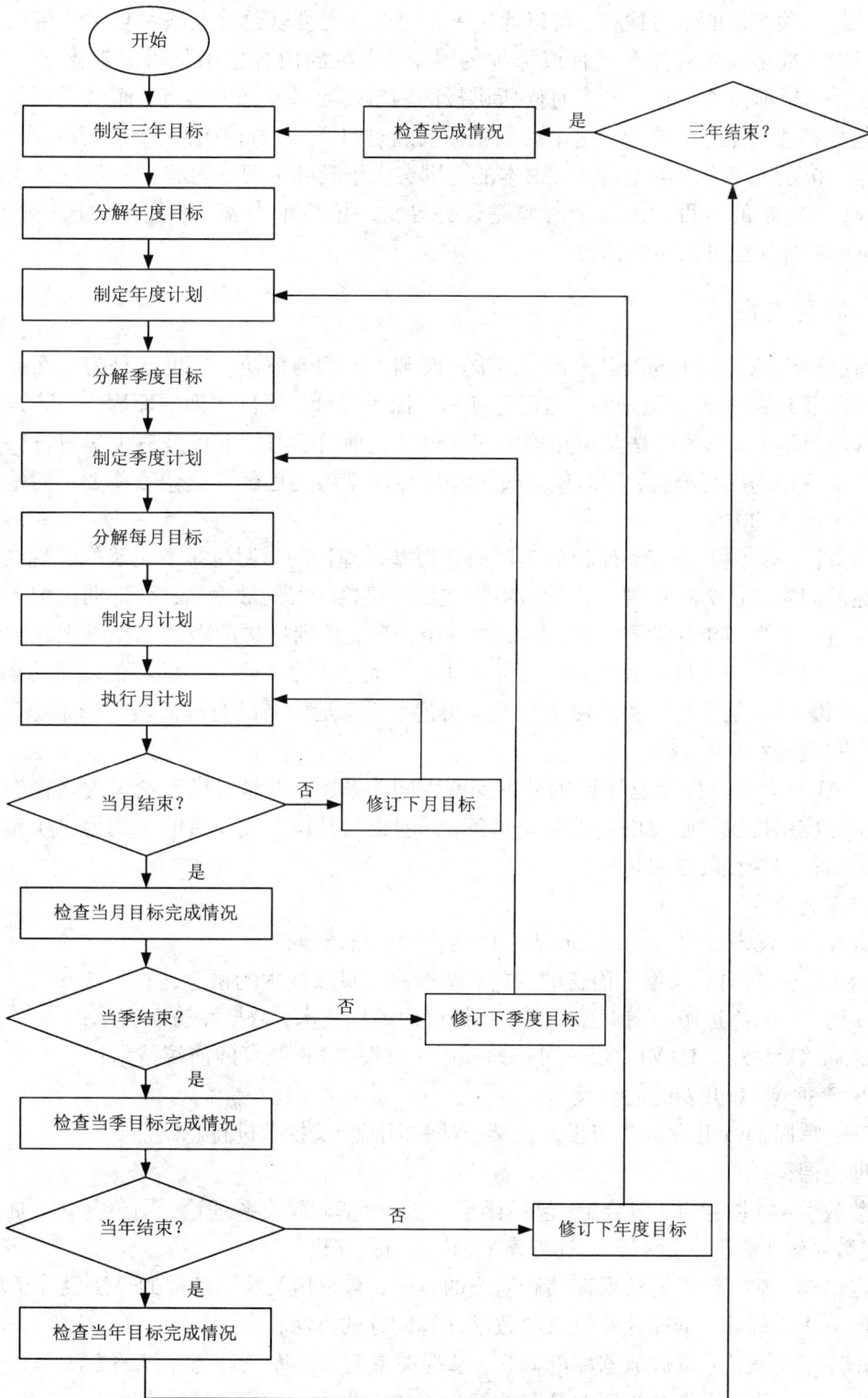

图 1 - 2 成长目标、计划制订与实施

01

- 自学

自学是一种普遍的学习途径，可以通过书本自学，也可以通过互联网自学。事实上前面几种学习途径或多或少地都有这种或那种的限制，学习的内容也不见得能够涵盖所有的问题，就像大学教师授课一样，很多时候所讲授的内容都是些重点、难点，而对于一些细枝末节的问题会有意或无意忽略掉，这个时候就需要通过自学来进行弥补。一般情况下，网络的资料覆盖的范围大于书本的范围，而书本的范围会大于教师讲解的内容。自学的最大问题是缺乏指导，有一定的盲目性。这个时候建议去寻找一位技术专家，请他帮助选择自学的内容，有问题的时候也可以向他请教。

1.3.2　学习内容

学习的过程总是从小的问题开始，逐步过渡到大的项目解决，这也就是为什么在大学学习的时候需要从课本的例题开始、之后是实验、课程设计、项目实训的原因，一味强调直接进入工程项目学习，这种方法是不正确的。通过工程项目学习的前提是最少学习过一门语言并且已经有一定的编程经验，这时候通过工程项目所学习的已经不是语言本身，而是学习如何完成一个项目的方法。

另一方面一味强调语言类课程的学习而忽视基础理论的学习也是不正确的。现在大学生普遍存在的问题是认为在正规院校学习不如在培训机构学习的效率高，在培训机构半年学习的东西超过了大学四年的学习，这实际上是一个误区，培训机构所做的工作是强化大学生的编程语言运用能力和项目实战能力。这种强化是以大学生在大学四年学习的基础为前提，就像"饿汉吃馒头"，最后吃下去的馒头让他觉得饱了，但是如果没有前面馒头的铺垫，就吃最后一个能吃饱吗？

图1-3是大学软件专业计算机类主要课程间关系图，可以看出理论课为语言类课程的学习和实际应用提供了必要的基础知识储备，同时也为具体工程项目的实施提供了指导。下面具体说明每门课程的学习目标：

- 语言类课程

C语言：编程语言的入门，掌握结构化设计的思路；

C++语言：面向对象编程语言的入门，掌握面向对象技术的概念；

Java语言：熟练运用面向对象技术，掌握桌面编程技术，数据库访问技术；

Internet编程技术（HTML、CSS、JavaScript）：掌握WEB开发的前端技术；

JSP：掌握WEB开发的后台技术；

J2EE：掌握Java开发的主流设计框架，对前面所涉及技术进行总结。

- 理论课程

离散数学：掌握逻辑、集合论（包括函数）、数论基础、关系理论、图论与树、抽象代数（包括代数系统，群、环、域等）、计算模型（语言与自动机）；

数据结构：掌握计算机数据存储和组织的方式，掌握相关数据结构的算法设计实现；

数值分析与计算：掌握计算机求解数学计算问题的方法；

数据库系统概论：掌握数据库的概念，掌握关系型数据库设计与操纵的方法；

操作系统：掌握操作系统资源分配的管理方法，进程、线程间关系处理；

计算机组成与结构：掌握计算机硬件的实现原理；

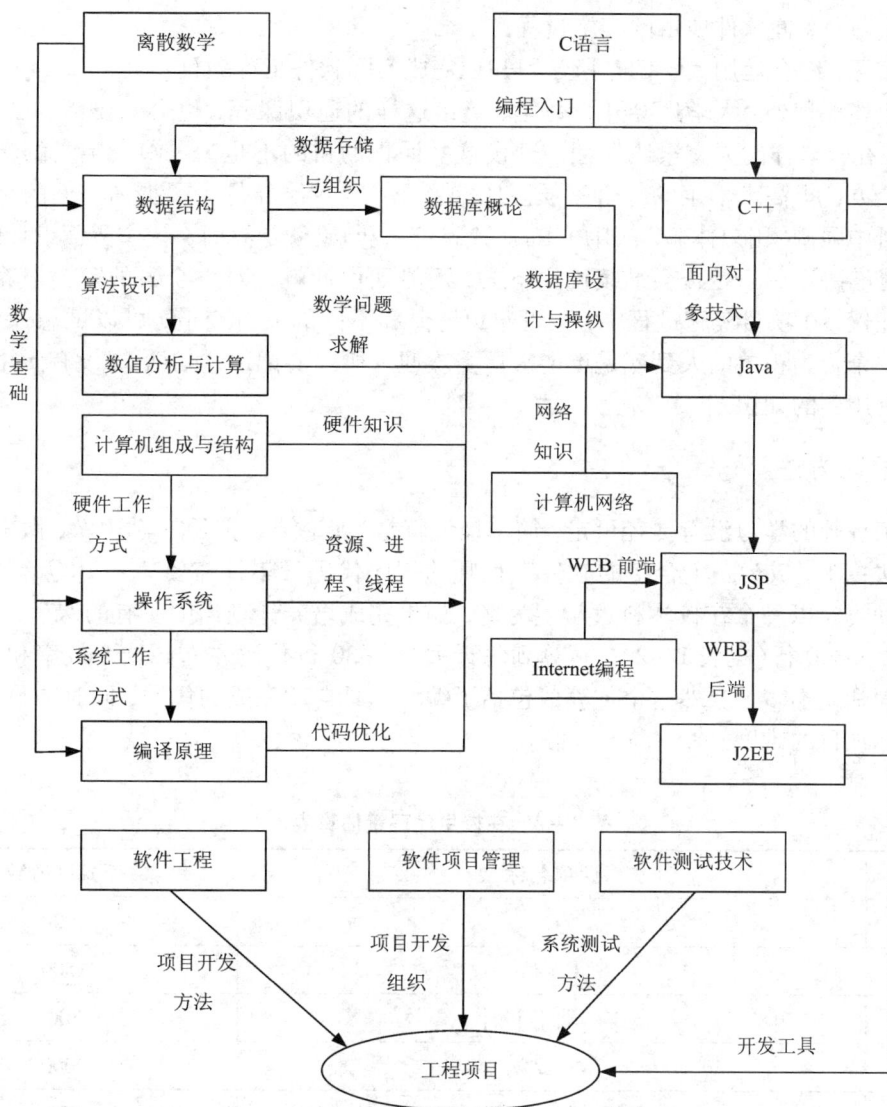

图 1 - 3 大学软件专业计算机类课程关系图

编译原理：掌握编译程序构造的一般原理和基本方法；

软件工程：掌握系统分析设计的基本方法，了解软件项目管理和软件测试技术；

软件项目管理：掌握软件项目管理的基本理论、工具及其应用；

软件测试技术：掌握软件系统测试的基本理论、工具及具体测试方法使用；

计算机网络：掌握网络的概念、部署和配置。

● 实践环节

课程实验：对课程所涉及理论概念进行验证，熟悉具体简单问题的解决过程；

课程设计：利用所学习知识完成一个与课程相关小项目的设计；

毕业设计：利用所学习知识完成一个综合性的小规模项目的设计；

01

认识实习：了解软件项目的一般实施过程；

生产实习：掌握软件项目的实施过程；

毕业实习：综合运用大学四年所学习知识完成实际软件工程项目。

除了上述课程外，大学还会开设数学、英语这样的通识课程，也会开设诸如音乐、美术修养、社交礼仪这样的人文素质课程。开设这些课程的目的不是为了浪费宝贵的学习时间，而是为了全方位提高大学生的综合素质。比如音乐、美术修养是为了提高人们的审美素养。在软件项目中强调"用户体验"，用户体验的第一直观印象就是界面。一个界面设计的好坏很大程度上能够决定用户是否会继续使用下去，而界面设计就是对一个人的审美素养的考验。再如社交礼仪，在项目实施过程中，不可避免地要和不同的人打交道，可以试想一个举止得体的人和一个行为粗鲁的人到底是谁能够更受欢迎。所以要记住这句话："没有无用的知识，只有还没有用到的知识。"

1.3.3　学习方法

软件工程师的学习没有捷径可走，简单地说就是"理论结合实际""学中做、做中学"。一般有个说法：真正成为一个合格的软件工程师的程序代码量累计需要达到 10 万行以上。这个说法正确吗？以一个在校本科大学生为例，如果完成培养计划当中所有的课程，他的代码量有多少？35800 行（见表 1-2），折算到每天大概是 30 行代码左右。这个效率和一个在岗的软件工程师差不多。当然这个估算值包括了编程工具自动完成的代码，同时项目难度也远远低于实际项目的难度。

表 1-2　在校生代码量估算表

序号	课程名称	代码量（行数）
1	C	1000
2	C++	1500
3	C++课程设计	300
4	数据结构	2000
5	数据结构课程设计	500
6	HTML、CSS、JavaScript	2000
7	Java	2000
8	JSP	3000
9	J2EE	3000
10	J2EE 课程设计	2000
11	数据库概论	500
12	数值分析与计算	3000
13	编译原理	2000
14	认识实习（2 周）	1000

续表 1－2

序号	课程名称	代码量(行数)
15	生产实习(4 周)	2000
16	毕业实习(8 周)	4000
17	毕业设计(12 周)	6000
	总计	35800

　　代码量的多少不能够完全代表一个软件工程师的能力。软件开发是一个熟能生巧的过程。训练越多意味着对语言和工具的熟悉程度越高。但要真正成为一个合格的软件工程师，必须在训练的过程中进行思考。对一个刚刚开始学习编程的新手来说，建议采用"三步训练法"，就是"一看、二抄、三变"。

　　●一看

　　拿到问题以后先不要急着去写代码。这是很多新手常犯的错误。而是先要思考要解决的问题是什么，不用计算机来做，用手工做是怎么回事，理解清楚了手工的步骤，再来思考计算机要怎么实现。如果想不清楚计算机是怎么做的，就去找资料看看有没有类似问题的解决方法，找到了研究一下别人是怎么做的。

　　●二抄

　　如果自己想清楚了，就开始自己写代码，如果没想清楚，就拿别人的代码抄一遍，抄完了试着运行一下，看看是否达到了预期，达到了预期，就把代码打开，跟踪运行一遍，把最后的实现思路理清楚。

　　●三变

　　理清楚代码的思路之后要做的一件事情，也是最重要的一件事，就是再思考一下：代码有没有改进的余地？如果有，怎么改，想到了要改的地方马上动手去改，改完了再运行再研究。

　　举个例子来说明：请用 C＋＋语言编制一个程序计算 5÷3 的值。

　　很简单的一个数学题目，代码直接就写出来了。

```
#include ＜iostream＞
using namespace std;
int _tmain( int argc , _TCHAR * argv[ ] )
{
cout ＜＜5/3;
return 0;
}
```

　　现在需要思考一下，如果要做 10÷2 怎么办，每次去修改代码很明显并不是一个好方法，可以考虑用两个变量来存储被除数和除数，好了，程序被改成这样：

```
#include <iostream>
using namespace std;
int _tmain(int argc, _TCHAR * argv[])
{
int a, b;
cout << "input a: ";
cin >> a;
cout << "input b: ";
cin >> b;
cout << a << "/" << b << " = " << a/b;
return 0;
}
```

是不是这样就好了呢？还有问题，如果输入的 b 是 0 怎么办，可能这个时候所学习的知识不足于解决现在的问题，但是要把这个问题记下来，等你学到分支判断语句就知道该怎么做了。当多次反复遇到类似问题的时候，就可以不经过思考直接写出这样的代码段：

```
if (b! =0)
{
cout << a << "/" << b << " = " << a/b;
}
else //当 b =0，我要这么处理
{
}
```

这也是为什么软件工程师需要有一定代码工作量积累的原因。

对于一个新手而言，语法可能会给他带来一定的困惑，但是不敢开始写代码或者是拿到问题无从下手，其根本原因并不在编程本身，而在于他对问题解决的步骤没有想清楚，在这个时候可以考虑"纸上作业"的方式，拿一张纸、一支笔，把计算机完全忘光，思考一下如果手工做第一步要做什么，第二步要做什么，第三步……这样理一下以后，解题的思路就有了，接下来的工作实际上就是一个翻译工作。畏难情绪在迈出第一步、第二步之后就能够被克服。

1.3.4 碎片化学习与网络教育

软件技术每年都在更新变化，这也就意味着软件工程师需要进行不断的学习。另一方面随着软件工程师职位、岗位的变化，原有的知识可能已经不足于应对新职位、新岗位的需求，这也要求软件工程师不断的学习。与大学拥有整段的学习时间不同，当软件工程师走上职业岗位，就很难获取连续、整段的时间进行学习，也就是学习时间碎片化。这种碎片化的时间要求软件工程师进行碎片化学习。因此作为软件工程师需要首先正视碎片化学习的实际情况，不要将时间碎片化作为不学习的借口；其次应确定学习目标，因为是碎片化学习，所以

学习目标不应设置过大，而应当将目标进行分解，并根据工作需要确定各个目标的优先级；最后选择合适的学习方法，在碎片化学习中网络教育是首选的学习方法，网络教育具有随时随地的特征，尤其是慕课（MOOC），其特征是在一个主题下拥有多个短时间的教学视频，通过视频学习所获得的信息量要远大于文字。

第2章　软件开发模型

2.1　软件开发模型

软件开发模型(Software Development Model)是指软件开发全部过程、活动和任务的结构框架。软件开发由需求分析、系统设计、编码、测试和维护等阶段构成。不同类型的软件项目可以采取不同的软件开发模型。典型的软件开发模型有边做边改模型、瀑布模型、快速原型模型、增量模型、螺旋模型等。

2.1.1　边做边改模型

在这个模型中，开发人员拿到项目立即根据需求编写程序，调试通过后生成软件的第一个版本。在提供给用户使用后，如果程序出现错误，或者用户提出新的要求，开发人员重新修改代码，直到用户满意为止。

这种模型适合于小程序(不是项目，规模在几百行代码以内)的开发。开发者具有比较丰富的经验，可以根据用户的需求立即开始编程。但是因为需求没有经过严格的定义，开发进程非常容易受到用户需求变化的影响，最后开发过程将变的不可控而导致最后的失败。

2.1.2　瀑布模型

瀑布模型是由温斯顿·罗伊斯(Winston Royce)在1970年提出的，如图2-1所示。该模型给出了固定的顺序，将软件生存周期活动从上一个阶段向下一个阶段逐级过渡，如同瀑布一样最终得到所开发的软件产品，投入使用。瀑布模型将软件生命周期划分为制定计划、需求分析、系统设计、程序编写、软件测试和运行维护等六个基本活动，并且规定了它们自上而下、相互衔接的固定次序。

在瀑布模型中软件开发的各项活动严格按照线性方式进行，当前活动接受上一项活动的工作结果，实施完成所需的工作内容，每一个阶段都需要设置"里程碑计划"，在每一个阶段的结束都需要进行相应的项目评审，来决定是否可以开展下一阶段工作。用户只能在项目实施的最后阶段才能够真正见到开发成果。

在瀑布模型中保障项目成功的前提是用户的需求已经进行了明确的定义，同时在每阶段评审中都保证了没有偏离用户需求，否则误差将逐阶段放大，最后导致项目失败。

2.1.3　快速原型模型

软件项目失败的原因很大程度上来自不能够准确地定义用户的需求，这种不准确一方面

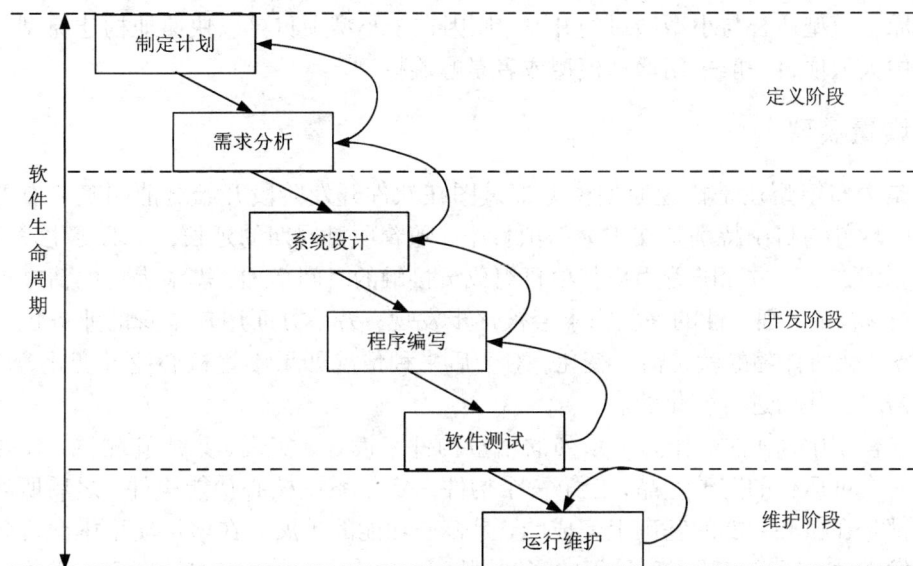

图 2 - 1 瀑布模型

是因为项目参与者之间沟通的失败，另一方面原因是因为不论是用户还是开发者都无法利用已有的文档模型对项目需求进行准确的定义。快速原型模型则是从后面这个角度来解决需求不能准确定义的问题，如图 2 - 2 所示。

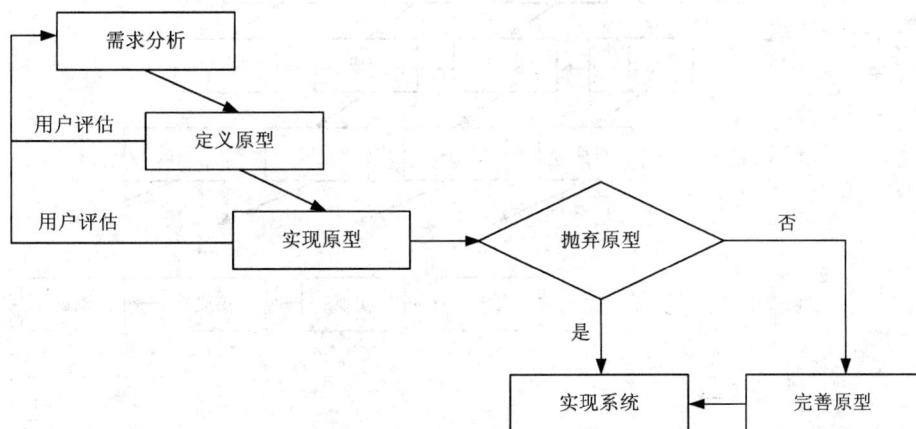

图 2 - 2 快速原型模型

　　快速原型模型的第一步是构造一个快速原型，实现用户与系统的交互。用户对原型进行评价，进一步细化待开发软件的需求，开发人员通过逐步调整原型使其满足客户的要求；第二步则在第一步的基础上开发客户满意的软件产品。

　　原型系统在构建时不需要去关注内部处理的过程细节，而需要关注的是系统的输入和输出，通过对系统输入、输出的观察，用户能够直观地提出修改建议。原型系统在最后实际开发过程中可以被抛弃，也可以被继续完成其内部处理过程。

快速原型模型适合与小型项目的开发，原因在于小型项目可以快速地构建原型并被快速地修改。中大型项目一般采用增量模型或者是螺旋模型。

2.1.4 增量模型

不论是瀑布模型还是快速原型模型都试图在软件开发阶段开始之前明确所有的用户需求。在实际软件项目中特别是在中大型项目中，随着项目周期的延长，需求变化发生的频度也越高。原因在于一方面随着用户与项目组成员接触的时间增加，需求表达的清晰度会随之提高，原先含糊的、细节性的一些需求会被逐步发现；另一方面用户本身的业务也可能发生变化，业务变化所伴随的就是需求变化，对于后一种情况如果不是核心业务变化，项目组是需要根据需求变化而进行变化的。

在增量模型中，软件被作为一系列的增量构件来设计、实现、集成和测试，在各个阶段并不交付一个可运行的完整产品，但第一个构件一定是系统核心功能构件，之后所增加的每一个构件都是在核心功能的基础上完成的，是核心功能的扩展。在增量模型中允许各个构件之间的开发重叠，这样有利于项目组的资源调度和使用，此外使用增量模型可以将需求定义分散到项目开发过程之中，可以避免过早确定用户需求所带来的项目风险。如图 2 - 3 所示。

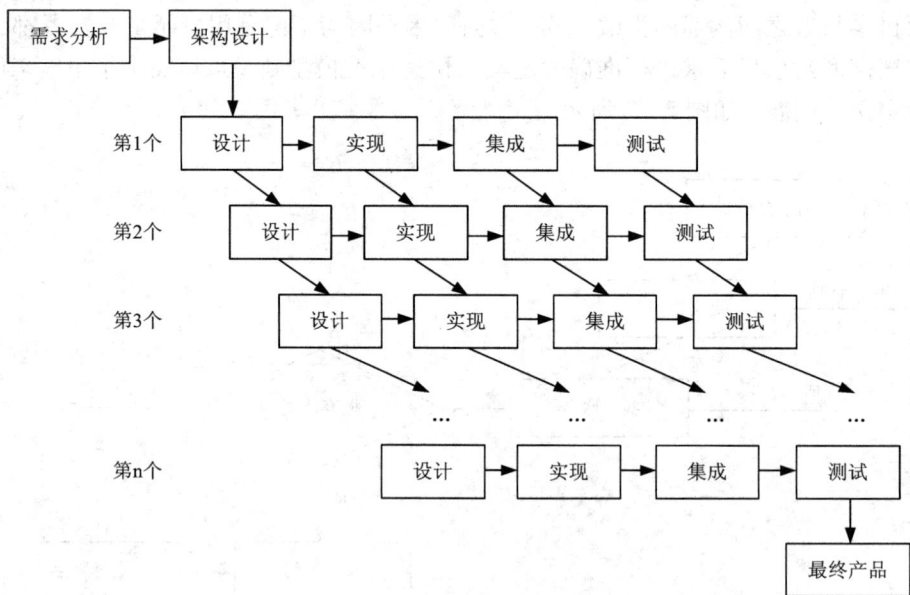

图 2 - 3 增量模型

因为增量模型是一个逐步开发完善的过程，软件构件是在研发过程中逐步设计加入的，因此要求系统设计必须是一个开放性的架构，要求在系统初期设计时具有高度的扩展性，这对项目组而言是一项比较有难度的工作，增量模型在系统设计不完备的情况下有可能会退化为边做边改模型。

2.1.5　螺旋模型

螺旋模型是瀑布模型和快速原型模型的组合,如图 2 - 4 所示。螺旋模型定义了四项活动:

(1)制定计划:确定软件目标,选定实施方案,弄清项目开发的限制条件;

(2)风险分析:分析评估所选方案,考虑如何识别和消除风险;

(3)实施工程:实施软件开发和验证;

(4)客户评估:评价开发工作,提出修正建议,制定下一步计划。

螺旋模型通过风险驱动,在制定计划后启动风险评估,从风险角度分析方案的开发策略,排除各种潜在的风险,有时需要通过建造原型来完成。如果某些风险不能排除,该方案立即终止,否则启动下一个开发步骤。

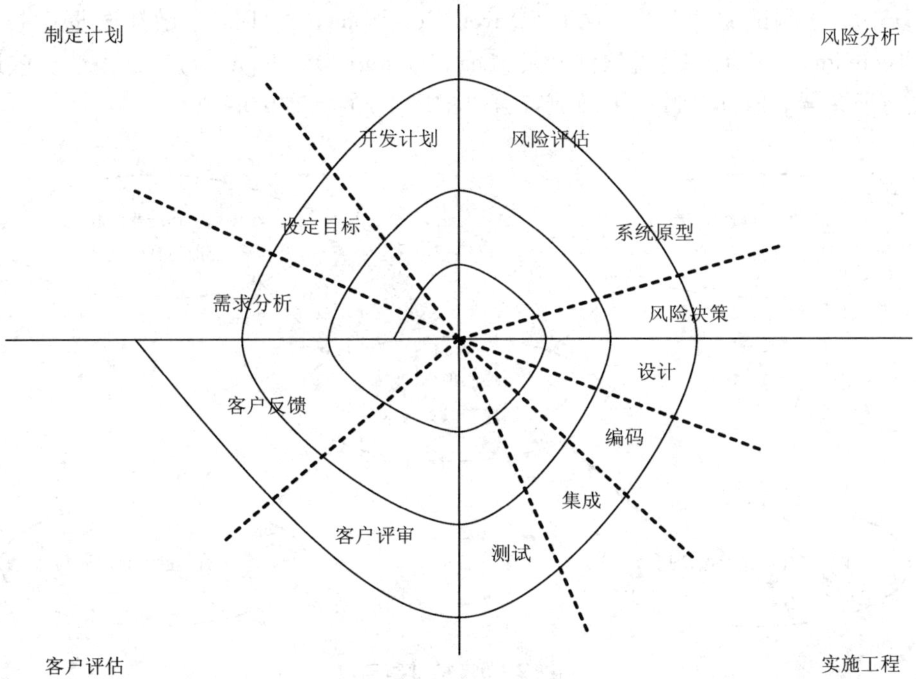

图 2 - 4　螺旋模型

螺旋模型与增量模型一样,对需求的明确贯穿在整个项目的实施过程当中,但存在以下区别:

● 增量模型的需求是在每一次增量之前进行部分的明确,而螺旋模型在每一次循环当中都是对整体需求的再一次明确;

● 增量模型的每一次增量所提供的都是部分产品,只有在增量结束时才能够得到完整的产品,而螺旋模型在每一次循环中所得到的都是完整系统,只不过在下一轮循环中系统得到了升级和完善;

● 增量模型在开发过程中允许各个构件开发之间进行并发,而螺旋模型只能是串行的;

● 增量模型的意外终止发生在原有的架构不能够符合新构件的需求，而螺旋模型的终止发生在风险评估的时候。

螺旋模型强调风险分析，要求客户接受和相信这种分析，并做出相关反应是不容易的，同时如果执行风险分析将大大影响项目的利润，那么进行风险分析毫无意义，因此，螺旋模型只适合于大规模软件项目。

2.2　敏捷开发

敏捷方法(Agile Development)是一种以人为核心、迭代、循序渐进的开发方法，是一组软件开发方法学的总称。这些方法学包括：极限编程(eXtreme Programming, XP)、Scrum、自适应软件开发(Adaptive Software Development, ASD)、水晶方法(Crystal)、特性驱动开发(Feature Driven Development, FDD)、动态系统开发方法(Dynamic Systems Development Method, DSDM)、测试驱动开发(Test – Driven Development, TDD)、敏捷数据库技术(Agile Database Techniques, AD)、精益软件开发(Lean Software Development)等。虽然这些过程模型在实践上有所差异，但都是遵循了敏捷宣言(图2 – 5)的基本价值观。

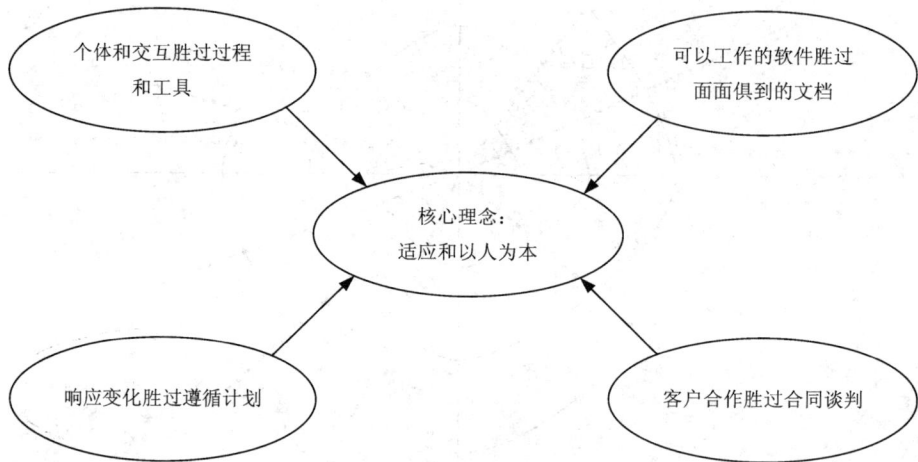

图 2 – 5　敏捷宣言

● 个体和交互胜过过程和工具：人是软件项目获得成功最为重要的因素，合作、沟通以及交互能力要比单纯的软件编程能力更为重要，团队的构建(包括个体、交互等)要比项目环境(包括过程、工具)的构建更为重要，当然合适的过程和工具对于成功来说非常重要，但不应过分夸大过程和工具的作用。

● 可以工作的软件胜过面面俱到的文档：与重文档驱动型的软件开发不同，敏捷方法更强调快速交付可使用的软件版本。这一点和螺旋模型类似。通过多次交付的软件版本迭代，使软件能够尽量贴合用户需求，需要注意的是敏捷方法并不排斥文档，在敏捷开发中直到迫切需要并且意义重大时才进行文档编制，编制的内部文档应尽量短小且主题突出。

● 客户合作胜过合同谈判：与客户是双赢的关系而不是输赢的关系，客户的参与不仅是在需求定义和最终的项目验收维护阶段，而是项目的全过程参与，客户关系的改善不仅能够加快项目的开发进度，同时也能够在项目早期尽快的发现错误；

●响应变化胜过遵循计划：世界上唯一不变的是变化，在项目过程中需求变更、人员变动都有可能会影响预定计划的执行，与其坚守计划不变不如主动响应变化，在敏捷方法中长期任务被分解为若干短周期任务，以避免长期计划因变化而导致失败。

敏捷方法强调开发团队与用户之间的紧密协作、面对面的沟通、频繁交付新的软件版本、紧凑而自我组织型的团队等，也更注重人的作用。具体实施过程中遵循以下 12 条准则：

（1）最优先要做的是通过尽早的、持续的交付有价值的软件来使客户满意。

（2）即使到了开发的后期，也欢迎改变需求，敏捷过程利用变化来为客户创造竞争优势。

（3）经常性交付可以工作的软件，交付的间隔可以从几个星期到几个月，交付的时间间隔越短越好。

（4）在整个项目开发期间，业务人员和开发人员必须天天都工作在一起。

（5）围绕被激励起来的个体来构建项目，给他们提供所需的环境和支持，并且信任他们能够完成工作。

（6）在团队内部，最具有效果并且富有效率的传递信息的方法，就是面对面的交谈。

（7）工作的软件是首要的进度度量标准。

（8）敏捷过程提倡可持续的开发速度，责任人、开发者和用户应该能够保持一个长期的、恒定的开发速度。

（9）不断地关注优秀设计的技能和好的设计会增强敏捷能力。

（10）简单——使未完成的工作最大化的艺术——是根本的。

（11）最好的构架、需求和设计出自于自组织的团队。

（12）每隔一定时间，团队会在如何才能更有效地工作方面进行反省，然后相应地对自己的行为进行调整。

2.2.1 极限编程 XP

极限编程（图 2-6）是敏捷方法的代表之一。极限编程是一种方法论，它解决软件开发方法中的约束问题，不解决项目投资管理、财务、执行、市场和销售的问题，可以对任何规模的团队都起作用，适合于模糊或者快速变化的需求。

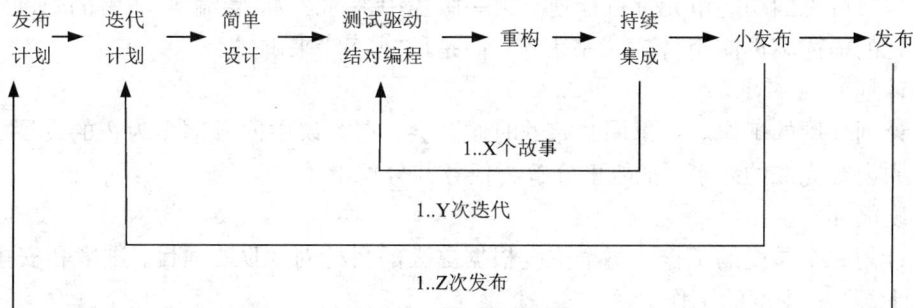

发布计划 → 迭代计划 → 简单设计 → 测试驱动结对编程 → 重构 → 持续集成 → 小发布 → 发布

1..X个故事
1..Y次迭代
1..Z次发布

图 2-6 极限编程

作为一种方法论，极限编程的价值观体现在以下几方面：

- 沟通：强调项目成员（包括设计人员、开发人员、客户）之间的有效沟通；
- 简单：尽量保持简单，只要完成当前工作需要即可，而不需要去考虑为未来可能的扩展；
- 反馈：不断的对已发布软件状态进行反馈，达到迅速沟通、编码、测试和发布的目的；
- 勇气：勇于放弃和重构代码，敢于所有人拥有代码，敢于所有工作做到极致。
- 尊重：可能存在岗位和职责的划分，但每个人对团队的贡献都应该得到尊重，不存在孰轻孰重的问题。

极限编程的实践准则在第二版中被分为基本实践和扩展实践，扩展实践是要求团队成员在有一定训练的基础上开展，比如共享代码（有的书上叫集体拥有代码），极限编程第二版的主要实践准则如下：

- 坐在一起

在大到足够容纳整个团队的开放空间中开展工作，距离上的接近可以促进团队成员之间的沟通。

- 完整团队

将拥有项目成功所必需的各种技能和视角的人都吸收进团队，完整团队的组成是动态的，如果一组技能或意见变得重要时，就将懂得那些技术的人吸收进团队，如果不再需要某个人，可以让他离开团队。这个和敏捷开发以人为核心的理念并不冲突。

- 信息工作空间

让工作空间与工作相关，任何一个对项目感兴趣的观察者能够在走进团队工作区的短时间内就对项目运作有所了解，并能够通过近距离观察而获得更多的信息。

- 充满活力的工作

只要在有效率的时间段内高效地工作就足够了，一周工作 40 小时。

- 结对编程

所有产品程序的编写都由坐在同一台机器前面的两个人完成，通常一个人负责写编码，而另一个负责保证代码的正确性与可读性。结对编程是一种非正式的同级评审。它要求结对编程的两个开发人员在性格和技能上应该相互匹配。结对编程时需要注意每天结对的时间不超过 6 小时，并需要进行定期的轮换。

- 故事

使用客户可见的功能单元进行计划。第一版当中被称之为"隐喻"，非常的晦涩难懂，一个功能单元的描述不再使用"需求"来表达，而是用"故事"来讲述。

- 周计划

一次计划一周的工作。在每周开始的时候开会，在会议中回顾迄今为止的发展，让客户挑选在这周内要完成的故事，把故事分解为任务并分配下去。

- 季度循环

一次计划一个季度的工作。每个季度根据更大的目标对团队、项目、进度和安排做一次反省，并计划下一季度的工作。

- 10 分钟构建

在 10 分钟之内自动地构建整个系统和运行所有的测试。超过 10 分钟的构建，一般很少愿意使用，因此导致反馈机会的丧失。

●持续集成

不超过两个小时就对改变的地方进行一次集成和测试。等待越长时间的集成，花费越多，结果也越不可知。

●测试优先编程

在改变任何代码之前先编写一个自动化测试。测试优先编程的另一个精化是持续测试，持续测试缩短了发现错误的时间，从而缩短了改正错误的时间。

●共享代码

团队中的任何人可以在任何时候改善系统的任何部分。

●编程规范

通过指定严格的代码规范来进行沟通，尽可能减少不必要的文档。

●增量设计

利用软件重构不断淘汰原有架构中腐化的代码，所谓重构是指在不改变软件现有功能的基础上，通过调整程序代码改善软件的质量、性能，使其程序的设计模式和架构更趋合理，提高软件的扩展性和维护性。

2.2.2　Scrum

Scrum 这个名字来自于橄榄球比赛，是敏捷开发当中的另一个代表，其出现时间早于极限编程，在实际应用当中有将 Scrum 与极限编程相结合的案例。应用 Scrum 原则指导软件开发的过程是由"需求、分析、设计、演化和交付"等一系列框架性活动构成，每个框架活动中的一个任务称之为冲刺（Sprint），一个冲刺的时间大概为 2 ~ 4 周，用于解决当前的问题。Scrum 过程的全局流程如图 2 - 7 所示。

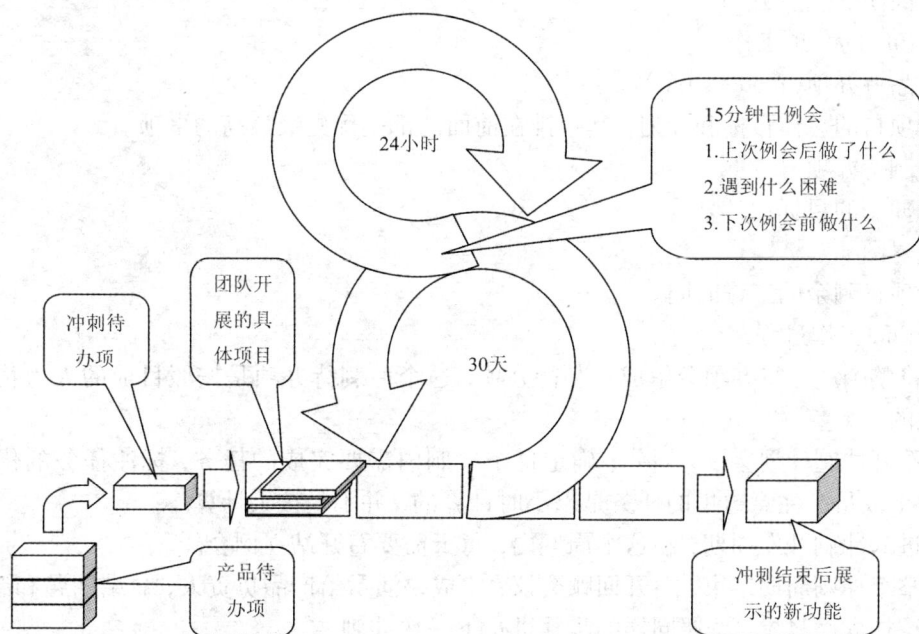

图 2 - 7　Scrum 过程流

02

1）Scrum 中的三大角色

● 产品负责人

主要负责确定产品的功能和达到要求的标准，指定软件的发布日期和交付的内容，同时有权力接受或拒绝开发团队的工作成果。

● Scrum 管理员

主要负责整个 Scrum 流程在项目中的顺利实施和进行，以及清除挡在客户和开发工作之间的沟通障碍，使得客户可以直接驱动开发。

● 开发团队

主要负责软件产品在 Scrum 规定流程下进行开发工作，人数控制在 5～10 人，每个成员可能负责不同的技术方面，但要求每个成员必须要有很强的自我管理能力，同时具有一定的表达能力；成员可以采用任何工作方式，只要能达到冲刺的目标。

2）Scrum 中的三项会议

● 冲刺计划会议

冲刺计划会议室是产品负责人和团队一起，在先前评估的成果基础上，定出冲刺目标和既定产品待办项。冲刺计划会议时当进入短期开发时，选择一部分近期（1 个月）的高优先级事项作为马上要执行的任务。

● 站立例会

在冲刺期间，每天都会通过站立例会来进行沟通，团队成员间工作进度的沟通和协调，做好每日规划。

● 回顾会议

Scrum 中冲刺计划会议是最重要的事件，第二重要的事件就是回顾会议，因为这是团队做改进的最佳时机。如果没有回顾，就会发现团队在重犯相同的错误。通过总结以往的实践经验来提高团队生产力。

3）Scrum 的三项工作

● 产品待办项（Product Backlog）

一个项目的总体目标和计划，其中排在前面的都是优先级最高的事项。

● 冲刺待办项

一个冲刺的目标和计划。

● 燃尽图

表示项目剩余的工作时间。

4）Scrum 工作过程

（1）将整个产品待办项分解成冲刺待办项，这个冲刺待办项是按照目前的人力物力条件可以完成的。

（2）召开冲刺计划会议，划分、确定这个冲刺内需要完成的任务，标注任务的优先级并分配给每个成员。注意这里的任务是以小时计算的，并不是按天计算。

（3）进入冲刺开发周期，在这个周期内，每天需要召开站立例会。

（4）整个冲刺周期结束，召开回顾会议，将成果演示给产品负责人，总结问题和经验。

（5）这样周而复始，按照同样的步骤进行下一次冲刺。

2.2.3　敏捷开发的误区

- 误区一：敏捷是"一个"过程

敏捷不是一个过程，是一类过程的统称，它们有一个共性，就是符合敏捷价值观，遵循敏捷的原则。

- 误区二：敏捷仅是个软件过程

如果仅仅从软件过程的角度去认识敏捷、实施敏捷，效果不会太好。敏捷相对以前的软件工程最大的革新之处在于把人的作用提高到了过程之上，让开发人员理解并实施，体验到敏捷的好处，而不是盲目机械地实施规范。

- 误区三：敏捷是反文档的

文档只是为了达成目标的一种手段，如果这种手段是低效的，那就换一种手段。可是完全抛弃了文档，怎样解决沟通的问题？文档的本质是把知识显性化。在实施敏捷的时候，需要在团队内明确哪些知识是必须显性的，这些知识可以通过文档交流。哪些知识是可以隐性的，这些知识则完全可以通过口头的方式进行交流，以达到沟通的最佳效率。

- 误区四：为了敏捷而敏捷

做什么事情都要有明确的目标，敏捷虽好，得看你需不需要，能不能解决你现在头疼的问题，如果不是，那就不要给自己找麻烦了。

- 误区五：重做就是重构

重做不等于重构，很多场合这两个概念是混淆的。但是在敏捷中，重构的一个特征是必须可控的。当对系统结构进行大的调整时，如果没有测试驱动辅助的话，那么可控性就会很差，这不能叫做重构。

2.3　实践指导

讨论软件开发模型的意义在于不同的软件开发模型是具体项目实施的方法论，对项目计划的制定、实施以及过程管理具有指导意义。

一个项目到底采用哪种软件开发模型与项目的预期规模、项目的复杂度、项目的工期、项目组人员的配置等因素相关，一个非常小的项目可能就是一个人几个工作日就能够完成的，如果一定要使用一个非常复杂的开发模型是得不偿失的；同样一个大型复杂的项目，诸如 Windows 系统这样的项目如果用边做边改模型去做，将会无法预期项目的最终成败。

采用何种软件开发模型不仅与项目本身的性质有关，有些时候也与企业的传统有关，比如一些公司可能要求所有的项目都采用瀑布模型进行开发，也有些公司可能热衷于采用敏捷模型进行开发。在所有人员都已经习惯于某种开发模型，非要去采取一种大家都不熟悉的开发模型是不明智的。但有一种情况例外：公司高层认识到目前的开发模型已经存在比较大的问题，需要进行改进时才有可能去尝试新的开发模型。

此外在具体项目实施过程中，软件开发模型也不是一成不变的，这里包含了两方面的含义，一方面是开发模型的混用，比如一个大型项目的主体开发模型是瀑布模型，但在其中的一些子项目中采用敏捷开发模型是可能的；另一方面是在项目的不同阶段采用不同的开发模型，比如一开始采用瀑布模型，但之后又逐步演变成螺旋模型，这种改变很多时候是发现原有的开发模型不适合项目的开发，或者在开发过程中出现了问题，这种改变不是预先被计划的。

　　因此，软件开发模型的选择并没有一个放之四海而皆准的准则，它与企业的经验、项目经理的经验和项目组成员的经验是密切相关的，一般情况下在一个企业中经过多次试错和实践之后大家都能够接受，并能够按照要求准确开展工作的开发模型对这个企业而言就是最好的。

第 3 章　系统分析与设计方法

　　软件分析与设计包括软件需求分析和系统设计两个部分。

　　软件需求分析指的是：在建立一个新的或改变一个现存的系统时，描述新系统的目的、范围、定义和功能时所要做的所有工作。需求分析是软件过程当中最为关键的一个部分，不论是采用何种软件开发模型，还是选择何种软件过程方法，需求分析都是摆在第一位的工作。如果需求分析不能够正确反映用户的实际需求，那么所交付的项目就不可能完全实现用户需求，最后将导致项目失败。对复杂系统而言试图一次性的完成全部需求分析过程是不现实的，在实际项目实施过程中可能需要通过多次迭代后才能够最终确定用户的需求。需求分析的方法有两种：结构化分析（数据流分析、面向过程分析）和面向对象分析。结构化分析出现在早期软件工程项目之中，之后被面向对象分析所逐步取代，但在小型项目当中结构化分析还是有用武之处。

　　系统设计是新系统的物理设计阶段。根据需求分析阶段所确定的新系统功能要求，在用户提供的环境条件下，设计出一个能够实施的方案。这个阶段的任务是设计软件架构、确定系统结构、设计数据库（如果需要）以及设计具体模块的实现，其目的是明确软件系统"如何做"。与需求分析一样系统设计可以分为结构化设计和面向对象设计两类。结构化设计的思想在面向对象设计的过程编程中还是可以继续使用的。

3.1　结构化分析

　　结构化分析以数据在不同模块中移动的观点来看待一个系统，系统的功能可以用转换数据流的程序来表示，所以结构化分析有时也被称之为数据流分析或者是过程分析。结构化分析遵循"自顶向下，逐步细化"的原则，这个原则反应了人们对事物认识的一般性过程。在结构化分析中可以用系统流程图、数据流图（配合数据字典）、实体－联系图、状态转换图等图形工具对系统进行分析建模，其中系统流程图反映了系统的物理模型，数据流图反映了系统的逻辑模型，实体－联系图反映了系统的数据模型，状态转换图反映了系统的行为模型。

3.1.1　系统流程图

　　系统流程图是概括描述物理系统的工具，基本思想使用图形符号以黑盒形式描述组成系统的各个部件。系统流程图表达的是数据在各个部件流动的情况，而不是数据加工处理的过程，这个工作由数据流图来完成。

　　比如办公系统当中的文件签批流程（图 3－1），工作人员通过输入设备输入文件，保存到磁盘当中，上级领导从磁盘中取出文件进行批阅，批阅完成后存回磁盘，工作人员在从磁盘中取出批阅后的文件在显示设备上进行查看。

3.1.2　数据流图

　　数据流图描绘信息数据从输入到输出的过程中所经历
的处理过程，用于说明系统是"做什么"，而不是"怎么
做"。当系统较为复杂的时候可以采用分层数据流图的方
式，每一层数据流图都是对上一层流图中某个处理过程的
细化，在细化过程中其边界是保持不变的，即进入或离开
某一处理过程的数据流、数据存储应保持不变。数据流图
一方面是对系统流程图的逻辑诠释，另一方面可以通过划
分自动化边界确定系统的逻辑结构。因为不涉及到具体的
物理实现过程，数据流图是开发人员与用户交互的手段
之一。

　　下面继续以文件签批流程为例说明数据流图（图 3 -
2）。文件签批流程涉及到三个处理过程：编辑文件、批阅
文件和查看结果；一个数据存储项目：文件信息表。流程从工作人员开始编辑文件，编辑后
的文件存入文件信息表存储，之后批阅文件过程自文件信息表中提取未批阅文件信息，批阅
后信息存回到文件信息表，最后查看结果过程自文件信息表中提取数据得到最后的文件审批
信息。在这个流图中做了三个自动化边界，分别对应到三个处理过程，这三个边界就是未来
系统的三个基本构成模块。需要注意并不是每个处理过程都划分一个边界，在数据流分析当
中可以综合应用变换分析和事务分析的方法将数据流图映射为具体软件系统的实现结构，而
且不同的分析角度最后的结果可能不一样。

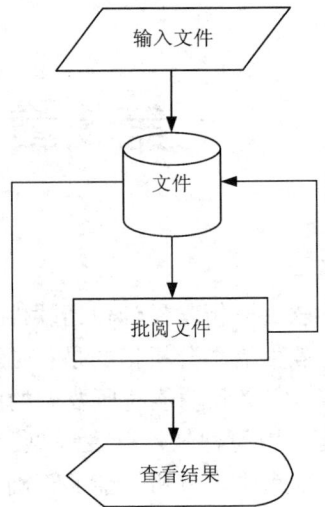

图 3 - 1　文件签批系统流程图

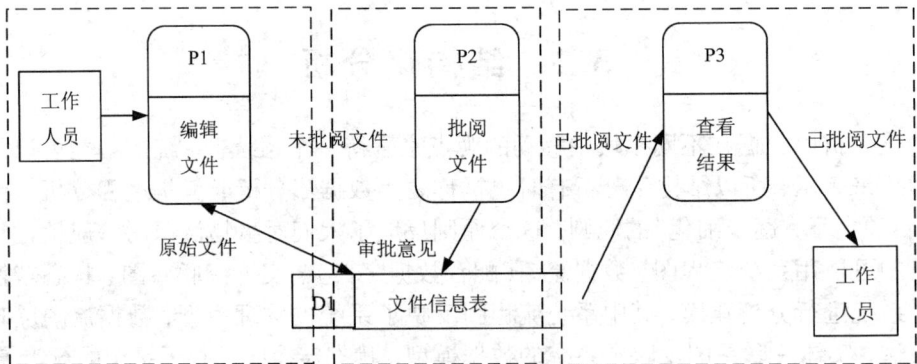

图 3 - 2　文件签批系统数据流图

3.1.3　数据字典

　　数据字典是对数据流图当中包含的所有元素的定义的集合，是对数据流图各个组成部分
的详细数据说明，与数据流图一起构成系统的逻辑模型。数据字典将定义数据流图当中出现

的数据项、数据流、数据存储、处理过程和外部实体,在分析时使用表格形式还是卡片形式关系并不大,关键是要求表达清楚、无二义性。

还是以文件签批系统的为例,具体描述见表 3 – 1 至表 3 – 5。

表 3 – 1　文件签批系统数据项描述

编号	名称	别名	类型	长度	取值范围及含义	备注
I1	文件编号		字符	10	唯一标示一个文件,由系统日期(8 位)+ 序号(2 位)	
I2	文件名称		字符	60		
I3	文件正文		字符	不限		
I4	提交人		字符	20	提交人姓名	
I5	编辑日期		日期		文件编辑的时间	
I6	批阅人		字符	20	批阅人姓名	
I7	批阅时间		日期		签批的时间	
I8	批阅标志		逻辑		FALSE 代表未批阅,TRUE 代表已批阅	
I9	批阅意见		字符	不限		

表 3 – 2　文件签批系统数据流描述

编号	名称	别名	组成	来源	去向	备注
F1	原始文件		I1 + I2 + I3 + 14 + I5	P1 D1	D1 P1	双向
F2	未批阅文件		I1 + I2 + I3 + 14 + I5	D1	P2	
F3	审批意见		I1 + I6 + I7 + 18 + I9	P2	D1	
F4	已批阅文件		I1 + I2 + I3 + 14 + I5 + I6 + I7 + 18 + I9	D1 P3	P3 工作人员	

表 3 – 3　文件签批系统数据存储描述

编号	名称	别名	组成	组织方式	查询	备注
D1	文件信息表		I1 + I2 + I3 + 14 + I5 + I6 + I7 + 18 + I9	I1,升序	立即	

表 3 - 4　文件签批系统处理过程描述

编号	名称	条件	优先级	输入	输出	处理过程	备注
P1	编辑文件	文件未批阅或新建	普通	I2 + I3 + I4	I1 + I2 + I3 + I4 + I5	新建文件时生成 I1 每次保存修改 I5	
P2	批阅文件	文件未批阅	普通	I1 + I2 + I3 + I4 + I5	I1 + I6 + I7 + I8 + I9		
P3	查看结果	文件已批阅		I1	I1 + I2 + I3 + I4 + I5 + I6 + I7 + I8 + I9		

表 3 - 5　文件签批系统外部实体描述

编号	名称	别名	输入数据	输出数据	备注
E1	工作人员		I2 + I3	I1 + I2 + I3 + I4 + I5 + I6 + I7 + I8 + I9	

3.1.4　实体 - 联系图(E - R 图)

实体 - 联系图是一种按照用户观点建立起的, 面向问题的数据模型, 在进行系统分析时反映了系统的概念性数据模型(概念模型)。实体 - 联系图由数据对象(数据实体)、属性和联系(实体之间的关系, 有一对一关系 1:1, 一对多关系 1:N, 多对多关系 M:N 三种)组成。一般情况下实体 - 联系图可以从数据流图的数据存储出发, 每一个数据存储可以映射到一个实体, 而构成数据存储的数据项则是属性, 对于复杂的数据存储(比如具有层次特征的, 像现在用的比较多的 XML 轻量级数据库)可以分解为多个实体, 此外需要注意的是实体 - 联系图所描述的内容并不一定最后需要全部存储到数据库, 只有那些需要持久化的对象才需要进行存储。使用实体 - 联系图可以比较方便的转化成关系型数据库, 一个实体对应到一张关系表, 实体间关系可以转化为表间关系。

以学生管理系统为例, 在系统中有班级和学生两个实体, 其中班级由班级编号、班级名称两个属性构成, 学生由班级编号、学号、姓名等属性构成, 班级与学生两个实体通过班级编号建立起一对多关系, 如图 3 - 3 所示。

图 3 - 3　班级学生实体 - 联系图

3.1.5　状态转换图

状态转换图(状态图)通过描绘系统的状态及引起系统状态转换的事件,来表示系统的行为。状态图用于建立起软件系统的行为模型。状态图由状态(一种状态代表系统的一种行为模式,状态规定了系统对事件的响应方式,响应形式可以是一系列动作,也可以是系统本身的状态变化,或者兼而有之)、事件(在某一特定时刻发生的事情,可以引起系统的响应)和符号构成。一个系统可以只有一张状态图,也可以有多张状态图,用于说明系统中不同对象在生存期其状态变化的情况。

下面以文件签批系统为例说明状态图的使用(图 3 - 4)。可以看出在文件还没有被批阅之前,可以不断的进行修改,但是一旦被批阅以后文件的状态从"未批阅"转换为"已批阅",此时文件就不能够再进行修改了。

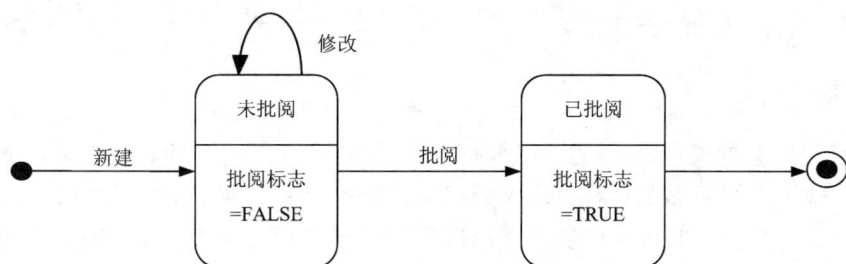

图 3 - 4　文件签批系统文件状态图

3.1.6　实践指导

虽然结构化分析的方法已经逐步被面向对象分析所取代,但是对于一些小型项目结构化分析的方法还是适用的。

对于一般的管理信息系统(MIS)的分析,其关键是需要了解用户实际的业务流程,一般情况下会从组织结构分析开始。虽然大部分企业的组织结构存在有相似性,但具体到一个企业当中还是有些区别,特别是在组织结构的具体分工上可能存在有较大的区别。分工上的区别决定了在相同一件事情上的处理、审批流程的差异。在传统手工处理过程中这种处理的过程往往会伴随着单据(可能是报告、文件等)的传递。在传递过程中单据上的内容会不断的发生修改。这样手工单据的传递过程可以对应到信息系统当中的业务流(数据流、可以用系统流图、数据流图表示)、单据上的内容可以对应到数据项(可以用数据词典、E - R 图表示)、单据上的内容变化(关键性的,可以对应到状态转换图),单据在不同部门之间(包括同一部门上下级之间)的流转处理过程中可以形成自然的模块分割(很少出现同一模块由不同的两个部门同时处理的情况)。

并不是手工处理的全过程都需要完全转化为计算机的处理过程,其中的原因在于有些业务操作最起码在现在的技术手段下是无法实现的或者实现的成本过大,比如在仓储管理当中,如果采用全自动仓库,那么所有物品的进出完全可以由计算机处理,但是全自动仓库的成本是非常高的,在这个时候就需要人工完成出入库的过程,系统将退化为仅对出入库单的填制；还有一些是用户不愿意采用计算机处理某些业务，比如在 OA 系统当中的签字，使用电子签名当然可以实现，但对于一些重大事项的处理，用户还是更倾向于手工签名。

有些时候系统并不是简单的复制企业现有的手工业务处理过程，而会提出一些优化的建议，这些建议可能涉及到企业业务重组（BPR），这类建议的提出应该是在系统分析过程中经过深思熟虑并经过沙盘演练的，当然并不是所有的建议都能够被用户所采纳，毕竟一个没有经过实际操作的业务重组是存在一定风险的，所以在系统分析过程中可以提出建议，但不应该固执的坚持。

3.2　结构化设计

传统软件工程将系统设计分为两个步骤：概要设计（总体设计）和详细设计。概要设计解决软件系统的模块划分和模块的层次结构以及数据库设计；详细设计解决每个模块的控制流程，内部算法和数据结构的设计。

3.2.1　概要设计

概要设计是从数据流图出发的，在数据流图当中的信息流有两种类型：变换流和事务流，变换流反映了数据的加工过程，输入数据通过处理过程转换为输出数据，比如计算平方根，输入数据是一个大于等于 0 的数，处理过程完成平方根的计算，最后输出这个数的平方根，这就是一个典型的变换流过程；事务流则存在一个事务处理中心，当数据通过一个通路到达事务处理中心后，事务处理中心根据数据在若干个动作序列当中选择来执行，比如热键选择，一个组合击键动作发给热键处理程序（事务处理中心），之后由热键处理程序决定到底要采用哪个动作来响应热键。

变换流和事务流反映了从数据流图映射到相应软件系统结构的两种不同方法：变换分析和事务分析，在实际系统当中完全都是变换流或者完全都是事务流的情况很少发生，更多的时候是两者兼而有之，区别在于比重的不同，因此在实际分析过程中变换分析和事务分析是交替使用的，可以从变换分析开始，也可以从事务分析开始。

分析的第一步是确定数据流图当中交换流和事务流的位置，在交换流和事务流之间可以划分一个边界，之后分别应用变换分析和事务分析对交换流和事务流进行分析。

交换分析的过程首先是找到变换中心，一般变换中心在交换流交汇的位置，如图 3-5 所示交换流，其变换中心就在 D 点，如果没有明确的交汇点则可以从最初的输入和最后的输出入手，确定哪些数据流是逻辑输入和逻辑输出，从而获得变换中心。如 A、C 两点是最初的输入，E，G 两点是最后输出，从这些点出发向中心逼近，如 A→B→D，G→F→D。在逼近过程中如果出现某个流不再是系统的输入或者输出，则可以确定逻辑输入和逻辑输出的位置，逻辑输入和逻辑输出边界所包含的内容就是变换中心。

在找到变换中心之后，可以画出主控模块，在主控模块下有三个模块分别对应逻辑输入、处理模块和逻辑输出。之后完成分解，从变换中心出发逆着逻辑输入方向向外移动，把输入逻辑当中的每个处理映射为输入模块控制下的一个底层模块；之后从变换中心沿着逻辑输出方向，将逻辑输出当中的每个处理映射为输出模块控制下的一个底层模块；最后将变换中心当中的处理映射为处理模块的每个底层模块。在分解完成后需要根据相关规则对软件结

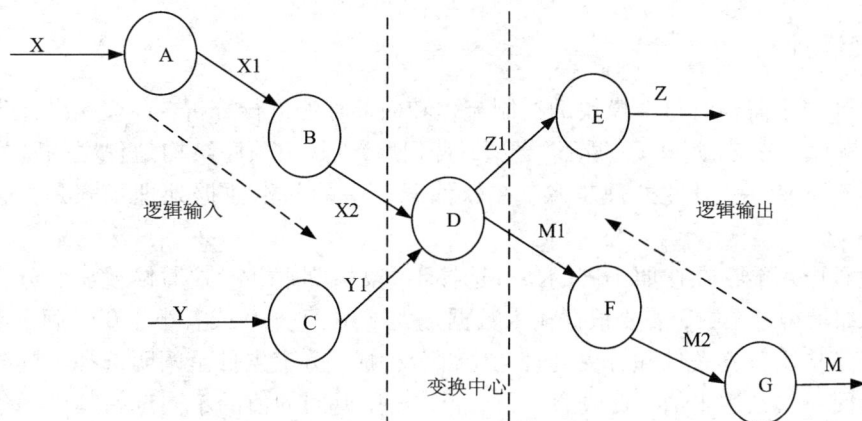

第一步：确定主过程

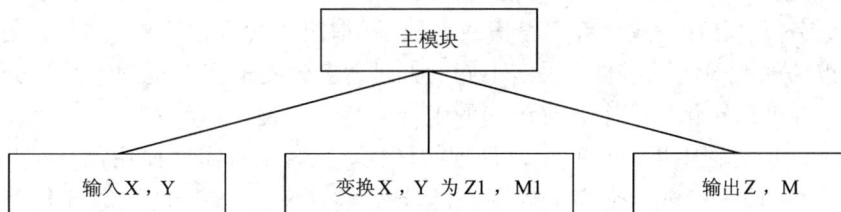

第二步：绘制第一层结构

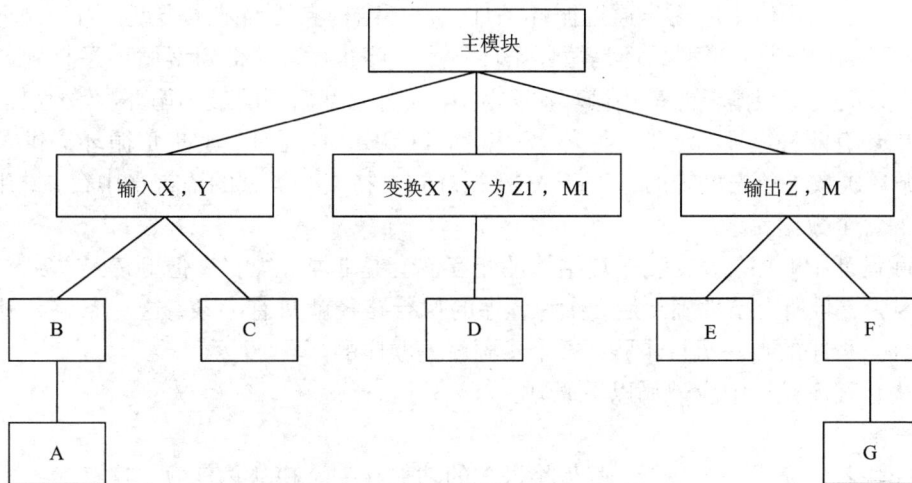

第三步：分解

图 3 – 5　变换分析过程

构进行进一步的优化。

事务分析的过程和变换分析的过程基本一致，首先需要找到事务处理中心，之后进行映射，映射时事务流被分为两个分支：接受分支和发送分支，事务中心在发送中心的上层。

3.2.2 详细设计

在详细设计当中需要对每个模块的控制流程和内部算法进行分析，在程序设计当中有三种控制结构：顺序、分支（判断）、循环（当型，直到型），其中顺序结构是程序的基本控制结构，反映了事务处理的一般性处理步骤，在软件开发中的基本数据处理步骤是：输入→处理→输出。

在处理过程中可能存在按照不同的条件选择不同处理的情况，这时候就需要分支结构来进行处理，比如求符号函数，需要根据输入数据是大于 0、等于 0 或者小于 0 来确定不同的输出数据。分支结构由分支条件和分支处理两个部分构成，分支条件是阐明选择不同分支处理的依据，其返回一般是逻辑值：真或假、是或否，根据返回的值的不同选择其中一条处理分支执行，在语义上这样表达：如果条件成立则处理 1，否则处理 2。分支结构的变形有两种：第一种只处理返回真的情况，即如果条件成立则处理，否则继续；第二种情况是多分支，现代编程语言都提供了多分支语句，多分支通过提供一个取值表达式，这个表达式的值可以是数值、可以是字符、也有一些允许字符串或者枚举（取决于编程语言的支持），之后按照取值表达式的值严格匹配对应的条件，决定不同的处理，多分支事实上是为了简化分支语句的使用，因此多分支可以转化为多个分支语句的组合。

同样的在处理过程中也存在有重复处理的情况，这时候就需要使用循环结构，比如递推求解 $S = 1 + 2 + 3 + \cdots + 100$，按递推规则有部分和 $S_N = S_{N-1} + N$，这个部分和需要重复运算 100 次。循环结构由循环条件和循环体两部分构成，循环条件用于决定是否继续执行循环体，循环条件和分支结构当中的分支条件是一样的，其返回值是逻辑值，循环体也就是一个一般的处理过程，在循环体中应逐步逼近循环条件。循环结构有两种基本类型：当型循环和直到型循环，两者的区别是：当型循环是循环条件不成立停止循环，直到型循环是直到条件成立停止循环；其次是当型循环的最小循环次数为 0，而直到型循环的最小循环次数为 1。在实际编程语言中还有两种循环：定步长循环（FOR）和 FOREACH 循环，定步长循环提供了一个计数器，其循环次数是预先可知的，FOREACH 循环在支持集合类型的语言当中存在，用于枚举集合当中的每个数据元素。

在实际设计中顺序、分支和循环结构的相互嵌套是非常正常的，但顺序结构还是最基本的结构，因为一旦所有条件确定后，作为程序的执行路径就只有一条，这一条路径就代表了在指定条件下程序的唯一执行步骤，这个步骤就是顺序的。

在结构化程序设计中应遵循以下原则：

- 单一职责

一个模块就是完成一个功能，避免将过多的功能在一个模块内实现，这样做一方面导致程序的耦合性，另一方面会造成调试困难。

- 单一入口、单一出口

一个模块的入口和出口都应该是唯一的，如果一个模块存在多个入口或出口，将破坏程序的可读性。

- 避免死循环

任何程序（算法）都应在有限时间内完成，死循环将会使得算法永远不能到达出口，避免

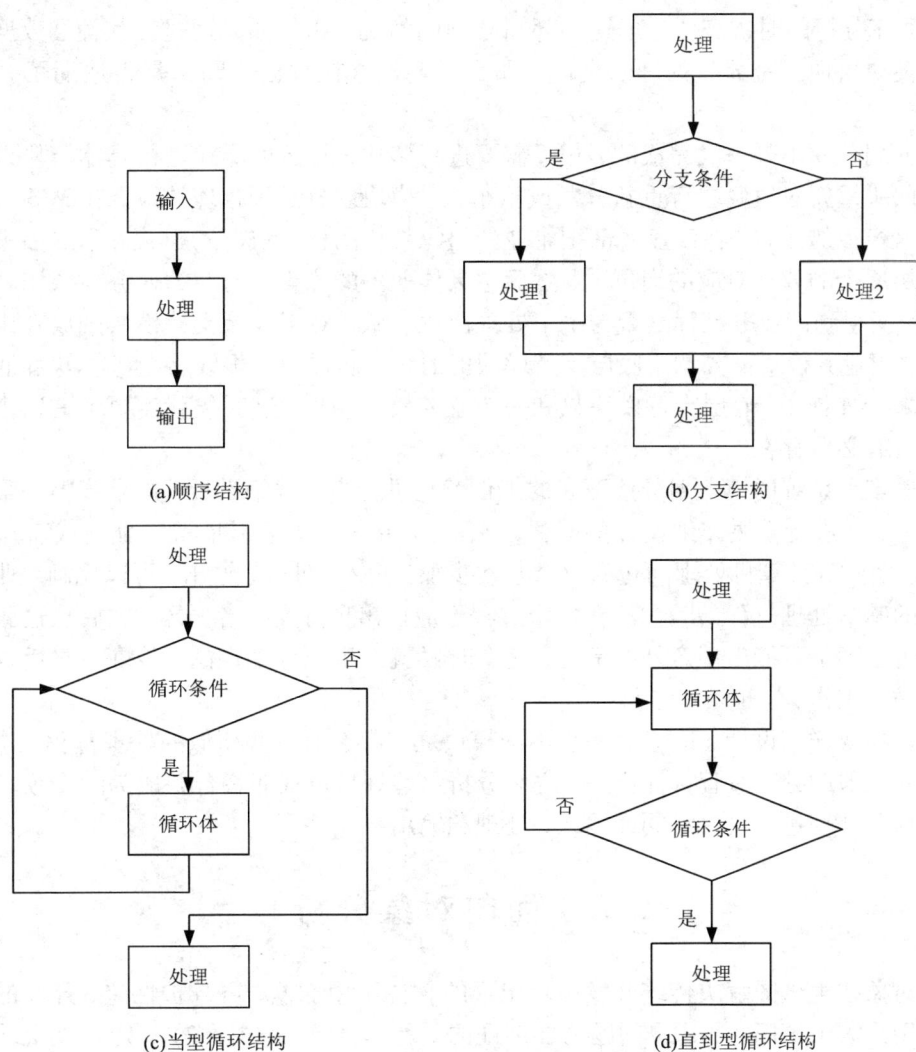

图 3-6 程序设计结构

死循环的方法：在当型和直到型循环中应在循环体中改变循环变量，使其逼近循环条件，在定步长循环中，不应在循环体中改变循环变量的值。

● 限制使用 GOTO 语句

GOTO 语句提供了很大的编程灵活性，但在结构化程序设计中，滥用 GOTO 会导致程序可读性的破坏。

3.2.3 实践指导

结构化设计是在结构化分析的基础上开始的，具体的任务就是确定系统的模块划分及其相互关系，确定模块功能的具体实现(不是编码)。

在结构化分析的实践指导中曾经提过，业务流程在不同部门之间的流转可以形成自然的模块分割，这种分割与通过变换流、数据流分析所得到的模块分割并不矛盾，因为在进行变换流、数据流分析的时候需要考虑这种部门分割的情况，相反如果通过变换流、数据流分析所得出的模块出现了跨部门处理的情况，那么就要检查在数据流图中是否遗漏了中间过渡状态。

模块的划分并不是一次完成的，相反需要进行多次，甚至可能在进行具体模块设计的时候还需要回头重新对模块进行重新分割或重组，对模块划分是否合理的检查在 MIS 系统中可以采用沙盘模拟的方式，在沙盘底部把企业的组织结构图（包括岗位）画出来，之后把所划分的业务模块逐个的放在对应的岗位上，然后按具体业务的流程将对应的业务模块用一根线连起来，检查所得到的业务流程是否与手工处理流程一致；对于底层支持模块则放在组织结构图的外面，当业务模块需要调用底层支持模块的时候，同样用一根线将业务模块和底层支持模块连起来，如果一个底层支持模块只和一个业务模块相连，这时候就需要考虑这个底层支持模块是否有必要存在。

一旦确定了系统的模块划分接下来的工作就是进行模块详细设计，这个步骤是最接近于编码的部分，在进行模块详细设计的时候不要一开始就去想是不是需要分支或者循环之类的，而应该回归到计算机处理问题的三个基本步骤：输入、处理、输出，可以先画一张图表示一个业务的基本处理过程（步骤），在这个过程不应该出现分支或者循环，之后在这张图的每个步骤上再去列举可能出现意外的情况，这个时候就产生业务处理的分支了，之后再来看有没有重复做的工作，这也就有了循环。

在进行模块详细设计的时候会发现不同模块之间存在有一些相似的处理过程，这个时候可以把这些相似的处理过程标注出来，之后分析这些处理过程能否合并成为一个模块。合并的原则是这些处理过程具有相同的输入、处理和输出。

3.3　面向对象分析

面向对象技术试图解决传统开发中所出现的软件重用性差、可维护性差、开发的软件不能够满足用户需求等问题，这个问题需要辩证的看待，面向对象技术在一定程度上改善了上述问题，但是一个分析、设计本身就有问题的系统，不论使用哪种分析、设计方法结果都是一样的。

3.3.1　面向对象的概念

1）对象

客观世界当中的任何事物都可以看成是一个对象，对象可以是客观具体的，比如桌子、椅子，也可以是抽象的，比如组织、部门。一个对象可以通过它的状态和行为来进行描述，比如一个人，他的状态可以包括姓名、性别、身高、体重等，他的行为有生长、站立、行走、思考等。

对象的状态在它的生命周期当中是不断变化的，所以一般情况下对象的状态指得是它在某一个时点上的状态，或者说状态是某一个时点上的快照，对象状态的变化是因为对象本身的行为引起的，对象的行为发生可能是因为内在的原因，比如人的身高发生变化是因为生长的行为引起，也可能是因为外部原因所导致，比如人从坐下的状态转成站立的状态，可能是因为有其他人要他站起来，导致他执行起立的行为而发生变化。其他人要他站起来是一个消息，对象之间通过消息相互进行通信。

2）类

类是一组具有相同属性和行为的对象的集合，在面向对象技术中类是一种自定义的抽象数据结构，反映了具有相同属性（对对象状态的抽象表达）和行为对象的共同性质，类是抽象的，对象是具体的，一个类要起作用必须要有实例化的对象支持（除了类的静态成员或静态类）。

3）类的静态成员和静态类

类的静态成员和静态类不需要通过实例化的对象来执行，或者说它和实际对象之间没有关联，它反映的是一个类当中共享的方法或属性，作用于类的全局，包括这个类所实例化的对象，比如需要一个统计当前类已经实例化多少个对象的计数器，这个计数器不属于任何一个实例化对象，它是这个类所有实例化对象所共有的，此时就应将它定义为一个静态成员；如果将一个类定义成为一个静态类，那么这个类是不能被实例化的，静态类很多时候被用作定义工具类，比如一个数学函数类，没有必要在使用时实例化出一个数学函数对象，此时它就被定义为静态类。事实上面向对象语言是从非面向对象语言进化而来的，非面向对象语言当中的很多静态函数库只要进行简单的静态类封装就能够被面向对象语言来使用。

4）抽象类和接口

抽象类和接口都是类的一种特殊形态，如果在一个类当中声明了一个抽象方法（只有方法的签名而没有具体的实现），那么这个类就是一个抽象类，抽象类是类的多态性（后面会谈到）实现的一条途径，出现只有签名而没有具体实现的原因很简单，就是这个方法在它的不同子类当中存在有不同的实现，那么在父类当中去实现这个方法并没有实际的意义，而且在父类当中一定要去实现这个方法还可能引起错误，比如计算一个二维图形的面积，很明显圆形、矩形和三角形的面积计算方式是不一样的，如果定义一个二维图形类，那么计算面积的方法就应该在它的派生子类当中去实现而不应该在父类当中实现。抽象类因为没有完全实现其定义所以不能够被实例化为一个对象，如果它的子类依然含有抽象方法（包括继承的），那么它的子类依然不能被实例化。

接口是在抽象类的基础上的进一步发展，在一个接口当中仅有方法的签名，接口用于定义面向对象当中的一组行为规范，可以在不同类型的类当中去实现它，提出接口的原因很大程度上是因为现代编程语言不再支持多继承（即一个子类可以同时继承多个父类，多继承的最大问题是如果父类之间存在相同属性，那么在这个类实例化后，如何区分所引用的属性属于哪个父类是一件非常麻烦的事情），允许一个类同时继承多个接口，在类实现接口方法的时候可以指明是实现哪个接口的方法，也可以不指明，不指明的时候这个方法的实现就是公共的。

与抽象类一样，接口同样是不能够被实例化的，但存在有几个不同：

（1）接口当中所定义的方法签名都是公有的，因为申明私有、保护没有意义，而抽象类的抽象方法可以是保护的、公有的；

（2）接口中所有属性都是公有的静态常量（public static final），抽象类无此限制。

5）抽象、封装、继承、多态

面向对象的基本特征是抽象、封装、继承和多态，其中：

（1）抽象

面向对象技术要求从一组具有相似属性和行为的对象中抽取其共同特征形成类，这个过程就是抽象，抽象面向不同的问题域有不同的抽象结果，同样是对人的抽象在医疗管理系统和学生管理系统当中其抽象的结果是不一样的，除了共同的姓名、性别、年龄以外，医疗管理系统更关注的是人的生理特征，如心跳、血压，而在学生管理系统中可能关注的是成绩和奖惩。对象抽象的过程可以描述如下：

第一步：找出问题域所关注的一些对象样本；

第二步：列出这些样本的属性和行为（尽量的罗列而不需要去考虑样本之间的差异，以及是否和问题相关）；

第三步：根据问题域将明显不属于问题域的属性和行为删除掉（对不能明确界定的属性和行为需要保留）；

第四步：求出这些样本属性和行为的交集（也是共同的属性和行为）；

第五步：确定对象的基类，对那些不在基类当中的属性和行为考察其是否属于问题域，考虑是否可以作为子类存在；

第六步：对所抽象出来的类进行精化。

需要注意的是抽象的过程不是一次完成的，随着对问题域理解的深入，增加、删除、修改抽象的结果甚至是推翻原有的抽象过程都是有可能的。

（2）封装

面向对象和面向过程（面向数据流）的区别在于，相关数据的定义和操作都封装在一个处理单元—类当中，这样各个对象之间可以相互独立，互不干扰，对象之间通过所公开的接口利用消息机制进行相互作用，这样做的一个好处在于实现了处理模块之间的解耦，当需要修改某个类时，只要它的接口保持不变，那么类内部的任何修改都不会影响其他类的工作；另一好处是在团队开发中如果对类的接口进行了明确的定义，那么开发人员只需要关注自己所开发的类就可以了。

除了上述好处外，类的封装同时提供了安全性，通过对类的成员增加访问属性，可以控制外部对类成员的访问，类成员访问属性有三种（部分语言提供了更多的选项）：公有（public）、保护（protected）和私有（private）。如表 3-6 所示。

表 3-6　类成员的访问属性

声明	含义
public	在一个类的内部和外部都可见，即访问不受任何限制
protected	只在一个类的内部和它的派生类可见
private	只在一个类的内部可见

（3）继承

继承是面向对象技术当中反映软件可重用性的一个表现，通过继承可以重用原先的代码，而不需要每次新建一个类都重新建立所有的代码。通过继承可以建立起一个类的家族树，在最顶端的是祖先类，现在大部分编程语言的祖先类都是 Object，在上下两层之间是父子关系，可以说父类派生了子类，也可以说子类继承了父类。

可以认为继承反映了实体对象之间一般到特殊的关系，其中父类所代表的是实体对象更一般的特征，子类所代表的是具备父类的一般特征同时又具有和父类不同的特征，比如前面所举的二维图形的例子，矩形、圆形和三角形都属于二维图形，但是它们又具有各自不同的特征。

继承是通过对实体对象的不断抽象形成，在方法上一般是从子类中抽象出父类的定义，当然如果所研究问题域中的对象本身就具有分类的特性的时候也可以从父类向子类进行扩展，比如在生物学研究中定义生物类，就可以按生物分类学的分类方法（界、门、纲、目、科、属、种）来进行定义。

需要注意的是在面向对象技术当中并不一定非要机械地去实现继承，继承是一个自然的过程，在分析中如果发现很多类具有相同的属性和行为，同时它们又可以划分为一个大类，此时就可以考虑是否应该采用继承；使用继承另一个需要注意的问题是父类成员的访问属性，需要明确哪些成员可以被子类访问，哪些是不允许的，在继承中父类所有成员都能够被子类所访问并不是一个好的做法，这种做法仅仅是在无法区分的时候才将它作为一种折中的方案，但一定要慎用。

关于继承的最后一个问题是密封（seal、final），一个被密封的类是不允许被继承，密封一个类很多时候是为了知识产权的保护，当然也有出于避免出现过度继承的考虑，密封类在性能上会比非密封类有所提高。在设计的时候可以一开始将所有的类都设计成密封类，之后如果有继承发生的时候再将它改成非密封。

（4）多态

多态是指在基类中所定义的属性和方法被派生类继承后，可以表现不同的行为特征，对同一消息会做出不同的反映。比如交通工具有一个运动的行为（交通工具在运动），交通工具有三个派生类飞机（飞机在天上飞）、汽车（汽车在地上跑）、轮船（轮船在水中航行），下面的例子说明了什么是多态，什么不是。

不是多态的例子：

```
汽车 a = new 汽车();
a.运动();    //汽车在地上跑
```

多态的例子：

```
交通工具 a;
a = new 交通工具();
a.运动();    //交通工具在运动
a = new 汽车();
a.运动();    //汽车在地上跑
a = new 飞机();
a.运动();    //飞机在天上飞
```

多态通过使用覆盖（override）技术来实现，在具体使用时基类方法可以使用虚拟（virtual）或者是抽象（abstract）来修饰，两者的区别在于使用虚拟时在基类中需要实现相应的方法，就跟刚刚那个例子一样，而使用抽象时在基类中仅需要给出方法的签名，当然此时基类也变成了抽象类；之后在派生类中用 override 来修饰对应的方法实现。具体使用的时候采用上例的方法就可以了。

上面的例子不能完全看出多态的用处，下面的例子更能够说明问题：

```
public void run(交通工具 a)
{
    a.运动();
}
run(new 交通工具());  //交通工具在运动
run(new 飞机());      //飞机在天上飞
run(new 汽车());      //汽车在地上跑
```

如果不用多态，那么就需要使用四个函数来实现它。

```
public void run(交通工具 a)
{
    a.运动();
}
public void run(飞机 a)
{
    a.运动();
}
public void run(汽车 a)
{
    a.运动();
}
public void run(轮船 a)
{
    a.运动();
}
run(new 交通工具());  //交通工具在运动
run(new 飞机());      //飞机在天上飞
run(new 汽车());      //汽车地天上跑
```

这次所使用的技术称之为重载(overload)，重载要求函数名相同但形式参数列表不同(参数个数、类型、顺序)，在使用时根据所传入的实际参数选择对应的函数进行处理。可以看出如果参数一致的情况下使用多态要比使用重载更加方便，而且重载的问题在于如果基类派生了很多子类，使用重载就必须要枚举所有的可能，这样产生疏漏的概率就增大了。重载更适合于参数不断发生变化的场景，而多态适合于更一般化或者抽象级别更高的场景。重载和多态的另一个区别是重载是静态加载的，多态是动态加载的，从性能角度上说重载的性能高于多态。

6）关联、组合、聚合、泛化、依赖、实现

关联、组合、聚合、泛化、依赖、实现反应了类与类之间、对象与对象之间（以下所称对象之间也包括类之间）的相互关系。关联反映了对象之间存在关系，在不做细分的情况下组合、聚合、泛化、依赖、实现都可以认为是存在关联，关联是对象之间在语义上一种较弱联系的表现，可以是单向关联也可以是双向关联；

组合和聚合反映了对象之间整体和部分的关系，都属于对象之间的较强关联，两者的区别是组合的整体和部分存在有共同的生命周期，整体不存在了，个体随之消亡；聚合存在有部分构成一个整体，整体不存在，个体还可以继续生存。比如电视机是由相关电子器件构成，电子器件可以构成一个电视机，但没有电视机，电子器件还是存在的，那么电子器件和电视机之间就存在聚合关系；但对于电子器件和构成电子器件的材料而言，因为构成电子器件的材料不能回收，这样当电子器件消亡的时候，构成这个电子器件的材料就没有存在的价值了，它们之间就是组合关系。

泛化反映了对象之间的从一般到特殊的关系，实质上就是前面所说明的派生、继承关系。

依赖反映了两个对象之间的语义连接关系：其中一个对象是独立的，另一个对象不是独立的，它依赖于独立对象，如果独立对象改变了，将影响依赖于它的对象。比如：类 A 使用类 B 的对象作为操作的参数，类 C 用类 D 的对象作为它的数据成员，类 E 向类 F 发消息等，很明显如果类 B、D、F 不存在，那么类 A、C、E 的相应操作就不能成功，所以说类 A、C、E 分别依赖于类 B、D、F。

实现指一个对象实现了另一个对象，比如一个类实现了它所继承的一个接口。

7）泛型

对于函数重载，面向对象技术提供了另外一种解决方案——泛型（C++里面叫模板），泛型适用于参数类型不一样，但算法过程完全一致的场景，如果类型不同，算法不一致，此时还是需要通过重载的方式，简单地说泛型是在声明或定义一个函数的时候，不指定参数或者是返回值的实际类型，而是使用一个占位符，这个占位符在函数被实际调用的时候确定实际的类型。

举一个例子来说明泛型和重载之间的差异，求两个数的最大值，用重载的方法是这样写的：

```
int max(int a, int b)
{
    return a > b? a: b;
}
float max(float a, float b)
{
    return a > b? a: b;
}
char max(char a, char b)
{
    return a > b? a: b;
}
```

　　根据这个还可以写出很多个这样的重载函数，但可以注意到除了返回值和参数类型不一样以外，其他的完全都是相同的，当然复制、粘贴出更多的函数没有问题，但是如果算法发生变化怎么办，很明显有多少个这样的函数就必须去修改多少个，这样很容易发生遗漏，所以更优雅的写法是使用泛型，可以这样来写（C ++ 的写法，其他语言语法有些差别）：

```
template  < class T >
Tmax( T x, T y)
{
    return a > b?  a： b;
}
```

　　需要注意的是当泛型的实际数据类型是一个自定义类型的时候，这个自定义类型需要定义完整的，比如上面求最大值的例子，如果实际数据是预定义类型，"＞"的操作不需要考虑，但如果实际数据是一个自定义类的时候，就需要考虑使用系统本身"＞"的缺省操作，还是需要重写"＞"操作。泛型在实际使用时可以是泛型函数、泛型类或者是泛型接口。

　　8）反射

　　反射是面向对象技术语言中提供的一个高级特性，概念上反射是指一类应用，它们能够自描述和自控制。也就是说，这类应用通过采用某种机制来实现对自己行为的描述（self - representation）和监测（examination），并能根据自身行为的状态和结果，调整或修改应用所描述行为的状态和相关的语义。这个定义有些拗口，可以这样认为，反射实际上是提供一种在运行过程中加载类，同时在运行中动态调用类方法，修改对象属性的一种技术。

　　在一般编程中要处理哪个类，调用哪个方法是事先明确的，但在使用反射的时候可能并不知道要加载的类是谁，也不知道要执行的方法是哪个，而是在执行时根据上下文环境来确定到底实际上是哪个，就像中断一样，中断大家都知道会发生，但不知道什么时候会发生，也不知道是哪个中断会发生，这也就是动态加载的意义。通过上下文确定加载类和执行方法有两种做法，第一种是通过函数参数的形式，另外一种是通过配置文件的形式，一般采用XML 文件，后面这种用的更为广泛，灵活性更高，很多框架在使用反射的时候都采用这种方式，第一种方法事实上还是存在有"硬编码"的情况，但效率比后面这种要高些。

　　使用反射需要注意两个问题，利用反射技术是可以修改类的私有属性值的，这样实际上破坏了类的封装特性，存在一定的安全隐患；另一个需要注意的问题是效率，解决同样的问题使用反射的执行效率更低，因为反射的执行过程实际上是一种解释执行的过程。但反射是在面向对象高级编程技术的基础。

3.3.2　　面向对象分析

　　面向对象分析就是抽取和整理用户需求并建立问题域精确模型的过程。分析过程是从分析用户需求陈述开始，通过分析建模建立系统的功能模型（用例和场景表示的用例模型）、静态模型（用类和对象表示的对象模型）和动态模型（由状态图和顺序图表示的交互模型），在具体描述过程中一般采用统一建模语言（Unified Modeling Language，UML）。

　　1）问题陈述

　　问题陈述阶段也是需求调研阶段，是由用户、管理者和开发者共同参与的，在具体的手

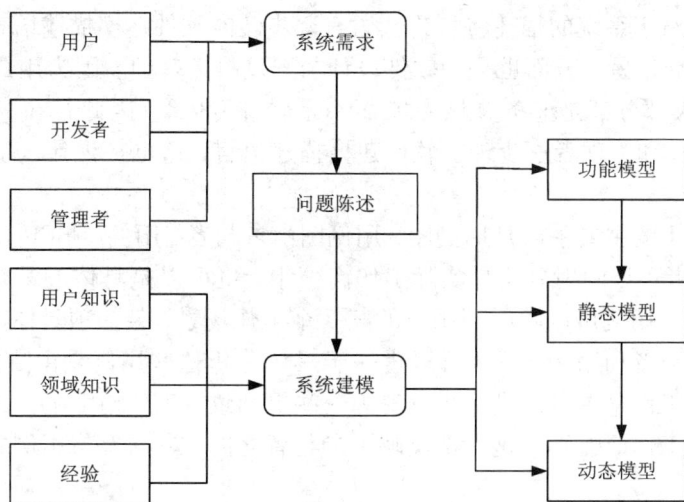

图 3-7 面向对象分析过程

段上可以采用访谈、问卷调查、头脑风暴等方法。

在问题陈述阶段的前期应尽量的让用户提出自己的看法，而不要过早的限制用户的思考。用户对未来系统所提出的要求可能包括希望未来系统具备哪种功能，也可能包括对未来系统在使用上的一些要求等，这种要求可能是语言表达的，也可能是文字说明的。管理者在这个阶段所起的作用是协调和宏观上的指导。开发者则是倾听的角色，也可能根据以往的经验提出一些引导性的看法。

在问题陈述阶段的后期，开发者要对前期调研的结果进行分析整理，提出未来系统的边界，确定未来系统应该具备核心功能或者是需要解决的关键问题，并与用户及管理者进行协商，分析所确定的边界和关键问题是否符合用户的需求（这里也有项目合同的限制）。

为什么要确定系统的边界？原因在于任何系统都是针对用户的有限问题开展的，比如要做一个办公 OA 系统，确实用户在 OA 系统中有撰写、修改 Office 文档的需求，但也不可能把 MS Office 的全套功能都做上去，一个没有系统边界的系统最后将会使整个项目的周期变得不可控，导致项目的失败。

为什么不确定系统的全部功能而一定要确定关键问题？原因在于用户需求存在有变化的可能，在用户没有看到实际系统前要用户明确地界定所有功能几乎不可能。而关键问题是系统必须要解决的，它是整个项目开发的方向，如果关键问题不发生变化，那么整体项目还是可控的，如果关键问题发生变化，意味着前期的所有工作都有可能被抛弃。

开发者需要在此时给出用户能够理解的需求说明书（一般是自然语言描述的），并向用户和管理者解释需求说明书的相关内容，力求使双方的理解达成基本一致（完全一致做不到，用自然语言所描述的问题无法做到用数学模型所描述问题的精确性和唯一性）。

需要注意的是很多项目因为项目周期的原因，在问题陈述阶段做得非常简陋，在没有搞清楚关键问题的情况下就仓促开工，这就为未来项目失败埋下了伏笔。因此在问题陈述阶段必须要明确两个东西：系统边界和关键问题。

2）功能建模

从这一步开始对于系统的描述将从自然语言逐步转向软件建模描述语言，其目的一方面是将需求描述精确化，另一方面也是为软件设计与开发打下基础。因为用户和管理者可能并不是软件专家（绝大部分都是业务领域专家而不是软件专家），因此存在一个用户教育的过程，开发者要让用户和管理者逐步理解软件建模描述语言，这也是为什么敏捷开发中强调用户参与的一个原因。

功能建模所使用的主要手段是用例图，用例图由参与者、用例（USER CASE）及其相互间的关系组成，参与者可以映射到用户实际工作岗位中，也可以是具体的某个人，也可以是用户熟悉的某个系统。用例可以映射到用户的某一个工作场景，某一项具体工作，也可以是某一项任务。有了参与者和用例之后，可以进一步具体分析这些用例是由哪些参与者完成的，这些用例所完成的工作是否可以进一步分解为一些更细致的工作（用例），或者这些工作的开展依赖于哪些其他工作（用例），这些都反映了参与者之间、参与者与用例之间、用例之间的相互关系。

对用例图的阅读可以采用这种方式：这个系统是由这些工作共同完成的，其中某个人（参与者）要完成这些工作（用例），做这个工作依赖于那个工作（用例）的开展，也可以把这个工作分解成这几项工作（用例）来完成。因此对用例图中的参与者、用例以及关系应该要做精确的命名，这些名字是系统数据字典的一部分，同时也是与用户沟通的基础。如果需要对用例图当中的信息进行进一步说明，可以采用用例说明的形式，在用例说明中一般包括：对用例的具体解释，用例具体工作流程的描述，在用例工作过程中可能存在的意外。

比如一个系统的用例图［图 3 - 8 (a)］，图中的用户是参与者，椭圆是一个用例，有向线是关系，虚线表示了系统的边界，这个用例图说明了用户有登录系统和开具发票这两项工作，作为拟完成的系统只需要处理登录系统和开具发票这两个用例。在图 3 - 8 (a) 中对登录系统、开具发票这两项工作具体要做什么没有说明，也没有说明这两项工作的先后顺序。用例图所关注的是：系统有哪些人在参与，在做哪些工作，它们之间的关系是什么。图 3 - 8 (b)、图 3 - 8 (c) 对登录系统分别用自然语言和活动图进行了详细的用例说明，具体使用哪种取决于开发者与用户之间的沟通，一个用例所讲述的就是一个故事，这个故事的讲述是用户能够体会和理解的。

当系统比较复杂的时候，可以考虑采用分层用例图的形式。采用分层用例图的时候应注意上下两层之间的用例关系应保持不变。

3）静态建模

静态建模就是从功能模型所讲述的人物、故事当中抽取出具体对象，确定这些对象共有的属性和方法，最终得到实体对象的抽象—类。因为类仅仅只是实体对象的抽象定义，并没有描述这些类是如何完成具体的工作，所以它是静态的，就如同程序和进程一样，类就是程序，当类实例化为对象后就是进程。

静态建模的主要工具是类图和对象图。绘制类图需要从用例图和用例说明出发，第一步找出所有候选的类和对象（类和对象以下统一统称为类），第二步从候选的类当中筛选掉不正确或不必要的类，第三步确定类的属性和操作，第四步确定继承关系，第五步确定类之间的关联，如图 3 - 9 所示。

系统边界

登录系统

开具发票

用户

(a)用例图

用例名称：登录系统

参与者：用户

与其他用例关系：无

前提条件：用户打开系统登录界面。

后置条件：用户成功登录后进入系统。

特殊要求：用户三次登录失败后锁定系统。

主要事件流：

1.用户输入用户名和密码；

2.系统检验用户名和密码是否合法；

3.系统根据用户所属权限组分配权限；

4.用户进入系统主界面开始工作。

附加事件流：

1.用户输入的用户名在系统中不存在，系统提示错误；

2.用户输入的用户名和密码不匹配，系统提示错误；

3.系统三次登录失败，锁定系统。

(b)用例说明——自然语言

用户	系统

进入登录界面

输入用户名、密码 → 检查用户

用户存在？ 不存在 / 存在

验证密码

密码正确？ 正确 → 进入系统 / 不正确

错误计数

超过3次？ 未超过 / 超过

系统锁定

(c)用例说明——活动图

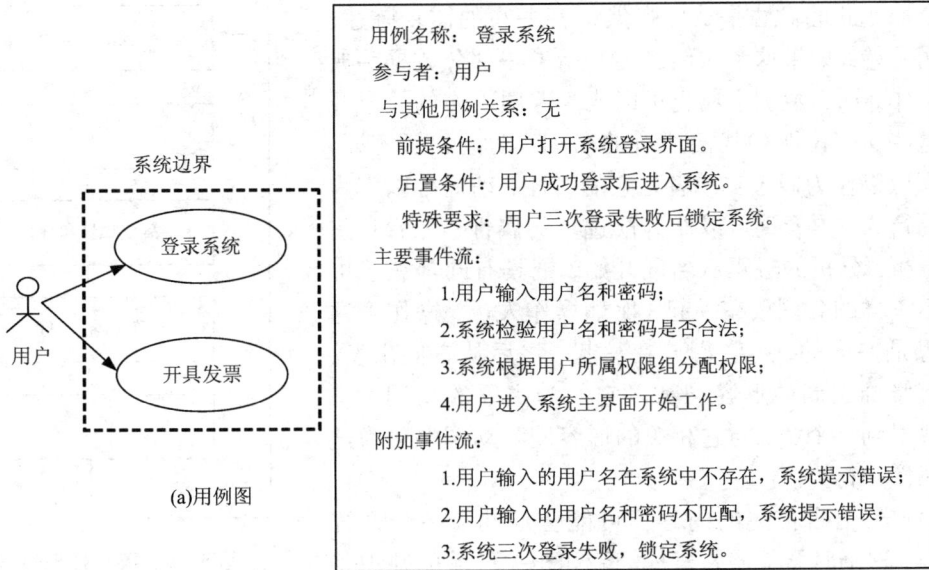

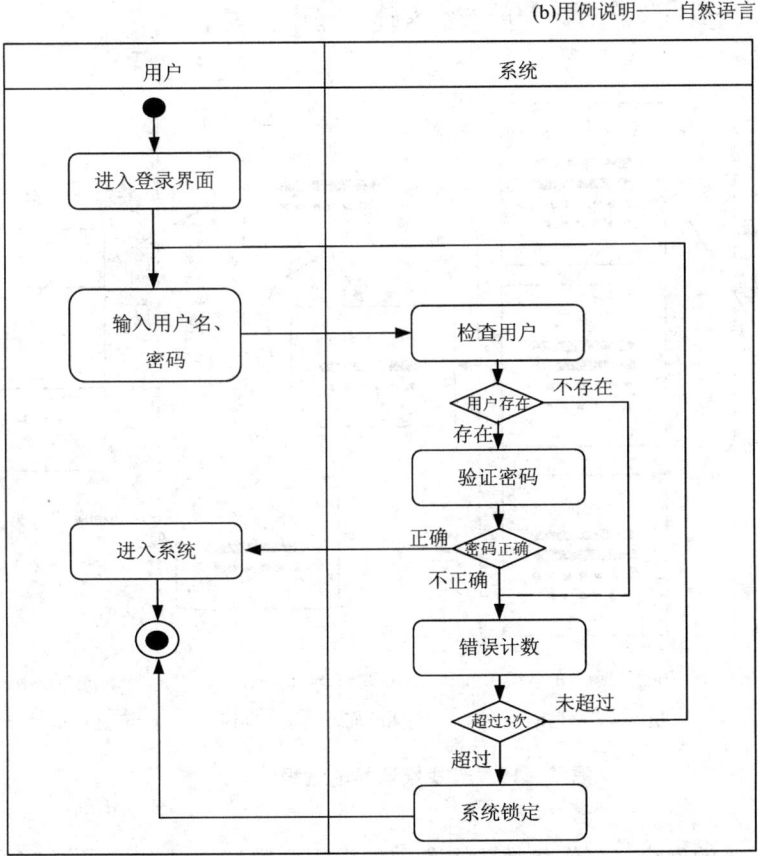

图 3－8　登录系统用例说明

第一步：找出候选类。

一个非正式的做法是从由自然语言书写的需求陈述、用例说明开始，如果这个时候已经开始了一部分数据字典的收集工作，那么数据字典也可以成为这项工作的一个开始。在这些文字说明中找出所有的名词、动词和形容词，其中名词可以作为候选类或者是它的属性，动词可以作为候选类的行为，形容词可以作为候选类的属性，之后对它们进行分析，分析的过程从名词开始，把具有同等意思可能表达不一样的名词放在一起，比如操作人员、操作工这两个意思是一样的，把它们放在一起，之后从它们出发，找到所有修饰它们的形容词和以它们为主语的动词。一个名词映射到一个类，与它相关的形容词和动词映射为这个类的属性和行为。

采用自然语言描述的内容不可能全部涵盖一个系统的所有类，这个时候就需要根据经验和相关领域的知识将隐含的类提取出来，一般可以从可感知的物理实体、人或

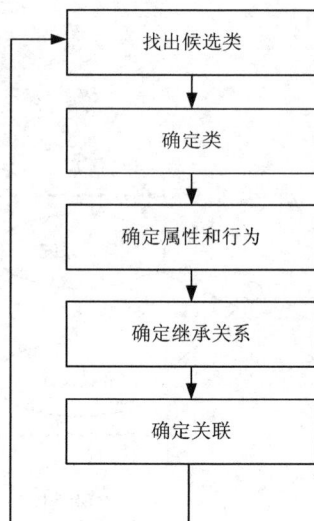

图 3-9　静态建模过程

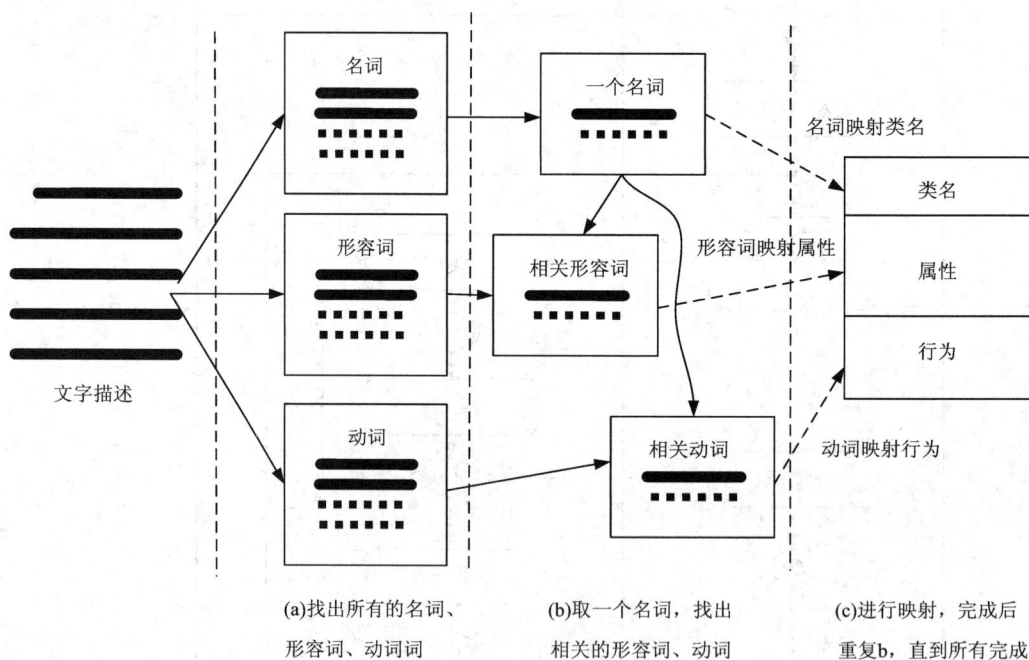

(a)找出所有的名词、　　(b)取一个名词，找出　　(c)进行映射，完成后
　　形容词、动词词　　　　相关的形容词、动词　　　重复b，直到所有完成

图 3-10　查找候选类的过程

组织的角色、工作相关的概念、工作相关的事件、工作当中的联系或相互关系五个方面进行分析。

第二步：确定类。

通过第一步所找出的类并不能直接使用，需要对它们进行进一步的筛选，找出和实际系

统真正相关的类和对象，筛选过程依据以下标准：

- 冗余

如果两个类所表达的是同一类对象，应该将它们进行归并，虽然第一步做过类似的工作，但可能还会有遗漏，特别是当几个分析员分析文档的不同部分的时候，这种情况有可能发生。

- 无关

仅需要考虑和系统密切相关的类，对关系不大或者无关的应该忽略掉，可以从系统边界的角度来观察，一般边界外的肯定不考虑，而介于边界之间的，则需要进行进一步的审核。

- 笼统

对意义表达不清楚或者模糊的类，需要考察有无更明确的类来进行替代，如果有就用明确的进行替代，如果没有就将它忽略掉。

- 属性

有一些名词可能作为系统其他类的属性更为合适，此时就没有必要将它们提升到类的层次，当然如果这个名词本身拥有更丰富的含义，需要用类来进行表达的情况除外，事实上一个类的定义中含有其他类作为属性也是很正常的。

- 操作

还有一些词本身就同时具备名词和动词的特征，因此在分析中必须要考察它的语境，确定它到底是表达一个名词的意思还是动词的意思。

- 实现

在分析阶段不应过早的去考虑实现的问题，而应关注问题域本身，所以在分析阶段应该把与实现相关的类剔除掉，留到设计、实现阶段再进行考虑。

第三步：确定属性和行为

通过第一步查找候选类，每个类都有了一些属性和行为的列举，在这一步要对它们进行进一步分析，分析需要结合文档和相关领域知识进行，在文档中的名词除了可能是类以外，也有可能是类的一个属性，比如"汽车的型号"，这里两个名词，前者是一个类"汽车"，后者就是汽车类的一个属性"型号"；形容词同样是类属性的一个来源，比如"红色的汽车"，但形容词不能直接作为属性，而是一个属性值，此时需要给它一个属性名字"颜色"；相关领域知识同样可以帮助提取隐含的属性，比如"那辆红色的汽车型号是 QQ"，这里就隐含了它的制造厂家是"奇瑞汽车"，如果制造商与解决问题域相关，那么制造商就应该成为汽车类的一个属性。对于类行为的分析方法和过程与属性分析是一样的。

在分析的过程中并不是所列举的所有可能性都要成为类属性和行为的一部分，需要进行一定的选择和优化，选择优化的标准如下：

- 与问题域无关的

需要分析这个属性和行为是否和要解决的问题域相关、和要实现的系统相关，比如人的心率，如果在一个医疗系统当中它是相关的，但在一个成绩管理系统中它就无关，此时就要把它剔除掉。

- 过于细化

用一个结构或者一个行为可以表达的就不需要再将其拆分成更小的单位，比如日期，如果做日期类将它拆分成年、月、日是合适的，但如果仅是一个生日，这样的拆分就没有意义。

第四步：确定继承关系。

在确定类的属性和行为之后，可以考虑抽取类的公共属性和行为形成父类，从而确定继承关系，在分析类的继承关系时候，可以采用自顶向下的方法，也可以自底向上的方法。

确定继承关系的第一步是划分主题，主题划分需要一定深度的业务领域知识支持，通过主题将具有相似性质的类划分成一类；第二步是对一个主题下面的所有类进行分析，确定其公共属性和行为，简单的做法是对这些类的属性和方法做交集，但不是很可靠，可能存在的情况是同样的东西有不同的命名，或者是同样的命名代表不同的东西，对公共属性和行为的分析应从其本质着手，而不是从具体行为着手，比如前面提到的计算一个图形的面积，不同图形的计算方法肯定不一样，也就是行为不一样，但本质上都是计算面积；第三步重复第二步直到所有主题都分析完成；第四步进行复查，复查过程需要将原始类和实现继承后的类进行比较，如果发现继承后的类与原始类之间存在有冲突，那么这时候应该取消继承，恢复原始类。

第五步：确定关联。

客观世界的万物之间都有关系，反映到系统当中就是类之间的相互关联。分析关联关系的作用在这几方面：找出类之间的相互关系，完善模型，为动态分析打下基础；发现那些尚未被发现的类和对象；优化类结构，适当的时候建立起关联类，将相关属性从一般对象类中移到关联类当中。

分析关联同样需要结合文档和相关领域的知识进行，文档中一般描述性的动词或词组都可以表现为关联关系，比如"系统维护事务日志"，那么在系统与事务日志这两个对象之间就存在有关联关系，两者通过维护关联起来了。除了这些显式的关联以外，还有一些是通过领域相关知识得到的隐含关联，比如组织和员工之间的关系，在一般文档中作为一个基本常识通常不会去说"组织下面有员工"，但这个关系是现实存在的。隐含关联很多时候包含了在第一步分析当中遗漏的类和对象，比如一个员工考核系统，所有的工作都是围绕员工开展的，在文档中可能根本不会出现"部门"这个名词，从常识上讲对员工进行分类管理是最方便的，而员工的最基本分类就是"部门"，因为在文档里面，部门这个类就很有可能被遗漏了。

在分析过程当中的另一种可能是会出现关联类，比如一个工资管理系统，已经建立了两个类，一个是部门，一个是员工，现在每个员工都有工资，那么工资是放在部门类还是放在员工类，放在部门类是不对的，因为部门下每个员工的工资是不一样的，放在员工类里面初看起来没有问题，但我们知道工资是和岗位有关系的，当员工调整岗位的时候他的工资会发生变化，但如果要调高岗位工资怎么办，是否要将所有的属于这个岗位的员工工资全部调整一遍，这样做没有太大的问题，但更合适的做法是新建一个"岗位"类，里面包括了岗位和工资，这样当调整岗位工资的时候就不需要去对每个员工的工资进行调整了。此时岗位类就是一个关联类。图 3-11 说明了这个演化过程。

在关联分析过程中，对所发现的关联可能需要做进一步的进行选择和优化，选择的依据如下：

- 与问题域无关的或者是应在实现阶段考虑的关联
- 冗余关联

在系统中已经存在有其他关联进行定义的关联，冗余关联某些时候会形成一个关联的闭环，这种闭环结构对软件设计没有任何好处，应该剔除掉。

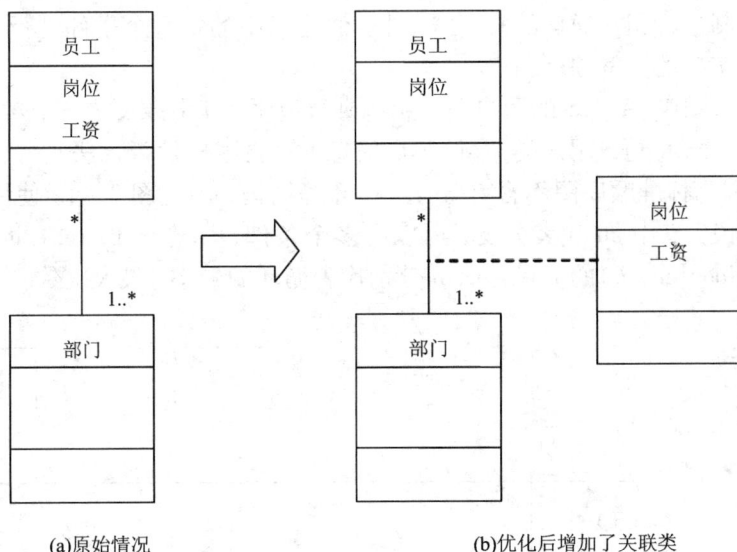

(a)原始情况　　　　　　　　　　　　(b)优化后增加了关联类

图 3－11　关联类

● 将多元关联转换为多个二元关联或者用词组描述成限定的关联

这种情况一般发生在自然语言描述当中，一句话里面包括了 2 个以上的对象，比如"工人操作机器加工零件"，可以把它转化为"工人操作机器"、"机器加工零件"。

● 合理甄选动作作为关联

动作有时候可以表现为关联，有时候又不是关联，需要分析动作所联系的两个对象除了动作本身以外是否还存在有其他的联系，比如"用户打印票据"，用户与票据之间不存在其他的联系，此时就不应把它作为一个关联。

静态建模是一个逐步求精的过程，上述步骤可能需要多次重复才能够得到一个比较满意的静态模型，而且在建模过程当中随着对需求理解的深入，前期的文档存在有修改的可能。每一次修改都要进行相应的版本标注，这样能够比较方便的去回溯。

4)动态建模

静态模型反映了拟开发系统当中与问题域相关的具体实体，并没有反映出实体之间是如何通过相互协作完成整个系统的功能，作为一个完整的系统建模就需要有动态模型进行补充，静态模型提供了动态模型所需的实体对象，动态模型则反映了这些实体对象在整个系统生命周期中的状态变化和相互协作关系，两者共同描述了系统对功能模型的实现。动态建模一般采用顺序图和状态图来进行描述。

动态建模是从功能模型的用例出发的，如果之前没有对用例进行用例说明，那么此时就要完成这个功课，用例说明当中的事件流实际上就是交互事件的脚本(很多教科书喜欢在这里说动态建模的第一步编写典型交互事件的脚本)，不过此时需要做一些转换，要将事件流当中的名词、动词转换成静态模型当中的类和类的行为，避免出现二义性。

第二步从事件流当中提取事件，一般情况下事件流的每一步就代表一个事件，对一个事件需要确定触发这个事件的动作对象和接受这个事件的响应对象(会出现在一个事件当中的动作对象和响应对象是同一个对象的现象），同时需要确定两个对象之间的消息传递（对象之间是使用消息机制进行相互通信的）。依次对事件流当中的每一个事件进行分析，最后就可以得到一个用例实现的完整顺序图。

图 3 – 12 是对图 3 – 8 所示的用户登录用例进行说明，其中涉及了三个对象，用例的参与者—用户（也是一个对象），用户类（存储用户信息，检验用户是否合法），权限类（对合法用户分配权限）。因为标准顺序图不含有分支、循环等结构，因此图 3 – 12 使用了顺序图的高级机制—复合片段，其中 alt 代表分支，可以有多个条件，相当于 if…else if…；loop 代表循环，可以扩展为 loop[m, n] 的形式，m、n 分别代表循环的最小、最大次数。

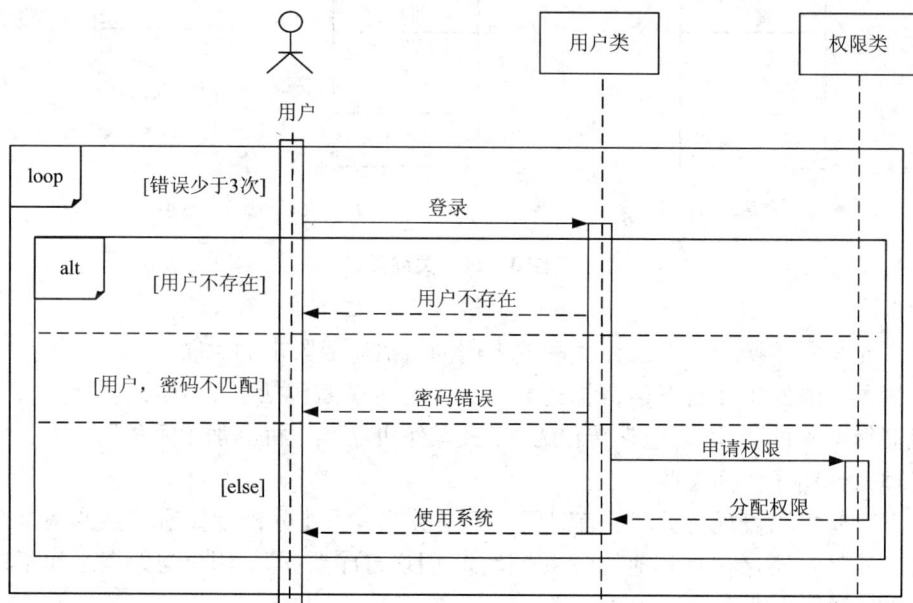

图 3 – 12　登录系统用例顺序图

第三步排列事件发生的顺序，确定每个对象可能有的状态和状态的转换关系。每个对象从创建到销毁的生命周期当中，其状态是不断发生变化的，前面也提过状态是对象在每个时点上其属性值组合的一个快照，一个对象拥有多个属性，这些属性值的组合可以构成 n 个状态（$n = n_1 \times n_2 \times \cdots \times n_i$，$i$ 指对象有 i 个属性，n_i 指第 i 个属性的可能取值数量），很明显如果试图将这 n 种状态全部罗列并给出它们的转换关系是没有意义的，因此需要关注的是对象的关键属性和关键状态，而且关键状态的个数一定是有限的，比如对图 3 – 8 登录用例当中的用户对象，其关键状态就只有三个：未登录状态、登录状态和锁定状态，而且这三个状态也是与系统密切相关的状态，确定了对象的状态以后，可以用状态图描述它，如图 3 – 13 所示。

3.3.3　实践指导

在进行面向对象分析的时候首先需要将业务分析与界面设计分开，换句话来说就是在采用面向对象分析技术进行系统分析的时候重点需要关注的是业务本身，而不是要实现这个业务的界面是怎么样，要如何和界面交互，这是初学者常犯的一个错误。

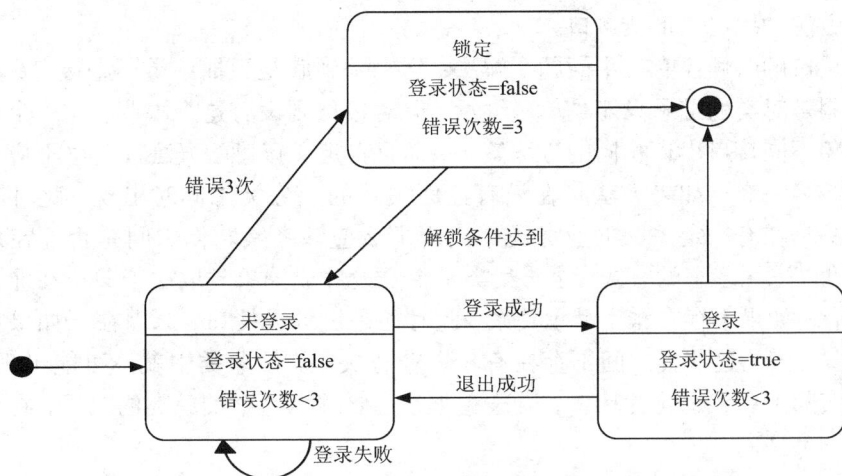

图 3 - 13　用户对象状态图

面向对象分析是从用例图开始的,用例图的作用是给出系统的边界和要实现的业务(包括参与者),系统边界包括两个方面:业务实现的范围,可能与其他系统交互的位置。在实际项目中会出现业务实现范围变化的情况,如果事先确定了业务范围在后续的项目变更处理中能够占据一个比较有利的位置。

确定了用例图之后可以进行业务类的分析,业务类分析包括三方面的工作抽取业务类、确定业务类的属性和方法(行为)、确定业务类之间的关系。对业务类的抽取可以通过对用例图当中的参与者和用例进行分析,一般情况下首先可以将参与者抽取为一个类,对用例则复杂一些,用例有些时候可以表现为系统当中的某个对象的一个行为,有些时候在表现对象行为的时候又隐含了一个(或几个)对象的共同作用,这个时候用例说明就非常的重要,在用例说明中对用例行为具体的具体描述里面如果出现了不是参与者的其他名词主语,很可能它就是一个潜在的对象,不在主语位置的名词、数词、形容词、副词则可能是对象的属性,动词一般可以认为是行为。

在基本确定系统的业务类以及类的属性和方法后,可以采用结构化设计实践指导中对模块划分进行验证类似的方法,只不过这时候沙盘的底部被换成了用例图,更为精他的验证方法可以采用顺序图,将每个用例都用顺序图表示出来,这时候顺序图生命线上到底是类还是对象并没有关系,使用顺序图还有一个好处就是能够发现开始没有注意到的对象和对象行为。

现代软件设计越来越重视面向接口的编程,对接口的分析到底是在分析阶段就开始还是到设计阶段再开始这个问题也是困扰初学者的问题之一,建议将接口的分析放在分析阶段进行,在完成初步业务类分析之后,可以开始业务类的精化过程,精化过程完成两项工作:消除业务类的冗余和进行更高层次的抽象,这两项工作是交叉进行的,消除冗余一方面是合并具有相似功能的类,另一方面是标记出在沙盘模拟中业务类中多余的属性和行为;对相似功能的类合并有两种:一种是完全相同但说法存在差异,这种情况直接合并;另一种情况是相似但又一定的差异,此时可以考虑是否需要从中抽取出父类,对于接口的分析类似,系统中如果存在有相同或相似的方法签名，同时这些方法的功能在语义上具有相似性，此时就可以考虑将这些方法抽取出来形成接口。

在抽取接口的时候还有一个问题要解决：到底是到底是用抽象类还是接口，现代编程语言普遍的限制是对类的继承只能是单一继承，但对接口则没有这个限制，在一个业务系统中应该尽量避免不同接口出现相同的方法签名，而且自定义接口的方法签名也不应该和语言所提供的方法签名一样。如果方法是在没有任何关系的业务类中同时出现，此时应该采用接口。如果方法是在有一定关联的业务类中出现那么应该考察它们之间是否存在派生继承关系，如果是可以采用多态的方式，至于父类是否要设计成抽象类取决于父类在业务系统中是否需要实例化；如果不存在派生继承关系，此时还是设计成接口，原因在于如果把他们抽象成一个抽象类，因为这些类之间不存在有相近业务关系，抽象类中就不可能出现公共属性，此时抽象类实际上已经退化为接口，当这些业务类要继承这个抽象类的时候，在语义上也是一件很奇怪的事情。

在完成精化后需要再次通过沙盘模拟进行验证，对标记出来冗余的属性和行为经过确认后可以删除，这个过程需要反复多次。

3.4　面向对象设计

面向对象设计与面向对象分析之间的界限并不是非常的明显，分析的结果可以直接用于设计，设计的成果反过来可以补充分析的不足，在面向对象技术当中，分析与设计的过程存在反复迭代的可能，两者的区别在于关注点不同，在分析阶段所关注的是对问题域的精确建模，在设计阶段所关注的是解决问题域的系统实现问题，在设计阶段需要考虑可能采用的软件体系架构和设计模式(在后面的章节中将介绍软件体系结构和设计模式)，同时需要将在分析阶段所忽略或剔除的关于实现的模型补充完整。

面向对象设计的任务大体上可以分成四个部分：问题域设计、人机交互设计、任务管理设计和数据管理，其中：人机交互设计部分面向人与系统之间的交互界面，解决数据输入输出的问题；问题域设计部分面向实际问题的解决，解决数据变换、处理的问题；数据管理部分同样是面向问题域(可能也包括系统实现当中除了问题域以外的控制数据)，解决数据持久化保存的问题；任务管理设计部分面向整个系统，负责协调、调度系统其他部分的工作。事实上这就是一个典型的 MVC 模式(图 3 - 14)的体现，M 包括了问题域、数据管理，V 是指人机交互界面，C 就是任务控制。

1)问题域设计

问题域设计的绝大部分内容来自于前期分析阶段的成果，应尽量保存分析阶段所得到的问题域模型，此时所做的工作是从实现角度对问题域模型进行补充和修改，主要有增加、合并或分解类、属性及行为，调整继承关系等。

在设计阶段需要考虑系统实现的环境，包括硬件环境、网络环境、软件环境等，同时需要考虑在最后编码实现阶段所采用的开发语言的特性。比如在问题域分析模型中对类的继承关系采用了多继承，但是所用的开发语言只能够使用单继承，此时就需要将多继承关系改成单继承关系，这种变化可能会使原先通过继承所得到的一些属性和方法丢失掉，这样就需要重新考虑重新设计这些业务类。

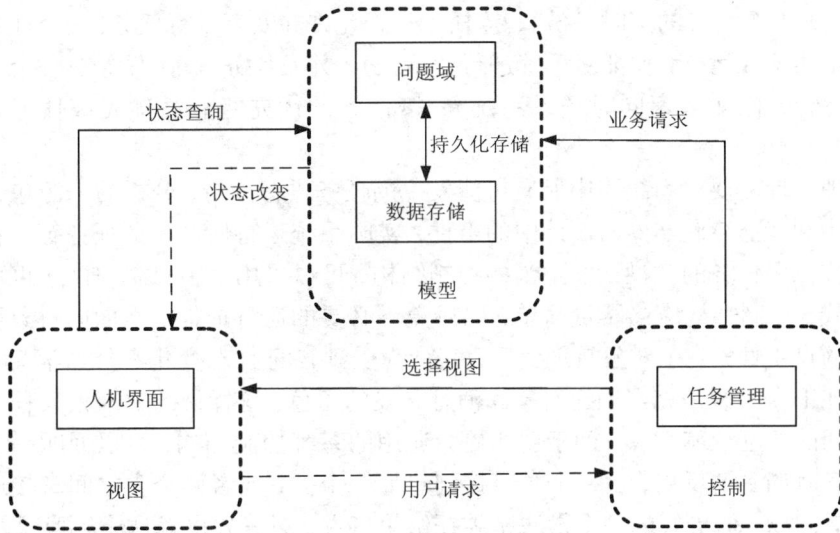

图 3 - 14　用 MVC 模型描述的面向对象设计各部分关系

此外从软件重用性的角度考虑，一般都希望一个类都是单一职责，但在分析阶段不管出于何种原因，可能会出现一个非常复杂的类，其中含有很多属性和方法，这样在设计阶段就需要将它分解为更小的单位。

最后一个问题是从软件扩展性角度考虑，是否需要为待实现的系统设计一些规范接口，规范接口实质上是对类功能的一种归并，引入接口同样会引起类继承和实现的变化。

2）人机交互设计

人机交互设计包括两个方面：交互界面和事件，交互界面实质上就是系统的输入、输出界面，是用户直接接触使用的，不论是结构化设计还是面向对象设计，两者是共同的，一个设计优秀的界面是具有友好性，反映在直观、易用和使人心情愉悦等方面，这其中包括了界面的色彩方案，控件的选择、布局方案，帮助系统和使用习惯等，作为一个软件开发人员虽然不是美工，但基本的审美还是必需的。界面是通过代码实现的，在面向对象技术当中，所有的界面包括界面元素都是类，现代编程的 IDE 工具提供了软件开发人员通过直接拖拽完成界面及相关代码的便捷性，开发人员通过简单的属性设置就可以改变界面的外观和行为模式，这些方便并不代表开发人员就不需要了解它们的内在工作机制，有些时候当现有的控件无法满足系统需求的时候，开发人员就需要自行开发所需的控件。

在 GUI 编程当中的一个最大变化是用户的行为并不是按照开发人员预想的步骤来执行的，而是反映成一个个独立的事件，开发人员必须对来自界面的这些事件进行控制，需要考虑系统需要响应哪些事件，这些事件的响应处理过程是怎样的，这些事件响应中和系统其他部分是如何交互的，所有这些问题应该在设计阶段解决，而不是遗留到代码实现的时候再去考虑。

3）任务管理设计

在一个系统当中有多种任务类型，按驱动模式有顺序任务（任务按事先做好的排序，一个接一个的运行，常见的像批处理任务）、事件驱动任务（当有事件发生时，响应任务，比如当模型修改时触发一个事件通知视图进行修改)、时钟驱动任务(当预先设定的时间到达时,响应任务,比如一个系统的定时备份);按任务是否允许并发有串行任务(一个任务在某个时点正能有一个实例在运行,比如对系统进行初始化)、并发任务(一个任务在一个时点可以有多个实例在运行,比如大家同时登录系统);按任务的优先级有高优先级任务、低优先级任务。

任务管理设计需要对系统当中所有可能发生的任务进行分析,分析的来源包括问题域模型中类的行为和状态变化、界面设计中的事件,实际系统运行所产生的任务等。在进行任务管理设计时应根据任务的类型设计适当的控制结构,可以采用集中控制的模式也可以采用分散控制的模式,控制结构应当尽量简单,以避免不必要的运行损耗。在面向对象设计中应充分考虑对象的自主性,一个对象自创建后,其行为受到自身状态变化和外部消息的影响,因此任务管理在很多时候是充当创建对象和消息转发的角色,这样做的原因很大程度上是为了降低对象之间的相互依赖性,有助于创建更为通用的系统控制结构,可以回顾一下前面介绍面向对象概念时谈到的反射,由一个类直接创建另一个类,或者两个类之间直接通讯从实现角度上说没有问题,但更好的一个做法是委托给第三方,第三方也就是任务管理。

4)数据管理

任何一个系统或多或少都有数据持久化存储的需要,在数据管理设计时要解决两个问题:哪些数据需要存储? 数据以什么方式进行存储?

首先是哪些数据需要存储,存储的需求来自两个地方:问题域当中的那些持久化类和系统当中需要恢复的设置。问题域当中的类有两种类型:临时类和持久化类,临时类就是在系统使用过程中作为过渡的类,这些类在创建的时候与它之前的状态是无关的,持久化类则是在创建的时候与它之前的状态是有关的,这种类型的类就必须要做持久化存储。系统设置的选择和持久化类的是一样的。

确定了持久化存储的数据之后,接下来要确定的是采用那种方式存储,可供选择的方式有两类:文件系统和数据库系统,文件系统适合于轻量级的数据,可以采用 XML 文件或二进制数据文件的形式,一般二进制数据文件用于类的序列化存储,数据库系统适合用重量级的数据,当数据量非常大的时候,采用文件系统的效率非常低。除了用数据量作为数据存储方式的选择标准以外,还需要考虑的两个依据是访问的频度和并发访问的需求,如果访问频度非常高,且存在有大量的并发访问需求时,这时就需要考虑采用数据库系统。

最后是根据所需要存储的数据和确定的存储方式来设计数据管理所需要的类,从原则上数据库访问应该与业务逻辑实现分开,也就是说在设计上最少需要分为两层:数据库访问层,直接和底层数据存储打交道,业务逻辑层解决具体的问题,中间通过数据库访问层所提供的接口逻辑来进行访问。

3.5　数据库设计

任何系统都有数据存储的需求,如上所述数据存储可以采用文件系统也可以采用数据库管理系统,目前用的比较多的是 XML 文件和关系数据库,XML 文件反映了数据之间的层次关系,可以把它看作是一个层次数据库,软件系统当中的很多配置数据库都是采用 XML 文件的形式(图 3 - 15)。一个 XML 文件由一个根节点与它的子节点(子节点下面还可以有孙子节点，如果把子节点看成根节点，那么就形成了一个递归的树）构成。XML 的每一个节点都有属性域和值域两个部分，其中属性域当中可以含有多个属性，属性由属性名称和属性值两部分构成，值域就只有一个，进行数据存储时到底是用属性还是值并没有严格的限制，但是如果一个数据的长度较大时用值来进行存储更好一些。与数据库管理系统不同的是，XML 文件仅是提供了一个文件存储的格式，对于文件创建、节点创建以及访问需要提供另外的函数进行操作，现代编程语言一般都提供了操作 XML 文件的封装类，直接使用就可以了。

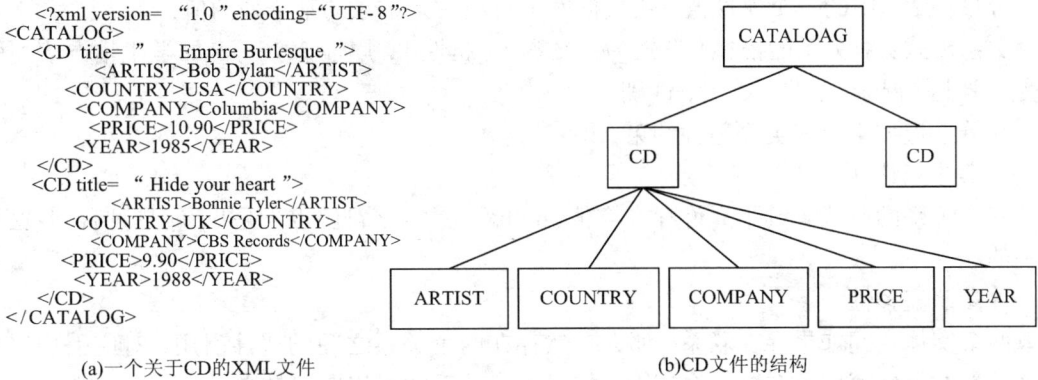

```
<?xml version= "1.0" encoding="UTF- 8"?>
<CATALOG>
    <CD title= "    Empire Burlesque ">
         <ARTIST>Bob Dylan</ARTIST>
         <COUNTRY>USA</COUNTRY>
         <COMPANY>Columbia</COMPANY>
         <PRICE>10.90</PRICE>
         <YEAR>1985</YEAR>
    </CD>
    <CD title= " Hide your heart ">
         <ARTIST>Bonnie Tyler</ARTIST>
         <COUNTRY>UK</COUNTRY>
         <COMPANY>CBS Records</COMPANY>
        <PRICE>9.90</PRICE>
         <YEAR>1988</YEAR>
    </CD>
</CATALOG>
```

(a)一个关于CD的XML文件　　　　　　　　(b)CD文件的结构

图 3 – 15　XML 文件示例

下面重点说明关系数据库。

3.5.1　关系数据库的基本概念

关系数据库是建立在关系模型之上的数据库，所谓关系模型是由一组关系构成的，每个关系的数据结构是一张规范的二维表（图 3 – 16），实体－联系图是关系模型的图形化表示。

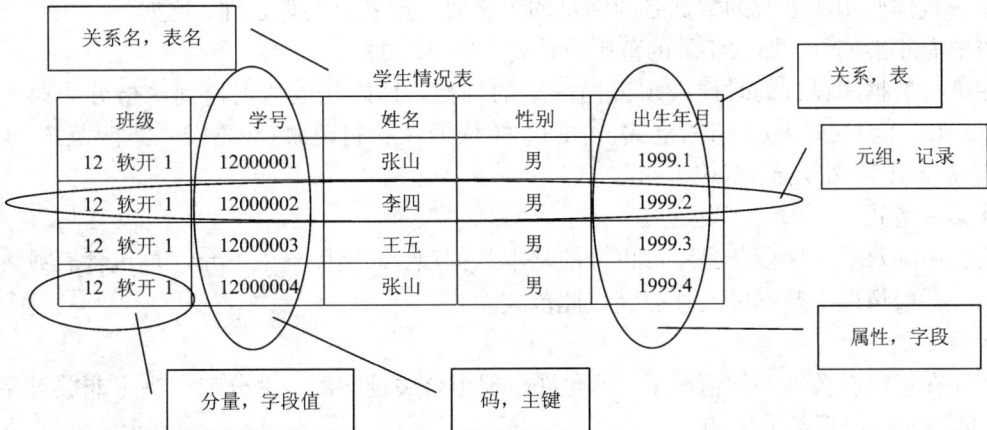

学生情况表

班级	学号	姓名	性别	出生年月
12 软开 1	12000001	张山	男	1999.1
12 软开 1	12000002	李四	男	1999.2
12 软开 1	12000003	王五	男	1999.3
12 软开 1	12000004	张山	男	1999.4

关系名，表名

关系，表

元组，记录

属性，字段

分量，字段值

码，主键

图 3 – 16　关系的概念

关系：一个关系对应一张表，在数据库中对应一张实体表，关系的名字就是表名；

元组：表中的一行，在数据库中对应表当中的一条记录；

属性：表当中的一列称为属性，每个属性都有一个名字，在数据库中分别对应字段、字段名；

码、键：一个元组的唯一标识，通过它可以唯一的进行区分，可以是一个属性，也可以是一个属性的组合来表示，在数据库中对应一张表的主键；

域：属性值的取值范围，如学生情况表中的性别，它的取值范围就是（男，女）；

分量：元组中的一个属性值，在数据库中对应一条记录的某个列的值；

关系模式：对关系的描述，形式为：关系名（属性1，属性2，…），如学生情况表可以表示为：学生情况表（学号，姓名，性别）。

在关系模型中有三类完整性约束，即：

- 实体完整性

一个关系的码或者键不允许存在空值（null，不是空字符串也不是0，就是没有）且必须是唯一的。

- 参照完整性

两个实体之间如果存在联系，那么自然存在两个关系之间的属性引用，对应引用属性的两个关系的属性值应该在同一个域上，如果一个关系的引用属性是主码（主键），那么另一个关系对应的引用属性就是外码（外键），外码的取值要么是空值，要么就是主码已有的值，严格情况下不允许外码取空值，比如两个关系：

学生情况表（班级，学号，姓名，性别，出生年月）

学生选课表（学号，课程名，成绩）

很明显学生选课表中的"学号"一定是要在学生情况表当中出现的学号，如果不是，那么这条记录就没有意义，换句话说就是破坏了参照完整性，此时学生情况表的"学号"是主码，学生选课表的"学号"是外码。

- 用户定义完整性

某一具体应用所涉及的数据必须满足的语义要求或者是约束条件，比如一个关系在职员工表当中有年龄属性，那么年龄的范围应该是18~65周岁。

在进行数据库设计的时候必须遵循一定的规范，具体规范从宽松到严格分为第一范式（1NF）、第二范式（2NF）、第三范式（3NF）、鲍依斯－科得范式（BCNF）、第四范式（4NF）、第五范式（5NF）、第六范式（6NF）等。

- 第一范式

表当中的每一个字段都是不可再分的基本数据项，即字段当中不允许再包含表或者再分成多列。一般情况下数据库设计都满足此范式。

- 第二范式

在存在有组合关键字的情况下，不允许出现组合关键字的一部分唯一决定非关键字段的情况，即不允许出现部分依赖。

比如学生选课表（学号，姓名，班级，性别，出生年月，课程名，成绩，学分），主键为组合关键字（学号，课程名称），存在如下决定关系：

（学号，课程名）→（姓名，班级，性别，出生年月，成绩，学分）

上述关系不满足第二范式，因为还存在如下决定关系：

（课程名）→（学分）

（学号）→（姓名，班级，性别，出生年月）

即存在组合关键字中的部分字段决定非关键字的情况。不符合第二范式，这个学生选课表就会出现数据冗余、更新异常、插入异常、删除异常等问题（请自行分析原因）。

解决第二范式问题可以通过将表拆分成多个表进行解决（依据所分析的其他决定关系），比如将学生选课表拆成以下三个表，使其符合第二范式的要求：

学生情况表（班级，学号，姓名，性别，出生年月）

课程表（课程名，学分）

学生选课表（学号，课程名，成绩）

- 第三范式

在第二范式的基础上，如果数据表中的非关键字段不存在函数传递依赖，即不存在非关键字段可以唯一决定其他非关键字段的情况，那么这个数据表符合第三范式要求。函数传递依赖表现为：

关键字段→非关键字段 1→非关键字段 2

比如设计一个学生情况表（学号，姓名，年龄，所在学院，学院地点，学院电话），关键字为单一关键字"学号"，存在如下决定关系：

（学号）→（姓名，年龄，所在学院，学院地点，学院电话）

上述关系符合第二范式（单一关键字的都符合第二范式），但是不符合第三范式，还存在如下决定关系：

（学号）→（所在学院）→（学院地点，学院电话）

即存在非关键字段"学院地点"、"学院电话"对关键字段"学号"的传递函数依赖。解决第三范式问题所采取的措施与第二范式一样，可以拆分成以下两个表使其符合第三范式。

学生：（学号，姓名，年龄，学院）

学院：（学院，地点，电话）

- 鲍依斯－科得范式（BCNF）：

在第三范式的基础上，如果数据表的任意字段都不存在函数依赖传递的情况则符合BCNF 范式，BCNF 对第三范式的改进，其函数依赖传递的范围从非关键字段扩展到构成关键字的所有字段。

比如有一个仓库管理系统，企业存在多个仓库，一个仓库只有一个管理员，一个管理员只能在一个仓库工作，一个仓库可以存储多种物品，现在设计一个仓库管理表（仓库，管理员，物品，数量），存在（仓库，物品）和（管理员，物品）两种候选关键字，且两个都符合第三范式的要求：

（仓库，物品）→（管理员，数量）

（管理员，物品）→（仓库，数量）

但是还存在有另外两种决定：

（管理员）→（仓库）

（仓库）→（管理员）

选择其中一个观察：

从（仓库，物品）→（管理员，数量）出发，可以推出（仓库，物品）→（管理员），之后从管理员出发又有：（管理员）→（仓库）最后得到的决定关系是：

（仓库，物品）→（管理员，数量）→（管理员）→（仓库）

很明显它不符合 BCNF 范式的要求，可以将这个表进行拆分，使其符合 BCNF：

管理员表（管理员，仓库）

仓库表（仓库，物品，数量）

不能将管理员表设计成这样：管理员表（管理员，仓库），为什么？

● 第四范式

在第三范式的基础上如果数据表中的非关键字段不存在多值依赖时，即对同一键值不存在一个非关键字段值有两个或两个以上的独立取值，则符合第四范式。多值依赖要从语义上进行理解，比如两个关系：

客户表（客户 ID，客户姓名，性别，工作单位）

客户通信表（客户 ID，固定电话，移动电话）

第一个表可以假定客户只在一家单位工作，没有问题，但第二个表就不能假定客户只有一门固定电话，或者只有一部移动电话，如果固定电话和移动电话都不允许为空的时候，那么每增加一门固定电话就必须把移动电话的值再复制一次，反之一样，这个时候就产生了多值依赖关系。

修正多值依赖不能够采用拆分表的方式，而是要重新设计表，通过增加新的字段来消除多值依赖，客户通信表可以修正为这样：

（客户 ID，电话，类型）

通过增加"类型"字段就可以对每个用户处理不同类型的多个电话号码，而且不会违反第四范式。

在实际应用当中第五范式、第六范式很少用到，有兴趣的读者请阅读数据库相关理论书籍。

3.5.2　数据库的常见对象

关系数据库种类繁多，每种数据库管理系统（DBMS）都有区别于其他数据库的特征，还可能存在对同一对象的不同命名，因此下面的说明将尽量以通用名称来说明这些数据库管理系统可能共有的对象。

数据库：是下面所述对象的一个集合，在物理上可能表现为一个（或几个）文件或者是一个目录，数据库是面向业务的，通常一个业务系统最少需要建立一个单独的数据库使其与其他业务系统分离。

数据库角色：是数据库操作权限的集合，一般在一个 DBMS 当中存在有多个角色，一个数据库可以继承 DBMS 的角色，也可以根据需要建立新的角色。

数据库用户：可以操纵数据库的人，一般拥有用户名，密码，可以操作的数据库以及数据库角色。

表：实际数据的存放地，包含在数据库当中，对应到系统分析当中的某个实体对象，一个表可以拥有一个主键，多个外键，外键反映了表间的依赖关系，数据库关系图就是在这种依赖关系的基础上建立的。

　　索引：包含表字段值排序信息的对象，是建立在表的基础之上的，一个表可以拥有多个索引，但物理索引只有一个，其他的都是逻辑索引，通常主键索引就是物理索引，索引可以提高查找的效率，索引不允许跨表建立。

　　存储过程：事先建立 SQL 语句的执行脚本，通常一个存储过程完成一项数据库操作的功能，与在代码中直接操纵 SQL 语句相比，存储过程因为事先编译和优化，同时节省了数据传送的流量，因此效率更高，同时也可以提供对事务处理更好的支持。

　　临时表：在存储过程中可以建立一个临时表用于存储中间数据或需要返回的数据，当存储过程结束时，临时表将会被自动删除。

　　触发器：触发器和存储过程一样是一组事先建立 SQL 语句脚本，但执行是在对表进行增、删、改操作之前、之后由 DBMS 自动执行的。其作用是完成记录在被增、删、改之前的预处理或者是之后的后处理，很多时候被用作数据一致性的保证，比如在存在主外键关系的两个表当中，当删除主表记录的时候，可以通过触发器先删除从表的外键记录。触发器不能够跨表建立，但允许跨表操作。

　　事务：是指作为单个逻辑工作单元执行的一系列操作，要么完全地执行，要么完全地不执行。事务是数据库一致性保证的方法之一，在进行大批量数据操作或者是一个数据库操作的时间很长时一定要用事务来进行保证，使用事务前应保证临时数据库有足够的存储空间。

　　视图：是从一个或几个表（视图）中导出的表，数据库中所存放的是视图的定义，而不是导出表的实际数据，因此视图非但不会降低数据库的效率，相反因为事先的编译和优化，其效率要高于在代码中用 SQL 语句直接查询的效率；此外在视图中可以对字段重新命名，也增加了一定的安全性。视图可以有只读视图和可读写视图，不同的 DBMS 对读写视图的规定不是完全一致，需要根据具体 DBMS 确定。

　　约束或规则：用于保证数据完整性的规则，比如不允许为空，缺省值为当前日期等。

3.5.3　数据库设计步骤

　　数据库设计过程如图 3 – 17 所示。

　　第一步数据库选型。

　　数据库设计是从 DBMS 选型开始的，关系数据库有很多，每种数据库都有自己的业务性能指标和推荐性建议，作为设计者应考虑当前系统的业务量、性能要求和预算限制，有些时候还要考虑开发人员所熟悉的 DBMS 到底是哪种，从中选择出适合业务系统的 DBMS。

　　第二步设计数据库。

　　一个业务系统到底要几个数据库并没有明确的指导，但如果一个数据库当中表的数量过多时，比如多于 100 个的，就需要根据业务逻辑进行拆分；此外如果一个表的记录过多，比如几百万条，这时候可能就需要考虑是否需要建立历史表，从设计角度来看，在原有库当中建立一个历史表并不是一个好的做法，更好的做法是建立一个历史库，原先的所有代码都不需要修改，只需要改变数据库连接就可以了；最后一种可能性是根据业务需求，存在有在不同地点设置数据中心，不同数据中心处理不同的业务，相互没有关系的情况。

　　第三步设计表。

　　数据表的设计可以从之前分析的实体—联系图和数据字典出发，一般情况下一个实体将对应到一张数据表，具体设计时应参照数据库完整性规则和数据库设计范式进行（一般最高用到 BCNF）。

第四步设计属性约束。

属性约束包括表的主键、外键关系和字段约束，主、外键关系来自于实体—联系图当中的实体间关系，字段约束来自数据字典当中对相关属性的陈述。一般情况下实体间关系都应反映成主外键关系，但有些时候这种保证也可以通过代码来实现，事实上不论是否有主外键约束，在代码当中都应该进行判断，主外键约束只是数据一致性保证的最后一道关卡；而且当约束非常多，形成链以后就应该考虑使用触发器。

第五步设计索引。

除主键索引以外还需要考虑其他的普通索引，但是索引并不是越多越好，虽然索引提高了数据的查询效率，但同时也降低了数据增、删、改的效率，一般情况下如果某个查询的使用频率非常高，那么在这个时候就应该考虑为这个查询建立索引；在建立索引时需要注意的另一个问题是索引字段的顺序和排序规则，一般情况下索引字段的顺序应该与查询条件字段的顺序保持一致，反过来也一样，排序规则一般情况下是顺序，但在有些时候，比如每次都要查询插入表的最后几条，这时候按插入时间倒序排序是一个合理的选择。

第六步设计视图。

视图常用的场景有两个：查询一个表的片段；组合查询多个表，如果查询条件可以实现固定，且不需要输入查询参数，那么当这些场景多次重复出现的时候，就可以为它们设计视图，在设计阶段后面这个场景很容易获得，比如前面举的选课的例子，要查出学生选了那些课，成绩如何是非常常见的需求。

第七步设计触发器。

触发器的作用前面已经谈到了，需要注意的是触发时机的选择，是触发条件之前还是之后，之前主要是用作预处理，前面谈到的主外键记录删除的情况，必须是在外键记录删除之后才能够去删除主键记录是预处理的例子；之后主要用作后处理，比如用事务日志来跟踪数据表的增、删、改情况，在没有实际达成目标之前，用触发器跟踪它们是没有意义的，但在之后就是有效的。

第八步设计存储过程。

存储过程是一个数据处理的过程，可以把它看成是代码当中的一个函数，如果在代码中出现整段的对数据库操作的 SQL 语句，而且反映的是一个可以完全独立的过程，这个时候就应该使用存储过程，一般情况下对数据表进行增、删、改操作都应该将它们设计成为一个存储过程，原因在于在存储过程内可以实现一些规则的检查，特别是在前台开发人员和数据库

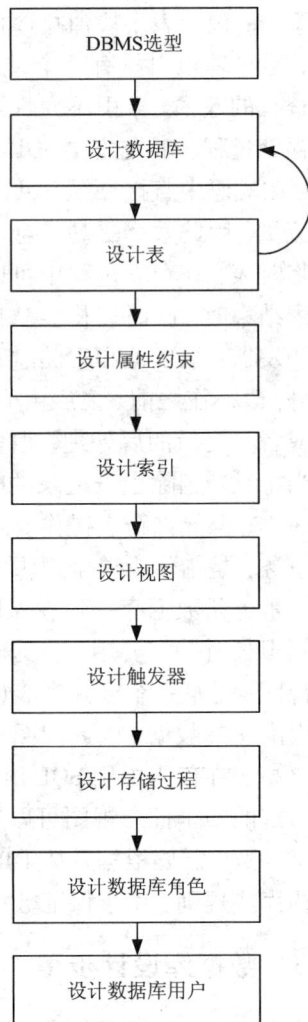

图 3 - 17 数据库设计过程

设计人员是两个不同的人的时候，不能希望前台开发人员会完美的实现这些规则检查。

第九步设计数据库角色。

设计数据库角色是从信息安全的角度出发的，理论上任何一个操作人员都应该在授权时按最小权限原则执行，但在实际过程中往往是直接赋予一个 DBA 的权限就了事，这种做法的前提是认为操作人员不懂 DBMS，但事实是这样的吗？设计数据库角色是为了减轻对数据库用户授权的压力，一个数据库用户是可以拥有多个角色的，他的最终权限是这些角色权限的并集。角色设计可以基于表、视图、过程进行，具体操作上可以指定查看、增加、修改、删除等多种权限。

第十步设计数据库用户。

最简单的做法是给一个数据库设置一个用户，之后赋予 DBA 的角色，这种做法对小系统没有问题，另一个极端的做法是给操作业务系统的每一个用户都设置一个数据库用户，这样做没有必要，当操作系统的用户到了几百人规模以后，数据库管理员会直接罢工；合适的做法是应根据业务系统需求对可能的用户进行分组，每组设置一个数据库用户，之后再根据需要进行角色分配，至于业务系统本身的用户则有业务系统自己进行管理。

数据库设计与系统分析、设计一样也是需要进行多次迭代的，比如索引、视图和存储过程，并不是一开始就能够把所有的需求都想到，有一些需求可能要延迟到代码阶段，甚至是到系统联调、调优的时候才能够被发现。此外在进行数据库设计是要避免为这个而做这个，比如触发器，如果一个表确实没有用触发器的必要，就没必要说有这么一步，就非要把触发器弄一个出来。

3.5.4　实践指导

对于数据库的作用应该理解成为在一个业务系统中对那些需要持久化的对象以及需要中间过渡阶段临时存储的数据提供一个数据保存的场所，前者比较容易理解，后者举个例子说明，在 ASP. NET 中对于 Session 的保存，Session 的生命期与用户的会话时间有关系，当用户开始一个会话就建立起了一个 Session 对象，当结束的时候这个 Session 就会被删除，在 ASP. NET中允许将 Session 保存到 SQL Server 数据库当中。

如同前面所说到的一样，数据可以保存在文件系统里面也可以保存在数据库系统里面，在文件系统中保存的一般是轻量级数据，比如系统的配置文件，在使用 ASP、JSP 的时候系统配置文件都会采用 XML 文件形式，但 XML 并不是唯一的保存形式，在更早的一些时候，配置文件是保存在 INI 文件里面。数据实际上有两种情况：格式化数据和非格式化数据，像 XML、INI 所存放的就是格式化数据，而一个普通的 TXT 文件既可以存放格式化数据也可以存放非格式化数据，其中的关键是如何对这个文件进行解析。数据库系统所保存的是海量数据，应当注意的是采用数据库系统的成本是非常高的，这个不仅指购置和管理数据库系统的成本，还包括每次使用这个数据库时候的建立连接、维持连接以及拆除连接的成本，如果数据量不大，又不需要利用数据库系统特性，比如支持并发操作，采用文件系统是一种比较好的选择方案。

当决定采用数据库系统的时候接下来的问题是选择何种数据库，随着云计算技术的发展，数据库也有了 SQL 数据库和 NoSQL 数据库的区分，SQL 数据库就是关系数据库，NoSQL 数据库就是非关系数据库，大部分在云端的数据库都是 NoSQL 数据库，NoSQL 数据库的出现并非偶然，在 NoSQL 数据库出现之前，除了关系数据库之外还有层次型和网状数据库，只不过应用范围比较小而已，NoSQL 数据库试图解决的问题是：非关系型数据的存储、当数据容量超过关系型数据的极限容量、在海量数据的前提下如何提高数据库的访问效率，这也可以成为选择 NoSQL 数据库的一个标准。

在实际系统设计过程中计算数据库的数据总量是非常重要的一项工作，数据总量包括容纳全部数据所需要的存储总量(包括日志)、单表中记录的总数、单条记录的存储量、单表全部数据的存储总量等，这里面涉及到数据库系统单数据库需要物理存储器容量，比如早期的 SQL Server 在创建一个数据库的时候需要指定数据库文件的大小，同时不允许伸缩；数据库的访问性能，单表的记录总量越大，存取的效率越低，一条记录的大小总是希望能够限制在一页当中等。

当一个数据库单表的记录量非常大的时候，就需要考虑是否需要进行分表操作，分表操作是基于这样一种假设，时间越长的记录可能被使用的概率越低，而时间越短的记录可能被使用的概率越高，因此可以把那些时间长的记录从工作表当中分离出来成为备份表，比如财务系统中的记账数据，只有当年的数据访问是最频繁的，而历年的数据可能只有查账的时候才会用到，这样就可以把历年的数据备份出来，而在工作表中只保留当前的数据。对于备份表的存储同样考虑，这个备份表是留在原来的数据库中还是另外新建一个数据库进行保存，具体的策略取决于数据容量的大小和物理存储器的大小。当对一个表进行了拆分以后，虽然上层的业务逻辑不会发生变化，但是下层的数据库实现逻辑肯定需要随之变化的。

第 4 章 软件体系结构(SA)

软件体系结构设计(也可以称为软件架构设计,软件架构多用于实际工程领域,软件体系结构多用于学术领域)是介于系统分析和系统设计之间的一个阶段。提出软件体系结构的原因有两个:

(1)软件规模的不断增大,为降低软件设计的难度,分块、分类、分层设计已经成为必然,在软件体系建模过程中事实上是将一个较大规模的系统分解成若干规模较小,功能相对独立的构件,之后再有相应的连接件将这些构件拼接起来完成一个大的系统。小规模系统虽然没有这种显式的建模过程,但设计人员通过自己的经验,在系统设计过程中隐含的完成了这一过程。

(2)软件重用性的需求,软件重用分成几个级别:代码重用,这个比较常见,当有类似的过程或代码出现的时候,通过复制的方式进行重用;类重用,这个级别比代码重用要高一些,一个类至少是包含了数据和数据处理的代码,但是一般类设计都是与业务系统相关的,在设计的时候并不会去考虑业务之外的重用问题,在真正被重用的时候被修改以适合新业务的需求是必然的;构件重用,也可以叫功能重用,框架重用,一个构件是由若干相关业务类构成,这些业务类共同完成某一个具体功能,这个功能和业务相关,是对业务实现的一个更高层次的抽象,比之一般类通用性更高,比如一个与用户管理相关的构件,可以将与用户相关的增、删、改、登录、登出、授权、日志等集成在一起,这样设计的构件只要其接口设计良好,那么其复用的价值就远高于单纯的一个用户类的复用。

软件体系结构是一个关于系统形式和结构的综合框架,是从一个较高的层次来考虑组成系统的构件、构件之间的连接,以及由构件之间交互形成的拓扑结构。构成体系结构的要素需要满足一定的限制,能够在一定环境下进行演化。可以将软件体系结构表示为:

$$体系结构 = 构件 + 连接件 + 拓扑结构 + 约束 + 质量$$

4.1 建模方法

可以采用 Kruchten 所提出的"4 + 1"视图模型(图 4 - 1)对软件体系结构进行建模。"4 + 1"模型从五个角度(逻辑视图、开发视图、处理视图、物理视图和场景视图)对软件体系结构进行建模,每个角度反映了系统的一个侧面,其中:

● 逻辑视图:描述系统的功能需求,不仅包括用户可见的功能,还包括为实现用户功能而必须提供的辅助功能。

● 开发视图:也称为模块视图,描述系统模块的组织与管理,反映了模块间的静态依赖关系,不仅包括要实现的模块,还包括可以直接使用的 SDK 和现成框架、类库,以及开发的

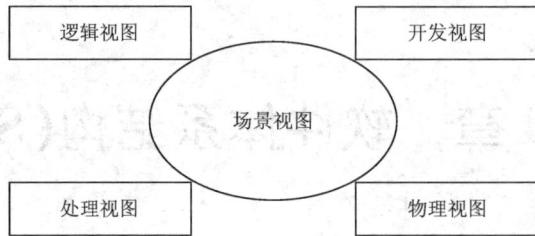

图 4-1 "4+1"视图模型

系统将运行于其上的系统软件或中间件。

• 处理视图：也称为运行视图、过程视图，捕捉系统的并发和同步特征，关注进程、线程、对象等运行时概念，以及相关的并发、同步、通信等问题。处理视图反映了系统运行后各模块的交互关系。

• 物理视图：也称为部署视图，描述软件如何映射到硬件，说明最终系统是如何安装或部署到物理机器，以及如何部署设备和网络来配合软件系统的可靠性、可伸缩性的要求。

• 场景视图，也称为用例视图，反映了整个系统的用户需求，其他 4 个视图都是围绕这个核心展开的。

4.2 常见软件体系结构风格

软件体系结构风格代表了可重用的软件体系模式，使用软件体系结构风格进行设计能够促进对体系结构设计的复用，对体系结构中不变部分可以共享同一代码，只要系统是使用常用的、规范的方法来组织，就可使别的设计者很容易地理解系统的体系结构。

下面对一些常见的、具有一定代表性的软件体系结构风格进行介绍。

• 管道/过滤器

每一个构件都有一组输入和输出，构件被称之为过滤器，构件之间的连接是数据输入、输出的通路，被称之为管道。在这种风格当中每个构件都是独立的，相互之间没有状态间的交互，最终计算结果的正确性与构件的先后顺序无关。如图 4-2 所示。

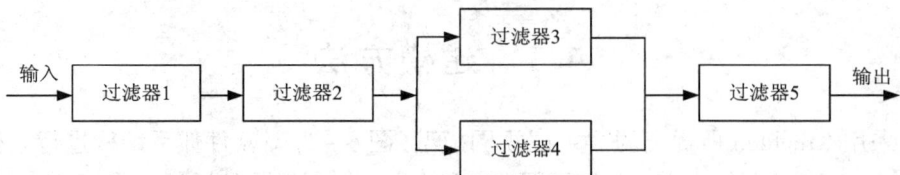

图 4-2 管道/过滤器风格

• 主程序/子程序

这种风格是结构化设计的经典风格，在设计过程中，软件系统被逐步分解为更小的功能模块，直到问题被求解。主程序/子程序结构反映了"自顶向下，逐步求精"的模块化分析设计思想，主程序通过调用子程序来完成系统的特定功能。如图 4 - 3 所示。

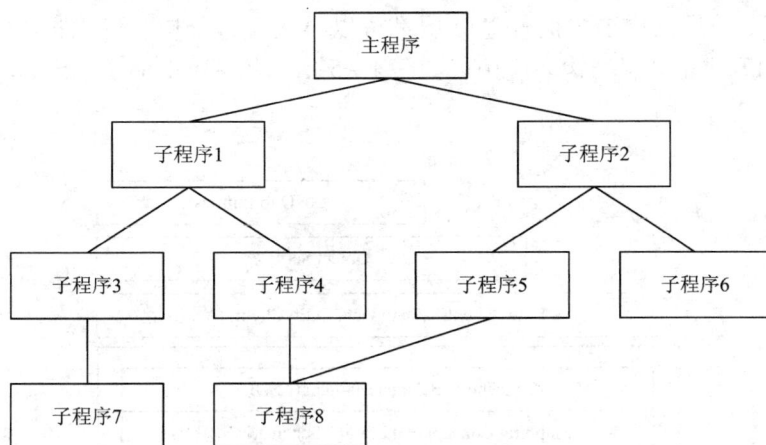

图 4 - 3　主程序/子程序结构

● 事件驱动

在事件驱动结构中，组成系统的各个构件之间不存在过程直接调用关系，而是通过事件完成相互之间的交互，一般的过程是每个构件将自己能够处理的事件在系统中注册，当系统中的一个构件需要其他构件辅助完成某项任务时就触发一个事件，系统接收到事件后按事件处理注册的顺序依次调用各构件的事件处理过程。如图 4 - 4 所示。

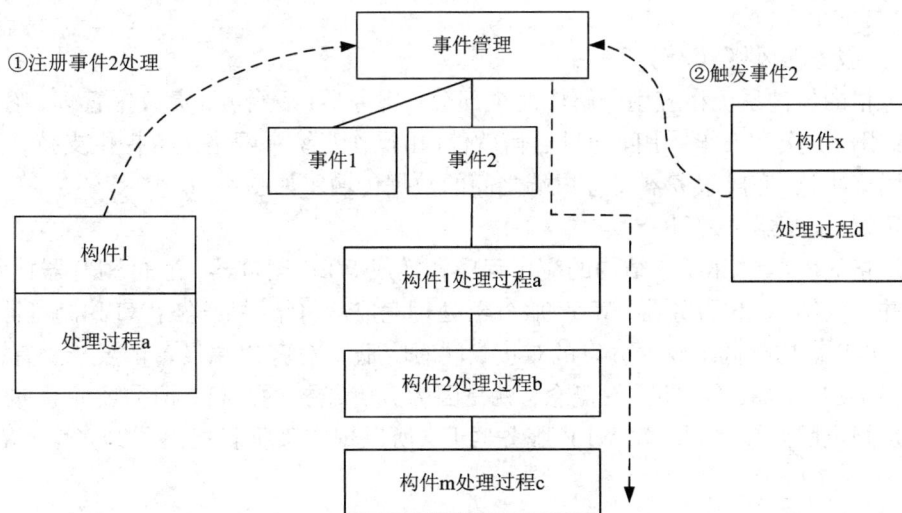

图 4 - 4　事件驱动结构

● 分层结构

这种结构系统的系统被划分为 N 层，上下层之间按事先约定的协议进行相互通信，存在上层向下层请求服务，下层为上层提供服务的关系，最常见的比如网络 ISO 模型。通过层次划分简化了系统设计的难度，同时在保持上下层协议不变的情况下，任何一层的变化都不会影响相邻的上下两层，如果协议变化，也仅是影响上下两层，分层结构提供了较好的系统扩展性，如果需要，分层结构当中的任意一层都可以再次进行分层。可以把下面谈到的 C/S、B/S 和三层结构看成是分层结构的应用。如图 4 - 5 所示的 ADO. net Entity Framework 就是典型的分层结构。

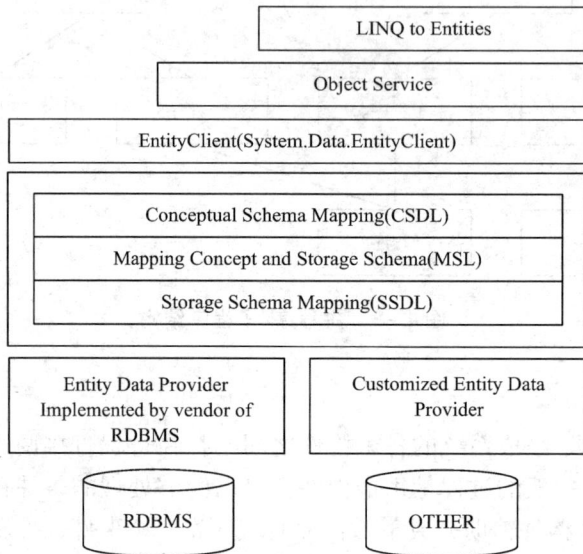

图 4 - 5　ADO. net Entity Framework

- 客户/服务器风格(C/S)

这种风格的软件系统将应用分解成两个部分：服务器(后台)负责数据管理，客户端(前台)完成与用户的交互工作，中间通过通信软件(由操作系统和网络设备提供支持，只需要配置相关的网络协议)完成服务器与客户端之间的数据传输。如图 4 - 6 所示。

- 浏览器/服务器风格(B/S)

这种风格的表示层由 C/S 结构的应用程序转换成 WEB 浏览器，通过浏览器接收用户的输入请求并转发给 WEB 服务器，WEB 服务器处理完成后将结果回送给 WEB 浏览器。与C/S结构相比，B/S 结构降低了软件分发的难度，同时降低了对客户端设备的要求，有一段时间很多 PC 厂商提出了"瘦客户机"的概念，就是因为 B/S 结构的流行，但需要注意的是前端业务处理的负担也因此转移到后端 WEB 服务器上，所以现在又重新提出了"富客户端应用"的概念。如图 4 - 7 所示。

- 三层结构

三层体系结构是在客户端与数据库之间加入了一个中间层，这样将应用分解为三层：表示层，接受用户请求，返回处理结果，为用户提供应用交互；业务逻辑层，也可以称为功能层、应用层、领域层，业务逻辑层关注于业务规则和业务流程的实现；数据访问层，也可以称为持久层，其功能主要是负责数据库的访问，可以访问数据库系统、二进制文件、文本文档或是 XML 文档。如图 4 - 8 所示。

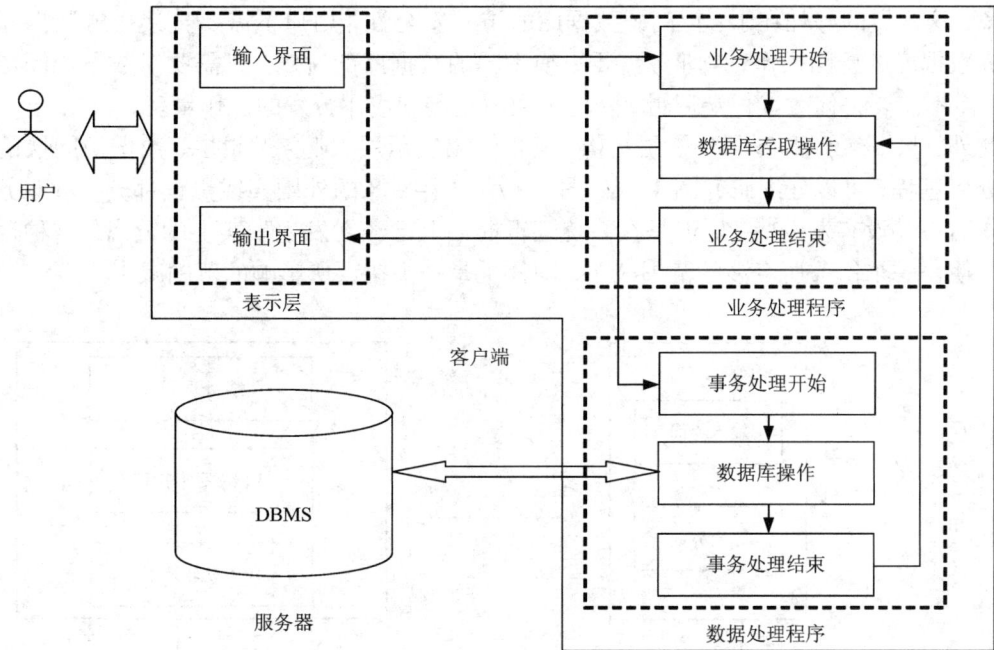

图 4 – 6　C/S 结构的数据处理过程

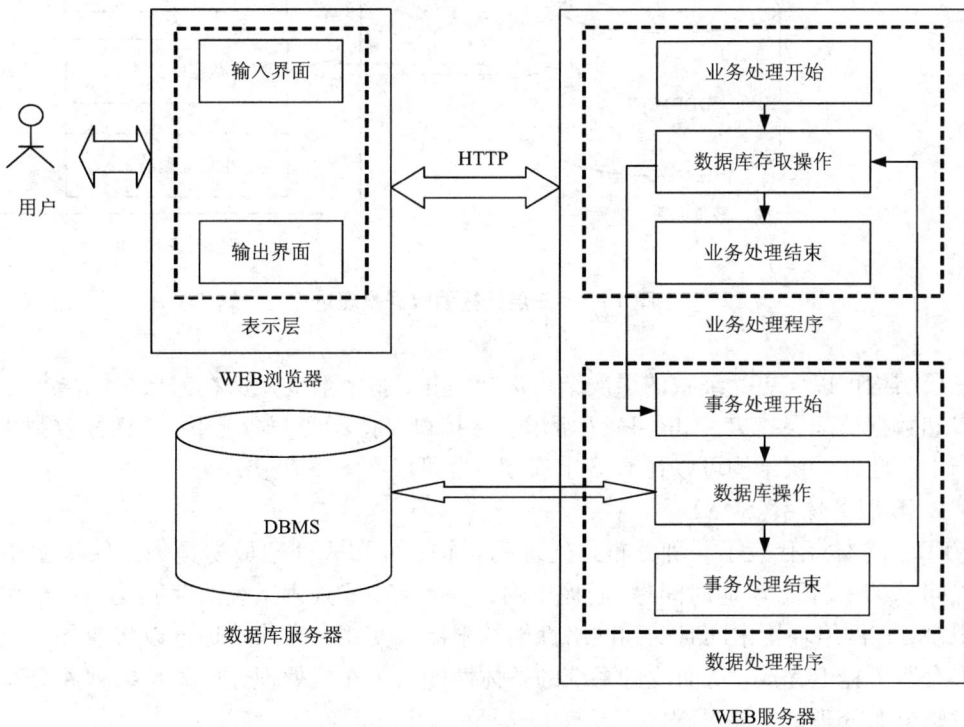

图 4 – 7　B/S 结构的数据处理过程

采用三层结构将 C/S、B/S 结构当中的客户端对数据库的直接访问通过业务逻辑层进行了隔离，这样做的好处在于：提高了数据库的访问安全性，用户不需要直接接触数据库就可以完成数据库的访问操作；当业务需要更换不同的数据库的时候，只需要对数据访问层进行调整，而不需要去修改客户端逻辑，降低了数据迁移和应用分发的工作量。

此外，从 C/S 到 B/S 再到三层结构，可以看出表示层、业务逻辑层、数据访问层的一个逐步分离过程，可以仔细研究图 4−6、图 4−7 和图 4−8 的外围实线黑框部分，就业务处理的工作而言并没有发生变化，但是在系统逻辑框架上已经在发生事实上的分离，这种逻辑上的分离使得一个修改所牵涉的范围减小，同样也是一个错误所影响的范围减小。

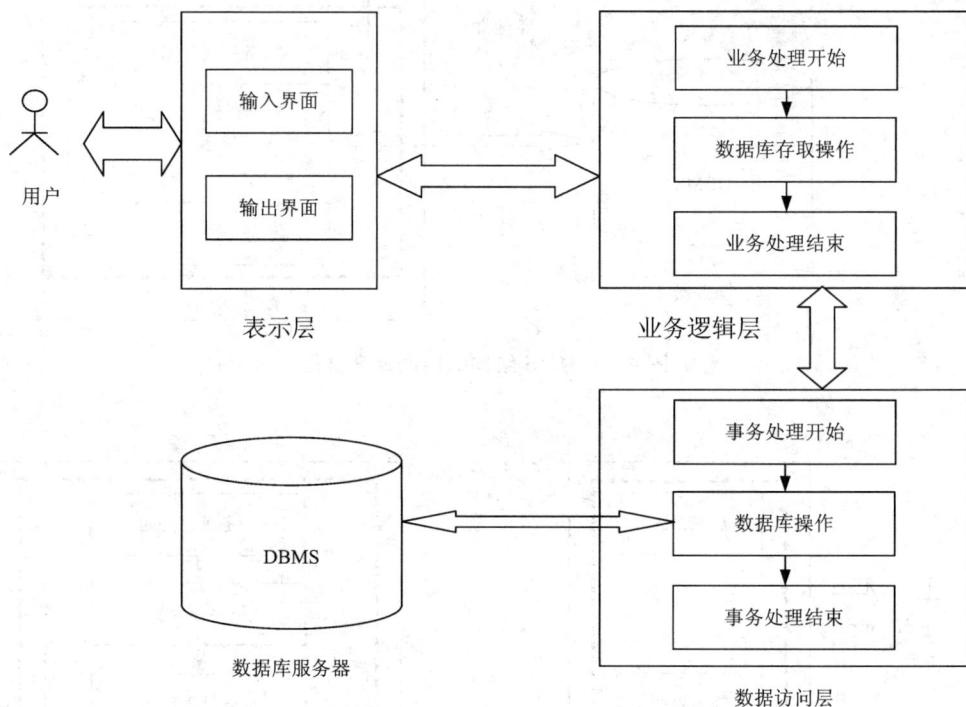

图 4−8　三层结构的数据处理过程

三层结构可以向更为细致的层次结构进行演化，最一般的做法在三层之间增加业务逻辑层接口和数据访问层接口，如图 4−7 所示。在接口保持不变的情况下，任何修改都将局限在一层当中。此外三层结构可以在 C/S 上实现，也可以在 B/S 上实现。

- WEB 服务体系（SOA）

WEB 服务体系代表了一种分布式处理的架构，分布式处理最初是为了解决集中式处理的性能问题（并发数、响应时间等）而提出的，一个集中式处理系统的性能受到单台服务器性能的限制，在网络环境中同时受到网络性能的限制。使用分布式处理可以将业务处理过程分散在多台服务器上完成，从而改进系统的整体性能。分布式处理经历了从数据库分布处理到业务逻辑分布处理的发展过程。

SOA（面向服务的软件体系结构）是建立在 WEB 服务（Web Service）基础上的一种软件体

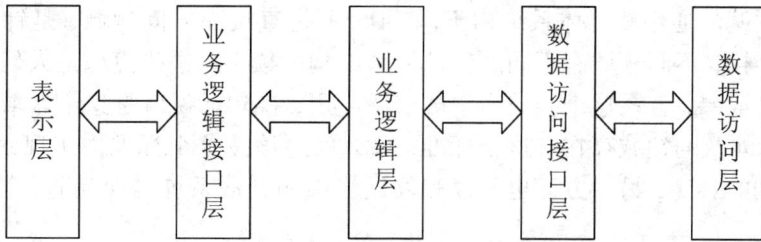

图 4 - 9　增加接口之后的三层结构

系架构,一个 WEB 服务就是一个独立的应用程序,可以提供单个服务也可以提供复合服务,WEB 服务使用标准 WEB 协议进行通信,而与它的实现平台、实现语言和位置无关,在一个系统当中允许使用多个 WEB 服务来完成它的业务处理过程,一个 WEB 服务同样也可以使用其他的 WEB 服务。

举一个简单的例子来说明,比如系统是当地的百事通网站,上面有天气信息、交通信息还有房产信息,所有这些信息都由第三方提供,最早的时候这些信息是通过在网站上嵌入一段由第三方提供的页面代码,相当于用一个 IFRAME 将第三方的网页嵌入进来,这种方式的问题在于第三方的页面风格可能与用户的网站大相径庭。用户想要的仅仅是数据,具体的表现由你自己来实现,要做到这一点,第三方就需要在自己的服务器(用什么平台或语言没有关系)上向你提供一个 WEB 服务,你通过第三方所提供的 WEB 服务接口获得数据并呈现出来。同样道理你可以将你的百事通网站做成 WEB 服务向其他人提供服务。

●黑板系统

黑板系统(图 4 - 10)是数据仓库风格的一种,主要由知识源(为应用提供相应的专家知识,知识源之间不直接进行通讯)、黑板数据库(按照与应用需求组织的一个共享知识库,包含了问题、部分解决方案、建议和已经贡献的信息等,通过知识源不断的补充和修改数据库)、控制系统(控制系统中问题解决的活动流,完全由黑板的状态驱动,黑板状态的改变决定了需要使用的特定知识)三部分组成。

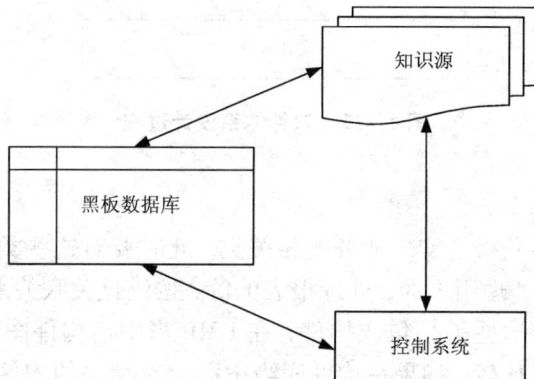

图 4 - 10　黑板系统

● 特定领域软件体系结构(DSSA)

与前面所说明的通用软件体系结构不同，DSSA 是直接面向问题域，是针对具体领域涉及的软件体系结构，不同领域有不同的软件体系结构的模型，这些模型是人们长期在对应领域研究所获得的成果，且在这个领域当中被广泛应用，换句话说就是这个领域软件体系结构的标准，如果所涉及的领域存在有这个标准，那么就应该按这个标准去实现，这样一方面可以降低系统设计的难度，另一方面也可以和领域当中的其他系统实现互通(实现软件的开放性)。

● 异构风格

异构风格实际上是上面两种或两种以上风格的混合体，事实上并没有说一个系统只能够采用一种软件体系风格，一个系统可以根据它的业务需求设计成多种体系结构的混合体，比如一个成绩管理系统，出于安全考虑，可以把成绩查询部分设计为 B/S 结构，这样就不需要去给每个需要查询成绩的学生安装客户端，而把成绩的输入、修改部分设计成 C/S 结构，相比 B/S，可以把 C/S 的应用限制在内部局域网(Intranet)当中，它可以提供比广域网更高的安全性。

4.3 软件体系结构设计过程

软件体系结构设计有很多种方法，这里给出一个简化版的软件体系结构设计过程，如图 4-11 所示，这个过程从标识构件开始，为系统选择合适的软件体系结构风格，将构件映射到体系结构当中，最后对设计进行评估，具体过程介绍如下：

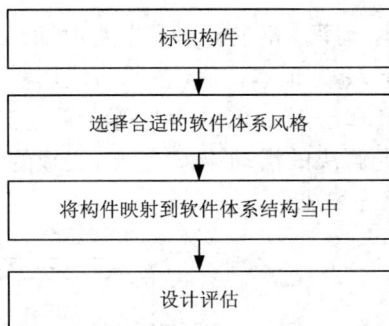

图 4-11　软件体系设计过程

第一步：标识构件。

在系统分析阶段已经获得了实现业务的相关类，此时要对这些类进行分组，分组标准有几种：按主题分组，比如处理用户的，处理报表的等；按泛化关联关系分组；按组合、聚合关系分组等。分组完成后将这些类打包成构件，在 UML 当中用构件图进行表示。标识构件后可以与已有的构件库进行比较，如果在构件库当中已经有相关的构件，此时就可以考虑是复用已有的构件还是重新设计新的构件，一般情况下如果构件库中的构件基本符合业务的需求，可以将这个构件自构件库中取出，进行适当的修改后，添加到当前系统的构件库里面。

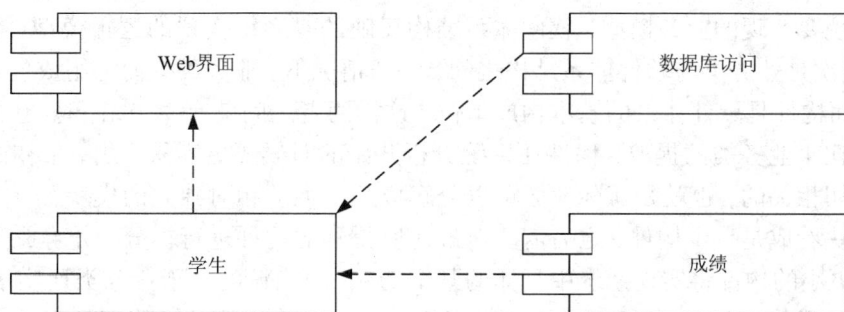

图 4 - 12　成绩管理系统构件图

第二步：选择合适的软件体系结构风格。

软件体系结构风格的选择很大程度上取决于系统架构师的个人经验，一般的指导性原则是先查看是否已经存在对特定问题域的软件体系结构(DSSA)，如果有就直接选择，如果没有，那么就需要在已知的软件体系结构当中去选择，很多时候一个系统的软件体系结构风格并不是唯一的，而是多种风格的一个复合——异构风格。比如在 B/S 结构当中，对于从浏览器回传的数据需要进行一系列验证和转换，那么这个验证转换的过程就可以采用管道/过滤器风格。

第三步：将构件映射到软件体系结构当中。

在决定软件体系结构之后就可以将构件映射到软件体系结构模型当中，在这个过程中需要明确构件之间的相互关系，以及为实现这些关系，构件所需要提供的基本接口，必要的时候需要为这些构件设计连接件。连接件不一定要设计实现类，比如在 C/S 结构当中的连接件是网络通信协议。此外在体系结构当中的约束和质量规则需要在这个阶段进行明确，比如不允许两个对象并发执行就是一个约束，而服务器能够支持的并发数就是一个质量要求，约束和质量规则可以用 UML 的约束及扩展机制来描述。

第四步：设计评估。

这一步需要检验所设计的软件体系结构是否满足系统的需求，是否达到了相关的质量标准，评估技术和方法有很多，有自动化工具也有人工检查，在人工检查过程中可以用处理视图所表达的系统动态运行特征对体系结构进行检查，检查用构件表达的活动对象能否达到系统的预期，之后根据分析结果决定是否进入到系统设计阶段还是回到第一步重新分析。

4.4　实践指导

软件体系结构的提出一方面是希望通过构件的形式提高软件的复用程度，单个类的复用确实有些时候会得不偿失，而且也不容易发布；另一方面是希望在一个更高的层次上来抽象系统的实现，尤其是对于一个复杂系统。

对于一个复杂系统的软件体系结构设计在系统需求分析之后，系统分析之前进行的，也可以把它看成是系统建模分析的一部分，是系统分析建模的开始。在第 3 章面向对象分析的实践指导中说过系统分析是从用例图开始的，之后通过用例图来抽象系统实现的业务类，那么两者之间是不是有矛盾？两者之间并不矛盾，首先是用例图和软件体系结构之间，用例图所反映的系统要实现的业务模型，软件体系结构反映的是系统实现的逻辑模型（不是软件开发模型）；其次是业务类与软件体系结构之间，一般情况下，业务类会向上组成包，包再向上组成构件，而构件是软件体系的基本构成单位，这样两者之间就有一个由下至上和由上至下的关系。相比于业务类的提取，构件在系统分析开始的时候要更容易提出，最初的构件与实际业务是密切相关的，也就是实际业务可以分解成几个大的相对独立的模块，与之对应的可以把一个模块看成是一个构件，之后需要对最初所得到的构件进行拆分，分解成为更小一些构件，这些更小的构件将实现系统中具体的某个功能（功能粒度大于业务类所实现的功能），这个分解的过程基于两点：准备采用的软件体系风格、一个大块的功能事实上是由若干个小的相对独立的功能构成。

对于软件体系风格在需求分析的时候可以确定大体的风格，这种确定取决于用户的实际需求和软件架构师的经验，比如用户提出希望最后的应用是通过浏览器就能够使用的，那么基本的软件体系风格就是 B/S，系统架构师根据自己的经验认为可以将 B/S 结构扩展为三层架构，这样在表示层部分既可以采用浏览器也可以采用客户端或者两者混用，最终所得到的系统能够更加灵活。

体系风格的确定可以帮助解决构件分布的问题，比如通过纯粹的业务分析所得到的构件在三层架构风格中主要是分布在业务逻辑层，而在 C/S 风格中可能有些是在服务器端、有些是在客户端，在层次风格中可能会分布在不同的层次里面。除了解决构件分布的问题以外，体系风格还能够帮助解决找出纯业务分析不能提供的其他构件信息，比如在三层架构中业务分析所得到的构件分布在业务逻辑层，那么就需要补充表示层和数据库访问层的构件。回到第 3 章面向对象设计里面提到面向对象设计的任务大体上可以分成四个部分：问题域设计、人机交互设计、任务管理设计和数据管理，纯业务分析提供了问题域设计的来源，剩下的三个部分的来源就是通过体系风格所找出的非纯业务构件。

软件体系结构的确定有助于后续的系统实现分析，在第 3 章面向对象分析的实践指导中曾经指出在开始系统业务分析的时候首先需要关注的是系统业务本身，以三层架构为例，通过分析所抽取的业务类就是三层架构的业务逻辑层，在得到业务逻辑层之后需要向上和向下进行拓展，向上就是需要分析表示层的实现，向下就是要分析数据访问层的实现。通过对软件体系结构的分析设计可以把后续这些分析的过程进行分解，在遵循构件间接口规定的前提下，不同构件的具体实现分析可以分隔开，这样也有助于团队开发。

第 5 章 设计模式

设计模式是由 Erich Gamma, Richard Helm, Ralph Johnson, John Vlissides 四人提出的, 是指在一定环境当中解决某一问题的方案。这个方案是经过多年反复验证, 并证明是有效可行的。了解设计模式对理解设计框架和避免重复劳动是有意义的。一个设计模式是由命名、问题、解决方案和效果评估四个部分组成的, 其中:

●命名: 每一个设计模式都有一个名字。这个名字代表了所解决的问题、方案和效果, 是设计沟通的基础;

●问题: 一个设计模式要解决的问题场景, 包括这个问题的先决条件、问题本身的阐述等;

●解决方案: 解决方案是一个模板, 针对同一类型问题给出问题的抽象和怎样用一个具有一般意义的元素组合(类或对象组合)来解决这个问题;

●效果: 描述使用模式对解决问题的效果, 包括灵活性、扩充性、可移植性等。

经典设计模式共有 23 种(新的模式在不断的开发当中), 被分成三类:

●创建型: 单例模式、工厂模式、抽象工厂模式、建造者模式、原型模式;

●结构型: 适配器模式、桥接模式、装饰模式、组合模式、外观模式、享元模式、代理模式;

●行为型: 职责链模式、命令模式、解释器模式、迭代器模式、中介者模式、备忘录模式、观察者模式、状态模式、策略模式、模板方法模式、访问者模式。

5.1 面向对象的设计原则

初次接触设计模式, 很多人都会提出: 原先写代码很简单, 但用了设计模式以后就变的很复杂, 而且也看不出采用设计模式到底有什么好处。在这里首先需要理解面向对象的设计原则。理解了这些原则以后, 则不论在系统设计过程中是否采用设计模式进行设计, 都可以作为面向对象设计的指导性建议。

面向对象有几个原则: 单一职责原则(Single Responsibility Principle, SRP)、开闭原则(Open Closed Principal, OCP)、里氏代换原则(Liskov Substitution Principle, LSP)、依赖倒转原则(Dependency Inversion Principle, DIP)、接口隔离原则(Interfce Segregation Principle, ISP)、合成/聚合复用原则(Composite/Aggregate Reuse Principle, CARP)、最小知识原则(Principle of Least Knowledge, PLK)。

1)单一职责原则

单一职责原则也称为单一功能原则, 一个类应该只有一个引起它变化的原因, 也就是只有一个职责或功能。如果一个类有一个以上的职责,这些职责就会相互耦合,当一个职责发生变化时,可能会影响其他职责的实现。

比如建立一个类,其中包含了业务逻辑和界面逻辑,可以想象到两者之一发生变化都会对另外一个产生影响,而且当这个类的业务逻辑需要复用到其他系统的时候,它的界面逻辑就可能是多余的,甚至可能影响其他系统的实现。

2)开闭原则

开闭原则是面向对象的基础,定义是这样的:软件实体应当对扩展开放,对修改关闭,通俗一点讲就是:对象对它的扩展是开放的,应该允许根据不同的需要派生它的子类,除非是有错误,否则不允许修改它的定义。如果新需求无法通过派生类实现,此时就建立一个新的类。

可以试想这样一个场景,如果一个类被很多系统所重用,此时不是因为错误而是因为某个系统要求对它进行改变,此时再发行那些重用的系统,并且这个类使用了最新版本,将会带来一场灾难。

3)里氏代换原则

任何基类可以出现的地方,子类一定可以出现,即当用子类替换基类的时候,软件的功能不会受到影响时,我们说这个继承关系符合里氏代换原则,里氏代换原则反过来是不成立的,如果软件功能事先是用子类定义的,之后用基类去替换,并不能保证软件功能不受影响。

由于使用基类对象的地方都可以使用子类对象,因此在程序中尽量使用基类类型来定义对象,而在运行时再确定其子类类型,用子类对象来替换父类对象。这样可以很方便地扩展系统功能,同时无须修改原有代码,增加新的功能可以通过增加一个新的子类来实现。

并不是任何时候的继承都符合里氏代换原则,比如著名的长方形-正方形悖论:正方形确实是长方形的特例之一,符合一般类派生特殊类的规则,但如果正方形真正是从长方形派生的时候,适用正方形的地方就未必适合长方形了。关于这个问题的具体解答请参考网络相关资料。

4)依赖倒转原则

传统结构化设计是从上向下,逐步细化的思想。这样上层模块的实现依赖于下层模块,当下层模块发生变化的时候,上层模块随之发生变化。依赖倒转原则正好相反,它所说明的是高层模块不应该依赖于低层模块,它们都应该依赖于抽象,抽象不应该依赖于具体,具体应该依赖于抽象。这个原则基于这样一个前提,因为抽象是对事物本质的提炼,这个本质是保持不变或者是极少变化的,这样不论具体事物如何发生变化,其变化仅影响事物本身而不会影响与之相关联的事物。

比如事件处理模型,这个模型由事件分派和具体事件构成。在事件分派处理当中可以用一个多分支语句来判断具体事件是什么,然后交由事件处理程序来处理。这个做法初看没有问题,也是很自然的一个写法,但是当一个系统当中的事件不断增加的时候,事件分派的这种实现就有问题了,需要对它进行改进,使之不再依赖于具体的事件,请思考如何改进?

5)接口隔离原则

接口隔离原则是指客户端不应该依赖它不需要的接口,类之间的依赖关系应该建立在最小的接口上。比如,一个接口声明了10个方法,但是继承它的类只需要其中5个,那么这个接口就不符合接口隔离原则,就需要对这个接口进行拆分。至于拆成几个取决于系统设计的需要，并不是说一个接口只包括一个方法就是一种好的设计，过多的接口同样会导致系统设计的混乱。事实上通过类图可以很清楚的分辨出类和接口之间的依赖关系。

接口隔离原则类似于单一职责原则，但两个关注点有所区别，前者关注接口定义，后者关注类的定义。

6）合成/聚合复用原则

合成/聚合复用原则也称为合成复用原则，即在进行类的复用的时候尽量使用合成/聚合，尽量不使用类继承，就是在一个新的对象当中使用已有的对象，新的对象通过对已有对象的委派达到复用已有功能的目的。

合成就是前面所谈到的组合关系。两个对象之间到底是采用合成还是采用继承，在语义上的分析如果是"Has A"的关系就应该采用合成。如果是"Is A"的关系就应该采用继承，对是否可以采用继承的另一判断标准是里氏代换原则。比如人和管理员两个类，人作为基类，管理员作为人的派生类，只有这两个类的时候没有问题，现在出现了第三个类：操作员。作为管理员同时也可以是操作员。现在管理员到底是应该划在管理员类，还是操作员类。事实上不论是管理员还是操作员实际上都是人的不同角色，一个人可以拥有多个角色，这样人和管理员这两个类就转换为人和角色类。在人这个类当中可以将角色类组合进来，这样做它的适用范围就更大了。

7）最小知识原则

最小知识原则也称为迪米特法则，即一个对象应当对其他对象有尽可能少的了解，不和陌生人说话。如果两个类不必彼此直接通信，那么这两个类就不应当发生直接的相互作用。如果其中的一个类需要调用另一个类的某一个方法的话，可以通过第三者转发这个调用。最小知识原则是对类之间关系的解耦。只有类之间不存在耦合或者是只存在弱耦合，这个类的复用性才好。比如一个图形类当中有一个画图的方法，最初的时候有一个铅笔类，在画图的时候直接调用这个铅笔类来完成，现在增加了钢笔、毛笔，怎么办？作为图形类并不需要了解铅笔、钢笔、毛笔到底是什么东西，这时就需要一个第三方。图形类只要告诉第三方"我要用铅笔画图"，再有第三方去调用铅笔类就可以了。

最小知识原则所要求的另一个方面是一个类应该尽量减少对外暴露内部实现的细节，公共方法只有在必要的情况下才能够提供。

5.2　创建型设计模式

创建型设计模式将对象的创建过程和对象的使用过程相分离，降低了系统的耦合度，使得系统容易进行扩展。

5.2.1　单例模式

一个类在系统当中只允许存在有一个实例，并且自行实例化向系统提供。比如在一个系统中只有一个打印机，对打印机实例化多个对象是没有意义的，甚至可能引发冲突，此时用单例模式是一个好的解决方案。

具体实现：
- 将类构造函数的访问控制设为私有；

- 在类内部定义一个该类的静态私有对象；
- 在类内部定义一个静态公有函数用于创建或获取它本身的静态私有对象。

举例：

```
public class SingletonClass {//单例模式类定义
    private static SingletonClass instance = null; //声明一个静态私有对象
    public static int count =0; //声明一个计数器用于记录实例的数量
    //声明一个公共静态函数获取或创建静态私有对象，其他类使用单例类的入口点
    public static SingletonClass getInstance() {
        if( instance == null) { //如果静态私有对象还未创建，则创建这个对象
            synchronized(SingletonClass. class) {//创建对象的进程必须是互斥的
                if( instance == null) {
                    instance = new SingletonClass(); //创建类的实例化对象
                }
            }
        }
        return instance;
    }
    private SingletonClass() {//单例模式的类构造函数必须是私有
        count ++ ;
    }
    public void printCount() {
        System. out. println( count);
    }
}
public class Test {
    public static void main( String[ ] args) {
        SingletonClass singleteonclass1 = SingletonClass. getInstance();
        singleteonclass1. printCount();
        SingletonClass singleteonclass2 = SingletonClass. getInstance();
        singleteonclass2. printCount();

    }
}
```

5.2.2　工厂模式

定义一个用于创建对象的接口，让子类决定实例化哪一个类，工厂模式使一个类的实例化延迟到其子类。比如对于一个复杂对象，内部同时含有很多子对象，这些子对象是构造函数的外部参数。一种做法是由调用者首先创建这些子对象，之后再创建这个对象；另一种做

法是设计一个第三方(工厂),由工厂完成子对象和复杂对象的创建过程,之后再将复杂对象返回给调用者。这样调用者就不需要再关注对象的创建过程,实现了调用者与复杂对象之间的解耦。

具体实现:

· 定义一个产品接口(也可以是一个抽象类),这个接口提供了产品的规范;

· 定义产品实现类,继承产品接口,实现产品规范,不同的产品定义不同的实现类;

· 定义一个工厂接口(也可以是一个抽象类),这个接口是调用者的入口点;

· 定义实现工厂接口的实现类,每个产品类都有一个对应的工厂类完成产品的实例化工作,是实现不同类型产品实例化的场所。

举例:

```java
public interface IProduct {//定义产品接口
    public void productMethod();
}
public class Product1 implements IProduct {//定义产品类1
    @Override
    public void productMethod() {//实现接口方法
        System. out. println("生产产品1");
    }
}
public class Product2 implements IProduct {//定义产品类2
    @Override
    public void productMethod() {//实现接口方法
        System. out. println("生产产品2");
    }
}
public interface IFactory {//定义工厂接口
    public IProduct createProduct();
}
public class Factory1 implements IFactory {//定义工厂类1
    @Override
    public IProduct createProduct() {//实现接口方法
        return new Product1();//返回具体的产品1对象
    }
}
public class Factory2 implements IFactory {//定义工厂类2
    @Override
    public IProduct createProduct() {//实现接口方法
        return new Product2();//返回具体的产品2对象
```

```
            }
    }
public class Test {
    public static void main(String[] args) {
        IFactory factory = new Factory1();//实例化工厂类1
        //调用工厂接口的创建产品方法,得到产品1
        IProduct prodect = factory.createProduct();
        prodect.productMethod();//执行产品1的方法
        factory = new Factory2();//实例化工厂类2
        //调用工厂接口的创建产品方法,得到产品2
        prodect = factory.createProduct();
        prodect.productMethod();//执行产品2的方法
    }
}
```

5.2.3　抽象工厂模式

为创建一组相关或相互依赖的对象提供一个接口,而且无需指定它们的具体类。抽象工厂模式和工厂模式的区别在于:工厂模式中的每一个产品都是来自同一个产品结构(同一接口或抽象类),工厂模式一个工厂只生产一个产品;抽象工厂模式的每一个产品是来自不同的产品结构(不同接口或抽象类),但它们都属于同一个产品族(位于不同产品等级结构中功能相关联的产品组成的家族),比如两个手机生产厂家都生产3G、4G手机,同一厂家的3G、4G手机属于同一产品结构,都来自一个厂商,但是另外一种划分是用3G、4G进行划分,3G手机来自两个厂家(两个不同的产品结构,这时3G手机就是一个产品族,对于4G手机也是一样,抽象工厂模式一个工厂可以生产产品族当中的一系列产品。

具体实现:

- 定义产品接口(也可以是抽象类),每个接口提供了不同的产品规范,但存在有共性的东西;
- 定义产品实现类,继承产品接口,实现产品规范,不同的产品定义不同的实现类;
- 按产品族定义工厂接口(也可以是抽象类),该族中的每个产品类都有对应的实例化方法声明;
- 定义实现工厂接口的实现类,完成产品的实例化工作。

举例:

```
public interface IProductA {//定义产品接口A
    public void productMethod();
}
public class ProductA1 implements IProductA {//定义接口A的产品类A1
    @Override
```

```java
    public void productMethod( ) {//实现接口方法
        System. out. println("生产接口 A 的产品 A1");
    }
}

public class ProductA2 implements IProductA {//定义接口 A 的产品类 A2
    @ Override
    public void productMethod( ) {//实现接口方法
        System. out. println("生产接口 A 的产品 A2");
    }
}

public interface IProductB {//定义产品接口 B
    public void productMethod( );
}

public class ProductB1 implements IProductB {//定义接口 B 的产品类 B1
    @ Override
    public void productMethod( ) {//实现接口方法
        System. out. println("生产接口 B 的产品 B1");
    }
}

public class ProductB2 implements IProductB {//定义接口 B 的产品类 B2
    @ Override
    public void productMethod( ) {//实现接口方法
        System. out. println("生产接口 B 的产品 B2");
    }
}

public interface IFactory1 {//定义工厂接口 1,产品 A1 和 B1 是一个产品族
    public IProductA createProductA1( );
    public IProductB createProductB1( );
    public IProductA createProductA( );
    public IProductB createProductB( );
}

public class Factory1 implements IFactory1 {//定义实现工厂接口 1 的实现类
    @ Override
    public IProductA createProductA1( ) {//实现接口方法
        return new ProductA1( ); //返回具体的产品 A1 对象
    }
    @ Override
    public IProductB createProductB1( ) {//实现接口方法
```

```
        return new ProductB1( ); //返回具体的产品 B1 对象
    }
    @ Override
    public IProductA createProductA( ) {
        return new ProductA1( ); //返回具体的产品 A1 对象
    }
    @ Override
    public IProductB createProductB( ) {
        return new ProductB1( ); //返回具体的产品 B1 对象    }
}
public interface IFactory2 {//定义工厂接口 2,产品 A2 和 B2 是一个产品族
    public IProductA createProductA2( );
    public IProductB createProductB2( );
    public IProductA createProductA( );
    public IProductB createProductB( );
}
public class Factory2 implements IFactory2 {//定义实现工厂接口 2 的实现类
    @ Override
    public IProductA createProductA2( ) {//实现接口方法
        return new ProductA2( );//返回具体的产品 A2 对象
    }
    @ Override
    public IProductB createProductB2( ) {//实现接口方法
        return new ProductB2( ); //返回具体的产品 B2 对象
    }
    @ Override
    public IProductA createProductA( ) {
        return new ProductA2( ); //返回具体的产品 A2 对象
    }
    @ Override
    public IProductB createProductB( ) {
        return new ProductB2( ); //返回具体的产品 B2 对象
    }
}
public class Test {
    public static void main( String[ ] args) {
        IFactory1 factory1 = new Factory1( ); //实例化工厂类 1
        //调用工厂接口的创建产品 A 方法，得到产品 A
```

```
        IProductA producta = factory1.createProductA1();
        producta.productMethod();//执行产品 A 的方法
        //调用工厂接口的创建产品 B 方法,得到产品 B
        IProductB productb = factory1.createProductB1();
        productb.productMethod();//执行产品 B 的方法
        IFactory2 factory2 = new Factory2();//实例化工厂类 2
        //调用工厂接口的创建产品 A 方法,得到产品 A
        producta = factory2.createProductA2();
        producta.productMethod();//执行产品 A 的方法
        //调用工厂接口的创建产品 B 方法,得到产品 B
        productb = factory2.createProductB2();
        productb.productMethod();//执行产品 B 的方法
        //调用工厂接口的创建产品 A 方法,得到产品 A
        producta = factory1.createProductA();
        producta.productMethod();//执行产品 A 的方法
        //调用工厂接口的创建产品 B 方法,得到产品 B
        productb = factory1.createProductB();
        productb.productMethod();//执行产品 B 的方法
        //调用工厂接口的创建产品 A 方法,得到产品 A
        producta = factory2.createProductA();
        producta.productMethod();//执行产品 A 的方法
        //调用工厂接口的创建产品 B 方法,得到产品 B
        productb = factory2.createProductB();
        productb.productMethod();//执行产品 B 的方法
    }
}
```

5.2.4　建造者模式

　　将一个复杂对象的构建与它的表示分离,使得同样的构建过程可以创建不同的表示。建造者模式与工厂模式很相似,如果将导演类(导演类用于完成建造的步骤,这个步骤也可以在工厂类中实现)去除,实际上就是工厂模式,与工厂模式一样,建造者模式同样适合复杂对象的构造,如果对象构造过程有明显的顺序步骤,比如建房子,第一步一定是先打地基,之后才开始完成地面建筑的部分,可以考虑采用建造者模式。

　　具体实现:

　　●定义产品类,实现具体的功能;

　　●定义一个建造的接口(可以是抽象类),规范产品对象的各个组成成分的建造,一般是定义两类方法,一类用于建造产品的各个组成部分,通常有一个或几个方法,具体数量取决于组成部分的数量,另一类用于返回产品对象,通常一个就够了;

●定义建造接口的实现类，实现接口的具体方法，方法实现时会调用产品类的相关方法；

●定义一个导演类，按产品的建造过程（这个过程是按一定顺序，通用的、不变的）调用建造实现类方法来创建复杂对象的各个部分。

举例：

```java
public class Product {//定义产品类
    //定义用于建造产品可能用到的一些方法
    public void productMethod1() {
        System.out.println("产品建造步骤1");
    }
    public void productMethod2() {
        System.out.println("产品建造步骤2");
    }
    public void productMethod3() {
        System.out.println("执行产品方法3");
    }
}

public interface IBuilder {//定义建造接口
    public void buildStep1();//声明部分建造的方法
    public void buildStep2();
    public Product getResult();//返回建造对象
}

public class ConcreateBuilder implements IBuilder {
    //定义建造接口的实现类
    private Product product = new Product();//创建一个产品类的实例对象
    @Override
    public void buildStep1() {//实现部分建造的方法
        product.productMethod1();//调用产品类的一个方法实现部分建造
    }
    @Override
    public void buildStep2() {
        product.productMethod2();//调用产品类的一个方法实现部分建造
    }
    @Override
    public Product getResult() {
        return product;
    }
}
```

```
public class Director {//定义导演类
    private IBuilder builder = new ConcreateBuilder();
    public Product createProduct() {//完成具体的建造过程,并返回产品
        builder. buildStep1();
        builder. buildStep2();
        return builder. getResult();
    }
}
public class Test {
    public static void main(String[] args) {
        Director director = new Director();
        Product product = director. createProduct();//通过导演类创建实际产品
        product. productMethod3();
    }
}
```

5.2.5　原型模式

用原型实例指定创建对象的种类,并通过拷贝这些原型创建新的对象。原型模式实际上就是通过复制(克隆)的方式建立已有对象的副本,适用于以下场景:需要在运行时才能够确定对象类型的;需要一个对象在某个状态下的副本;处理一些比较简单的对象时,并且对象之间的区别很小,可能就几个属性不同而已;创建对象时,不了解构造函数的参数,正好有一个现成对象的时候。使用原型模式创建对象的代价要低于使用 new 创建对象的代价。

具体方法:

● 在 Java 和 C#当中因为存在 Cloneable 或 ICloneable 的接口,因此只需要实现 clone 方法就可以了。一般的做法是定义一个原型类,继承克隆接口,在原型类当中实现 clone 方法;之后定义一个(或几个,视具体要求)子类,如果原型类当中有需要修改的在子类当中实现,比如对 clone 方法可以根据子类的情况进行覆盖;最后通过调用 clone 方法完成对象复制。

● 在 C++当中可以定义一个抽象原型类,定义虚拟函数(也可以是抽象函数,定义抽象函数更好一些)clone;之后定义子类,在子类中需要定义复制构造函数(至于是采用深复制还是浅复制,取决于构成对象的属性到底是什么),并在 clone 函数的实现当中调用复制构造函数;最后通过调用 clone 方法完成对象复制。

举例:

```
public class Prototype implements Cloneable {//定义一个原型类继承 Cloneable 接口
    public Prototype clone() {//实现 Cloneable 接口的 clone 方法
        Prototype prototype = null;
        try {//不能保证父类含有克隆方法,加上错误防范
        //调用父类的 clone 方法,如果有其他特殊要求,在 super. clone()之后加上
```

```
            prototype = (Prototype) super. clone ();
        } catch ( CloneNotSupportedException e) {
        e. printStackTrace ();
        }
        return prototype;
    }
}
//从原型类派生一个子类,完成一些具体的工作
public class ConcretePrototype extends Prototype {
    private int i = 0; //定义一个验证的变量 i
    public void setI( int var) {//对变量 i 进行赋值
        i = var;
    }
    public void printI( String str) {//打印变量 i
        System. out. println( str + i);
    }
}
public class Test {
    public static void main( String[ ] args) {
        ConcretePrototype CP1 = new ConcretePrototype(); //先构造一个实例对象
        CP1. setI( 200);
        CP1. printI( "cp1 print i = ");
        ConcretePrototype CP2 = ( ConcretePrototype) CP1. clone(); //从实例对象克隆一
个新的对象
        CP2. printI( "cp2 print i = "); //如果 cp2 打印的变量 i 与 cp1 一致说明克隆成功
    }
}
```

5.3　结构型设计模式

　　结构型模式关注如何将现有类或对象组织在一起形成一个功能更为强大的结构。结构模式的实现很多时候不使用继承,而是使用组合。

5.3.1　适配器模式

　　将一个类的接口转换成客户希望的另外一个接口,使得原本由于接口不兼容而不能一起工作的那些类可以一起工作。比如,在遗留工程中有一个类实现了说话(SPEAK)这个方法,现在新的系统同样需要说话这个方法,不过名字被变成 speak,这个时候把原有类当中的 SPEAK 改成 speak 是不合适的,因为原有类还是有存在价值的,修改它可能需要修改所有和

它相关联(使用了这个类的 SPEAK 方法)的所有东西,所以更好的做法是在原有类和新系统之间增加一个桥梁——适配器,通过适配器把原有类的 SPEAK 改成新系统所要的 speak,这样新老系统都不需要改变。再举一个生活中的例子:买了个港版的 IPAD,它的充电插头和国内插座是不兼容的,那么就需要买个港标转国标的电源转换器,买了这个转换器以后,不需要更换国内的插座(在家里还好些,如果出去旅游不可能要求所有的旅馆都更换插座),同样也不需要再去买个国标的充电插头(东西还是原配的好),这个电源转换器就是适配器。

适配器模式在实际使用的时候有三种情况,类适配器、对象适配器和缺省适配器。

1)类适配器

类适配器就是通过继承原始类来实现适配器。

具体做法:

● 设计一个子类继承原始和新的接口,在接口方法实现的时候,调用原始类的方法完成转换;

● 如果语言允许多继承,那么这个适配器可以继承多个原始类,并在内部完成它们的转换。

举例:

```java
public class OldSpeaker { //原始类
  public void SPEAK() {
    System. out. println("有人在说话");
  };
}
public interface INewSpeaker { //新的用户接口
  public void speak(); //这个方法要用原始类已有的方法实现
  public void loudSpeak();
}
//完成转换的适配器类
public class Adapter extends OldSpeaker implements INewSpeaker {
  @ Override
  public void speak() { //调用 OldSpeaker 的 SPEAK 方法,完成转换
    SPEAK();
    System. out. println("是小声说话!");
  }
  @ Override
  public void loudSpeak() {
    System. out. println("现在有人在大声说话!");
  }
}
public class Test {
  public static void main(String[ ] args) {
```

```
    INewSpeaker newspeaker = new Adapter( ) ;
    newspeaker. speak( ) ;
    newspeaker. loudSpeak( ) ;
    }
  }
```

2) 对象适配器

对象适配器通过类组合的方式完成转换工作, 按合成复用原则, 一般适配器设计建议采用此种方式。

具体做法:

• 设计一个新类继承新的接口, 声明一个原始类的成员, 在接口方法实现的时候, 调用原有类的方法完成转换;

• 如果适配器需要转换多个原始类, 那么将这些原始类都作为类成员。

举例:

```java
public class OldSpeaker {//原始类
  public void SPEAK( ) {
    System. out. println( "有人在说话" ) ;
  }
}
public interface INewSpeaker {//新的用户接口
  public void speak( ) ;//这个方法要用原始类已有的方法实现
  public void loudSpeak( ) ;
}
//完成转换的适配器类
public class Adapter implements INewSpeaker {
  OldSpeaker oldspeaker = new OldSpeaker( ) ;//声明一个原始类的成员
  @ Override
  public void speak( ) {//完成转换
    oldspeaker. SPEAK( ) ;
    System. out. println( "是小声说话!" ) ;
  }
  @ Override
  public void loudSpeak( ) {
    System. out. println( "现在有人在大声说话!" ) ;
  }
}
public class Test {
  public static void main( String[ ] args ) {
```

```
    INewSpeaker newspeaker = new Adapter();
    newspeaker.speak();
    newspeaker.loudSpeak();
  }
}
```

3）缺省适配器

如果并不想实现一个接口当中的所有方法，那么这个时候可以考虑缺省适配器，缺省适配器是一个抽象类，这个类实现了接口的所有方法，但都是"平庸"实现的（空方法），真正的实现类将继承这个抽象类，在实现类当中实现想实现的方法。

举例：

```java
public interface ISpeaker {//一个用户接口里面有很多方法
  public void speak();
  public void loudSpeak();
  public void whispered();
}

//缺省适配器类，这个类是抽象的，实现了所有的接口方法，所有方法都是空方法
public class Adapter implements ISpeaker {
  @Override
  public void speak() {
  }
  @Override
  public void loudSpeak() {
  }
  @Override
  public void whispered() {
  }
}
//具体实现类，重载了一个方法
public class Speaker extends Adapter {
  @Override
  public void speak() {//实际完成工作的代码
    System.out.println("有人在说话");
  }
}
public class Test {
  public static void main(String[] args) {
    ISpeaker speaker = new Speaker();
```

```
        speaker. speak( );
    }
}
```

5.3.2　桥接模式

将抽象与抽象的实现分开实现，使两者可以独立的变化。一个对象可能具有两个维度（职责）的变化，比如前面提到的图形类，其中一个维度的变化是使用铅笔、钢笔、毛笔，现在增加一个新的维度颜色，画图的时候可以用红色、蓝色也可以用黑色，实现它们的具体对象时有两个方案，第一个方案采用继承，从图形类中先派生出第一个维度的变化，不同的笔，之后再从第一个维度的派生类派生出第二个维度不同颜色的笔，这种做法可以看出最后子类的数量是 $m + m \times n$ 个（m 指笔的数量，n 指颜色的数量）；第二种方案是单独实现不同的笔和不同的颜色类，之后再它们组合出不同颜色的笔，此时类的数量是 $m + n$ 个，很明显第二种方案比第一种方案更容易进行扩展，第一种方案如果增加一支笔需要增加 n 个类，增加一种颜色需要增加 m 个类，而第二种方案只要加 1 个类就够了，而且他们组合的实现并不会因为增加了一支笔或一种颜色而发生变化。

具体实现：

• 定义第二维度的抽象类或者接口（如果第二维度没有属性，只有方法，此时定义接口），到底哪个是第二维度没有明确的标准，一般是将更一般的属性分离出来，这样可以被其他的类复用；

• 定义第二维度实现的具体类，具体类派生自第二维度的抽象类或接口，类的数量没有限制，根据具体的要求；

• 定义第一维度的抽象类，此时不用接口，将第二维度抽象类或接口作为类成员；

• 定义第一维度实现的具体类，具体类派生自第一维度的抽象类，在类方法中通过第二维度成员调用第二维度的方法。

举例：

```java
public interface IColor { //定义第二维度接口，抽象层
    public void paint( );
}
public class RedColor implements IColor {
    @ Override
    public void paint( ) {
        System. out. print( "用红颜色" );
    }
}
public class BlueColor implements IColor {
    @ Override
    public void paint( ) {
```

```
        System. out. print("用蓝颜色");
      }

  }
  public abstract class Pen { //定义第一维度抽象类,抽象层
    protected IColor color; //将第二维的抽象类或接口作为成员
    //通过访问器初始化成员,其他初始化形式也可以
    public void setColor(IColor color) {
      this. color = color;
    }
    public abstract void draw();

  }
  public class Pencil extends Pen {
    @ Override
    public void draw() {
        color. paint(); //调用第二维度的方法
        //其他完成工作的代码
        System. out. println("铅笔画画");
      }

  }
  public class Test {
    public static void main(String[] args) {
        Pen pen = new Pencil();
        pen. color = new RedColor();
        pen. draw();
        pen. color = new BlueColor();
        pen. draw();
      }

  }
```

5.3.3 装饰模式

动态地给一个对象增加一些额外的职责。给对象添加新的功能有两种做法:一种是静态增加,也就是通过派生子类的方式;另一种是动态增加,通过对象之间的关联关系来增加对象的功能。比如一幅画,如果通过派生的方式给它增加一个边框,这个边框就固定下来了,但如果使用组合的方式给它增加边框,那么希望它有边框它就可以有,不希望它有它就没有,这样也就提供了很大的操作灵活性。一个对象允许拥有多个装饰类,以实现不同的功能扩展。

具体实现:

● 定义一个抽象类,可以是一个抽象类也可以是接口,它是具体业务类和装饰抽象类的

父类,定义了具体业务类所需要实现的业务方法;

　　●定义一个具体业务类,这个类继承抽象类,实现具体的业务方法;

　　●定义一个抽象装饰类,这个类继承抽象类,声明一个抽象类的成员,同时通过所增加的成员调用自身方法来实现相应接口方法;

　　●定义具体装饰类,具体装饰类继承抽象装饰类,在类当中可以设计一些新的方法,以扩展原有抽象类的功能。具体功能增加有两种:透明装饰和半透明装饰,结合下面具体的例子说明。

　　举例:

05

```java
public interface IComponent { //定义抽象类
   public void operation();
}
//定义具体业务类,需要被装饰的类
public class ConcreteComponent implements IComponent {
   @Override
   public void operation() { //实现接口方法
      System.out.println("被装饰的类在做了些动作");
   }
}

public abstract class Decorator implements IComponent { //定义抽象装饰类
   protected IComponent component; //声明一个抽象类的成员
   public Decorator(IComponent component) { //通过构造函数初始化成员
      this.component = component;
   }
   @Override
   public void operation() { //实现接口方法
      component.operation(); //调用类成员本身提供的方法完成,只需要这一句就够了
   }
}
//定义具体装饰类,透明装饰
public class ConcreteDecorator1 extends Decorator {
   public ConcreteDecorator1(IComponent component) {
      //使用父类构造函数
      super(component);
   }
   public void operation() {
      super.operation();
      //新增加的行为被放置在原有的行为之中,这种被称为透明装饰模式
      otherOperation();
```

```
        }
    private void otherOperation() { //增加一个新的行为
        //新的行为定义
        System. out. println("在原来动作的基础上又加了一些动作");
        }
}

//定义具体装饰类,半透明装饰
public class ConcreteDecorator2 extends Decorator {
    public ConcreteDecorator2(IComponent component) {
        super(component);
        }
    public void operation() {
        super. operation();
        //新增加的行为没有被放置在原有的行为之中,这种被称为半透明装饰模式
        //otherOperation();
        }
    public void otherOperation() { //增加一个新的行为
        //新的行为定义
        System. out. println("在原来动作的基础上又加了一些动作");
        }
}
public class Test {
    public static void main(String[] args) {
        IComponent component = new ConcreteComponent();
        IComponent CD1 = new ConcreteDecorator1(component);
        CD1. operation();
        ConcreteDecorator2 CD2 = new ConcreteDecorator2(component);
        CD2. operation();
        CD2. otherOperation();
        }
}
```

5.3.4　组合模式

　　组合多个对象形成树形结构以表示"整体 - 部分"的结构层次,在组合模式中有容器类和叶子类两种,所谓容器类就是能够容纳其他类(容器类、叶子类)的类,叶子类就是不能够容纳其他类的类,只有自己,比如文件夹和文件,文件夹下面可以有子文件夹和文件,是容器类,文件下面不能有其他的东西,就是叶子类。容器类一般包含了管理成员的方法,叶子类如果也包含了管理成员的方法,则称为透明组合模式,如果叶子类不包含管理成员的方法,

则称为安全组合模式。

具体做法：

• 定义一个抽象类，可以是抽象类也可以是接口，里面需要定义容器类和叶子类的公共方法，同时需要定义管理其成员的方法，调用者通过这个构件完成对整个属性结构的访问；

• 定义叶子类，继承抽象类，实现所有的接口方法，对于管理成员的方法可以通过异常来实现；

• 定义容器类，继承抽象类，增加容纳其他对象的集合成员，并实现所有的接口方法。

举例：

```java
public interface IComponent {//定义抽象类
    public void operation();//容器类、叶子类的公共行为
    public void add(IComponent component);//管理成员的方法,还可以有很多
}
import java.util.ArrayList;
//定义容器类
public class Composite implements IComponent {
    private String name;
    private ArrayList < IComponent > list = new ArrayList < IComponent > ();//用于容纳
容器下属成员的集合
    public Composite(String name) {
        super();
        this.name = name;
    }
    @Override
    public void operation() {//实现接口方法
        System.out.print(name);
    }
    @Override
    public void add(IComponent component) {//管理成员方法
        list.add(component);
        component.operation();//调用成员方法,输出成员名字
        System.out.println("加入了" + name);
    }
}
//定义叶子类
public class Leaf implements IComponent {
    private String name;
    public Leaf(String name) {
        super();
```

```
      this. name = name;
    }
    @ Override
    public void operation( ) { //实现接口方法
      System. out. print( name) ;
    }
    @ Override
    public void add( IComponent component) {
      //管理成员方法对叶子类没有意义
    }
  }
public class Test {
  public static void main( String[ ] args) {
    IComponent composite1 = new Composite( "容器 1") ;
    IComponent leaf1 = new Leaf( "叶子 1") ;
    composite1. add( leaf1) ;
    IComponent composite2 = new Composite( "容器 2") ;
    IComponent leaf2 = new Leaf( "叶子 2") ;
    composite2. add( leaf2) ;
    composite1. add( composite2) ;
    }
  }
```

5.3.5 外观模式

外部与一个子系统的通信必须通过一个统一的外观对象进行，为子系统中的一组接口提供一个一致的界面。外观模式也称为门面模式，通过外观模式调用者不需要了解复杂的子系统的情况，保证了调用者和子系统之间的解耦，比如一个网站的导航页就是一个门面，访问这个网站不需要去记住下层页面的地址，而只需要记住这个导航页的地址就够了，通过导航页可以访问到下层页面。外观模式一定程度上破坏了"开闭原则"，但这种代价是值得的。

具体做法：

• 定义业务子系统，可以是一个类，也可以是一组，视具体业务而定，这个步骤不是必需的，可能之前就已经完成；

• 定义门面类，这个类将所有业务子系统作为它的成员，定义调用业务子系统功能的方法。

举例：

```
public class SubSystem1 {//业务子系统 1
    public void operation1(){ //业务子系统的方法
        System. out. println("业务系统 1 在工作");
    }
}
public class SubSystem2 {//业务子系统 2
    public void operation2(){ //业务子系统的方法
        System. out. println("业务系统 2 在工作");
    }
}
public class Facade {//定义门面类
    //所有子系统都是门面类的成员,成员初始化在复杂情况下应该放到构造函数里面
    SubSystem1 subsystem1 = new SubSystem1();
    SubSystem2 subsystem2 = new SubSystem2();
    //定义调用者的调用方法,实现对子系统功能的调用
    public void operation1(){
        subsystem1. operation1();
    }
    public void operation2(){
        subsystem2. operation2();
    }
}
public class Test {
    public static void main(String[] args) {
        Facade facade = new Facade();
        facade. operation1();
        facade. operation2();
    }
}
```

5.3.6 享元模式

运用共享技术有效地支持大量细粒度对象的复用。在一个系统中可能存在这样的对象,这些对象非常相似,状态变化很小,此时可以考虑将它们当中不变的状态(内部状态)归为一个类,只用一个对象表示,而将变化的状态(外部状态)归为一个类,用不同的对象进行表示,这样做有助于大量节省系统内存和减少创建对象(外部状态对象的创建可以延迟到需要的时候再创建)的开销,比如在 Java 当中,如果用同一个字符串去初始化不同的字符串变量,在内存中只分配类一个字符串的空间,不同字符串变量都是指向这个空间,这里所采用的就是享元模式。

具体做法：

●定义一个抽象享元类，可以是抽象类也可以是接口，定义具体享元类的内部状态属性和公共方法，方法包括对内部状态的操作和设置外部状态的操作；

●定义具体享元类，继承抽象享元类，实现抽象享元类的方法；

●定义非共享享元类，定义外部状态属性，实现外部状态管理的方法；

●定义享元工程类，针对抽象享元类编程，维护一个享元池，这个享元池是一个集合，当用户请求一个具体享元对象时，工厂可以提供一个已有的实例或者是新建一个实例。

举例：

```java
public class UnshareConcreteFlyweight {//定义非共享享元类
    private String outsidestate;//外部状态属性,还可以有其他的
    public UnshareConcreteFlyweight(String outsidestate) {
        this.outsidestate = outsidestate;
    }
    public void operation () {//实现外部状态方法
        System.out.println(outsidestate + "在工作");
    }
}
public abstract class Flyweight {//定义抽象享元类
    private String innerstate;//内部状态属性,可以有多个
    public Flyweight(String innerstate) {
        super();
        this.innerstate = innerstate;
    }
    public abstract void inneroperation();//内部状态方法,可以有多个
    //外部状态管理方法,非共享享元类作为参数传入,可以有多个
    public abstract void outsideoperation(UnshareConcreteFlyweight UCF);
    public String getInnerstate() {
        return innerstate;
    }
    public void setInnerstate(String innerstate) {
        this.innerstate = innerstate;
    }
}
//定义具体享元类
public class ConcreteFlyweight extends Flyweight {
    public ConcreteFlyweight(String innerstate) {
        super(innerstate);
    }
```

```
    @ Override
    public void inneroperation( ) {//实现内部状态方法
        System. out. println( getInnerstate( ) + "内部在工作");
    }

    //实现外部状态管理方法
    @ Override
    public void outsideoperation( UnshareConcreteFlyweight UCF) {
        UCF. operation( ); //调用非共享享元类方法完成外部状态处理
    }
}
import java. util. HashMap;
import java. util. Iterator;
import java. util. Map;
import java. util. Map. Entry;
//定义享元工厂类
public class FlyweightFactory {
    //声明一个享元池
    private HashMap < String, Flyweight > flyweights = new HashMap < String, Flyweight >
( );
    public Flyweight getFlyweight( String key) {//定义获取享元方法
        if ( flyweights. containsKey( key) ) {//查找制定 key 的享元是否存在
            return ( Flyweight)flyweights. get( key); //如果存在, 返回已有的实例
        } else {
            Flyweight fw = new ConcreteFlyweight( key); //不存在, 新建一个
            flyweights. put( key, fw); //将新建实例置入享元池
            return fw;
        }
    }
    @ SuppressWarnings( "rawtypes" )
    public void printFlyweight( ) {//输出享元池
        Iterator < Entry < String, Flyweight > > iter = flyweights. entrySet( ). iterator( );
        while ( iter. hasNext( ) ) {
            Map. Entry entry = ( Map. Entry) iter. next( );
            String key = entry. getKey( ). toString( );
            Flyweight val = ( Flyweight)entry. getValue( );
            val. inneroperation( );
        }
    }
}
```

```
public class Test {
  public static void main( String[ ] args) {
    FlyweightFactory flyweightFactory = new FlyweightFactory( );
    String key = "KEY";
    String state1 = "OutState1";
    String state2 = "OutState2";
    Flyweight flyweight1 = flyweightFactory. getFlyweight( key) ;
    flyweight1. outsideoperation( new UnshareConcreteFlyweight( state1) ) ;
    Flyweight flyweight2 = flyweightFactory. getFlyweight( key) ;
    flyweight2. outsideoperation( new UnshareConcreteFlyweight( state2) ) ;
    flyweightFactory. printFlyweight( ) ;
  }
}
```

享元模式可以区分为单纯享元模式(本节介绍的)和复合享元模式,复合享元模式请参考其他材料。

5.3.7 代理模式

给某一个对象提供一个代理,并由代理对象控制对源对象的引用。比如在网页当中呈现一张大的图片,直接显示因为网速的原因可能会非常缓慢,此时可以用一张小图片先替代大图片,当大图片下载完成后再进行显示,此时这个显示小图片的就是一个代理;另外一个例子是在用 PPPOE 上网的时候,因为 IP 地址的有限性,很多时候都是在中间有一个 NAT 转换,这个 NAT 转换也是一个代理。在客户端不想或者不能够直接引用目标对象时,就需要一个第三方(代理)来完成它们之间的通信。

具体实现:

● 定义一个抽象类,这个类是真实对象和代理对象的共同接口,这个类可能已经是存在的;

● 定义一个代理类,继承抽象类,声明一个真实类的引用,可以通过这个引用操作真实对象;

● 定义真实类,继承抽象类,完成具体的真实业务操作,这个类也可能是已经存在的;

举例:

```
public interface ISubject {//定义抽象类
  public void request( ) ; //具体类和代理类的公共行为
}
public class RealSubject implements ISubject {//定义真实类
  @ Override
  public void request( ) {//实现接口方法
    System. out. println( "正在处理中..." ) ;
```

```
        }
      }
    public class Proxy implements ISubject {//定义代理类
        //声明一个真实类的引用
        private RealSubject realSubject = new RealSubject( );
        public void preRequest( ) { //请求前的处理工作
            System. out. println( "预处理" );
        }
        @ Override
        public void request( ) {//实现接口方法
            preRequest( );
            realSubject. request( ); //调用真实对象的业务方法
            PostRequest( );
        }
        public void PostRequest( ) { //请求结束后的处理工作
            System. out. println( "后处理" );
        }
    }
    public class Test {
        public static void main( String[ ] args) {
            ISubject proxy = new Proxy( );
            proxy. request( );
        }
    }
```

　　代理模式可以分为图片代理、远程代理、虚拟代理、动态代理等多种模式,具体请参考相关资料。

5.4　行为型设计模式

　　行为型设计模式关注系统中对象之间的相互交互,研究系统在运行时对象之间的相互通信与协作,进一步明确交互对象的职责。

5.4.1　职责链模式

　　避免请求发送者与接收者耦合在一起,让多个对象都有可能接收请求,将这些对象组成一个链,并且沿着这条链传递请求,直到有对象处理它为止。比如在办公系统当中,员工提交一张请假条,这张请假条根据天数不同,可能要经过项目经理、部门经理、总经理这样一个审批流程,这个时候员工就是发送者,假条是请求,而项目经理、部门经理、总经理就是一个处理链。

具体实现：

●定义一个抽象处理类，包含对自身的一个引用和处理方法声明；

●定义具体处理类，继承抽象处理类，实现处理方法和处理链当中下一处理者的赋值方法。

举例：

```
public abstract class Handle {//定义抽象处理类
    protected Handle successor; //对自身引用的声明，形成处理链
    //声明请求处理方法，object 是请求对象
    public abstract void request(Object object);
    //设置处理链的下一个对象
    public abstract void setSuccessor(Handle successor);
}
public class ConcreteHandle1 extends Handle {//定义具体处理类 1
    @Override
    public void setSuccessor(Handle successor) { //设置处理链的下一个对象
        this. successor = successor;
    }
    @Override
    public void request(Object object) {//实现处理过程
        //具体处理过程
        System. out. println("完成第一步操作");
        if (successor ! = null){
            successor. request(object); //处理过程中应含有处理链下一对象的请求
        }
    }
}
public class ConcreteHandle2 extends Handle {//定义具体处理类 2
    @Override
    public void setSuccessor(Handle successor) { //设置处理链的下一个对象
        this. successor = successor;
    }
    @Override
    public void request(Object object) {//实现处理过程
        //具体处理过程，与具体处理类 1 有差异
        System. out. println("完成第二步操作");
        if (successor ! = null){
            successor. request(object); //处理过程中应含有处理链下一对象的请求
        }
```

```
    }
  }
public class Test {
  public static void main(String[] args) {
    String key = "any request";
    Handle handle1 = new ConcreteHandle1();
    Handle handle2 = new ConcreteHandle2();
    handle1.setSuccessor(handle2);
    handle1.request(key);
  }
}
```

5.4.2 命令模式

将一个请求封装为一个对象，从而使我们可用不同的请求对客户进行参数化，对请求排队或者记录请求日志，以及支持可撤销的操作。在系统中存在需要向某些对象发出请求，但是不知道请求的接收者是谁，也不知道被请求的操作是什么，这样就需要有第三方转发这个请求，确定具体的接收者和具体的操作，比如一个功能键操作，在不同软件中同一功能键的定义是不一样的，但对击键动作的捕获是由系统完成的，此时系统就是请求者，而具体处理这个功能键的就是接收者，中间通过第三方键盘命令接口连接起来。

具体实现：

- 定义抽象命令类，声明一个用于执行请求的方法；
- 定义具体命令类，声明一个接收者的引用，实现执行请求方法，在方法中调用接收者的具体处理方法；
- 定义调用者类，声明一个抽象命令类的引用，在需要发出请求的位置调用抽象命令类的请求执行方法；
- 定义接收者类，继承抽象命令类，实现具体业务请求。

举例：

```
public abstract class Command { //定义抽象命令类
  public abstract void execute(); //声明一个用于执行请求的方法
}
public class ConcreteCommand extends Command { //定义具体命令类
  private Receiver receiver = new Receiver(); //声明一个接收者的引用
  @Override
  public void execute() { //实现执行请求方法
    System.out.println("命令类调用接受者");
    receiver.action(); //调用接收者的具体处理方法
  }
}
```

```
}
public class Invoke { //定义调用者类
    private Command command; //声明一个抽象命令类的引用
    public Invoke(Command command) {
        this. command = command;
    }
    public void call() {
        System. out. println("调用者发出指令");
        command. execute(); //调用抽象命令类的请求执行方法
    }
}
public class Receiver { //定义接收者类
    public void action() { //实现具体业务请求
        System. out. println("完成命令操作!");
    }
}
public class Test {
    public static void main(String[] args) {
        Command command = new ConcreteCommand();
        Invoke invoke = new Invoke(command);
        invoke. call();
    }
}
```

5.4.3 解释器模式

定义一个语言的文法,并且建立一个解释器来解释该语言的句子。比如在系统中要提供一个用户自定义的报表设计器,那么这个报表设计器对报表的定义就是一门语言,必须要将它解释为系统能够理解并执行的东西。关于语言分析的内容请参考《编译原理》。不同语言解释器的实现千差万别,此处仅给出它们的公共模式。

具体实现:

- 定义一个抽象表示式类,声明该语言可能的所有解释方法;
- 定义终结符表达式类,继承抽象表达式类,实现所有与终结符相关的解释操作;
- 定义非终结符表达式类,继承抽象表达式类,实现所有与非终结符相关的解释操作;
- 定义一个上下文类,存储除解释器以外的其他公共信息,包括要进行解释的语句;
- 定义一个解释封装类,实现对一个特定语句的抽象语法树构造工作。

举例,构造一个解释器可以执行整数加法运算:

```java
import java.util.HashMap;
public class Context {    //定义一个上下文类
    private HashMap<String, String> map = new HashMap<String, String>();    //利用哈
希表存储可能会用到的东西
    public void assign(String key, String value) {
        map.put(key, value);
    }
    public String lookup(String key) {
        return map.get(key);
    }
}

public interface AbstractExpression {    //定义一个抽象表示式类
        public int interpret(Context ctx);    //声明该语言可能的所有解释方法
}
//定义终结符表达式类，如果终结符有很多种，可以先定义抽象类
public class TerminalExpression implements AbstractExpression {
    private int value;
    public TerminalExpression(int value) {
        this.value = value;
    }
    @Override
    public int interpret(Context ctx) {    //返回终结符的值
        return this.value;
    }
}
//定义非终结符表达式类，如果非终结符有很多种，可以先定义抽象类
public class NonterminalExpression implements AbstractExpression {
    private AbstractExpression left;
    private AbstractExpression right;
    public NonterminalExpression(AbstractExpression left, AbstractExpression right) {
        this.left = left;
        this.right = right;
    }
    @Override
    public int interpret(Context ctx) {    //计算左右相加的和
        return left.interpret(ctx) + right.interpret(ctx);
    }
}
```

```java
import java. util. Stack;
public class BuildExpression {//定义一个解释封装类
    private AbstractExpression node;
    private Context ctx;
    public BuildExpression( Context ctx) {
        this. ctx = ctx;
    }
    public void build( String statement) {//对一个特定语句构造抽象语法树
        AbstractExpression left = null;
        AbstractExpression right = null;
        Stack stack = new Stack( );//做四则运算分析一般用堆栈
        String[ ] statements = statement. split( " ");
        for ( int i = 0; i < statements. length; i + +) {
            if ( statements[ i]. equalsIgnoreCase( " +")) {
                left = ( AbstractExpression) stack. pop( );
                int val = Integer. parseInt( statements[ + +i]);
                right = new TerminalExpression( val);
                stack. push( new NonterminalExpression( left, right));
            } else {
                stack. push( new TerminalExpression( Integer. parseInt( statements[ i])));
            }
        }
        this. node = ( AbstractExpression) stack. pop( );//返回最后形成的语法树
    }
    public int compute( ) {
        return node. interpret( ctx);
    }
}
public class Test {
    public static void main( String[ ] args) {
        Context ctx = new Context( );
        BuildExpression BE = new BuildExpression( ctx);
        BE. build( "1 + 2 + 300");
        System. out. println( "1 +2 +300 =" + BE. compute( ));
    }
}
```

5.4.4 迭代器模式

提供一种方式来访问聚合对象，而不用暴露这个对象的内部表示。聚合对象是一个集合，其中包括有多个同类对象，这些对象在存储的时候可以采用数组，也可以采用链表或者是其他的一些方式，如果需要遍历这些对象，那么在遍历的时候就需要了解它们的内部存储模式，但很多时候并不希望这样做，特别是当对象希望封装它的内部表示的时候，此时最好的做法就是实现一个迭代器的接口，客户端通过迭代器来遍历聚合对象中的各个对象。因为具体的对象以及对象的存储方式有很多种，在实现上不尽相同，此处仅给出它们的公共模式。

具体实现：

- 定义抽象迭代器，一般是接口，接口中通常有这几个方法：first，next，hasnext，currentItem；
- 定义抽象聚合类，一般是接口，声明一个 createIterator 的方法，用于创建迭代器对象；
- 定义具体聚合类，继承抽象聚合类，实现 createIterator 的方法，该方法返回具体迭代器类对象；
- 定义具体迭代器类，继承抽象迭代器，完成对聚合对象的遍历，在遍历过程中跟踪当前位置，在实现上通常作为具体聚合类的内部类来实现。

举例：

```java
public interface Iterator {//定义抽象迭代器
    void first();
    void next();
    boolean hasnext();
    Object currentItem();
}
public interface IAggregate {//定义抽象聚合类
    Iterator createIterator();
}
//定义具体聚合类，将迭代器作为内部类实现
public class ConcreteAggregate implements IAggregate {
    //在这个例子当中，对象是用数组存储的，因此迭代比较简单
    private int[] obj;
    @ Override
    public Iterator createIterator() {
        return new ConcreteIterator();
    }
    public ConcreteAggregate(int[] obj) {
        super();
        this.obj = obj;
```

```
                                }
    public class ConcreteIterator implements Iterator { //定义具体迭代器类
        private int currentIndex = 0; //维护聚合对象当前的位置
            @Override
            public void first( ) {
                currentIndex = 0;
            }
            @Override
            public void next( ) {
                currentIndex + + ;
            }
            @Override
            public boolean hasnext( ) {
                return currentIndex < ( obj. length － 1 ) ;
            }
            @Override
            public Object currentItem( ) {
                return obj[ currentIndex] ;
            }
        }
    }

//定义具体聚合类，将迭代器作为接口实现，更自然一些的
public class ConcreteAggregate1 implements IAggregate, Iterator {
    //在这个例子当中，对象是用数组存储的，因此迭代比较简单
    private int[ ] obj;
    private int currentIndex = 0;
    @Override
    public void first( ) {
        currentIndex = 0;
    }
    @Override
    public void next( ) {
        currentIndex + + ;
    }
    @Override
    public boolean hasnext( ) {
        return currentIndex < ( obj. length － 1 ) ;
    }
```

```
    @ Override
    public Object currentItem( ) {
        return obj[ currentIndex ] ;
    }
    @ Override
    public Iterator createIterator( ) {
        // TODO Auto - generated method stub
        return this ;
    }
    public ConcreteAggregate1 ( int[ ] obj) {
        super( ) ;
        this. obj = obj ;
    }
}
public class Test {
    public static void main( String[ ] args) {
        System. out. print( "使用内部类实现：" ) ;
        ConcreteAggregate CA = new ConcreteAggregate ( new int[ ] {10, 20, 30, 40,
50} ) ;

        Iterator iterator = CA. createIterator( ) ;
        iterator. first( ) ;
        iterator. next( ) ;
        iterator. next( ) ;
        iterator. next( ) ;
        System. out. println( iterator. currentItem( ) ) ;


        System. out. print( "使用接口实现:" ) ;
        ConcreteAggregate CA1 = new ConcreteAggregate( new int[ ]{1, 2, 3, 4, 5} ) ;
        Iterator iterator1 = CA1. createIterator( ) ;
        iterator1. first( ) ;
        iterator1. next( ) ;
        iterator1. next( ) ;
        iterator1. next( ) ;
        System. out. println( iterator1. currentItem( ) ) ;
    }
}
```

05

5.4.5 中介者模式

用一个中介对象来封装一系列对象的交互,中介者使各对象不需要显式的相互引用,从而使其耦合松散,而且可以独立的改变它们之间的交互。当系统中存在有多个对象的时候,在极端情况下,每个对象之间都存在相互引用关系,这样在对象之间将会形成网,每个对象都需要维护与其他对象之间的关系,当其中一个对象发生修改的时候,其他与之相关联的对象必须进行修改,这样会使得系统难于维护,此时可以考虑引入第三方——中介者来接管对象之间的这种直接引用关系,使得每个对象仅与中介者进行通信,并通过中介者与其他对象进行交互,当对象发生变化的时候,仅需要修改中介者。比如组团旅行和自由行,组团旅行当中的旅行社就承担了中介者的角色,而自由行的时候,没有旅行社承担中介,旅行者必须要自己和行程中的每个风景点、每个酒店进行交互。

具体实现:

• 定义一个抽象中介者,可以是接口也可以是抽象类,用于各同事对象之间的通信;

• 定义具体中介类,继承抽象中介者接口,实现接口方法,在接口方法的实现当中可以增加对具体对象间通信的控制,而不是仅仅转发;

• 定义一个抽象同事类,定义各同事的公有方法,其中最少有一个方法是调用中介者与其他对象进行通信,同时定义一个指向抽象中介者接口的引用;

• 定义具体同事类,这些类是具体业务类,继承抽象同事类,实现抽象同事类的公有方法。

举例:

```
public abstract class Mediator {//定义一个抽象中介者
  //声明对象间通信的公共方法,可以是多个,最少有一个可以找到目标对象的参数
  public abstract void operation(String key);
  public abstract void register(Colleague colleague);
}
public abstract class Colleague {//定义一个抽象同事类
  protected Mediator mediator;//定义指向抽象中介者接口的引用
  protected String key;//用于唯一的标示一个对象,可以是其他类型
  public String getKey(){
    return key;
  }
  public Colleague(Mediator mediator, String key){
    this.mediator = mediator;
    this.key = key;
  }
  public abstract void method(String key);//这个方法实现与中介者之间的通信
  public abstract void otherMethod();//其他的一些公共方法
}
```

```java
import java.util.Hashtable;
public class ConcreteMediator extends Mediator {//定义具体中介类
    protected Hashtable <String, Colleague > colleagues = new Hashtable <String, Colleague
>();//定义一个容器来包含所有参与通信的对象
    @Override
    public void register(Colleague colleague){ //将参与通信的对象加入容器
        if (! colleagues.contains(colleague)){
            colleagues.put(colleague.getKey(), colleague);
        }
    }
    @Override
    public void operation(String key) {
        //实现对目标对象方法的调用，可以增加其他的一些处理过程
        colleagues.get(key).otherMethod();
    }
}

//定义具体同事类
public class ConcreteColleague extends Colleague {
    public ConcreteColleague(Mediator mediator, String key) {
        super(mediator, key);
    }
    @Override
    public void method(String key) {
        mediator.operation(key);//通过中介者与其他对象交互
    }
    @Override
    public void otherMethod() {
        System.out.println(key + " working..." );
    }
}
public class Test {
    public static void main(String[] args) {
        Mediator mediator = new ConcreteMediator();
        String key1 = "object1", key2 = "object2";
        ConcreteColleague CC1 = new ConcreteColleague(mediator, key1);
        mediator.register(CC1);
        ConcreteColleague CC2 = new ConcreteColleague(mediator, key2);
        mediator.register(CC2);
```

```
        CC1. method(key2);//CC1 对象通过中介者与 CC2 进行通信
        CC2. method(key1);
    }
}
```

5.4.6　备忘录模式

在不破坏封装的前提下，捕获一个对象的内部状态，并在该对象之外保存这个状态，这样可以在以后将对象恢复到原先保存的状态。在一个对象的生命周期当中，其状态是不断发生变化的，有些时候需要返回到对象之前的某个状态，比如在做文字编辑的时候，把某个段落的格式进行了修改，现在想放弃所做的修改，返回到修改之前的状态。

具体实现：

● 定义原发器类，这个类就是具体业务类，但比普通业务类增加了保存和恢复状态的方法；

● 定义备忘录类，这个类是和原发器类对应的，在原发器类中需要保存的属性，在这个类当中都应该有，并提供对应的访问器；

● 定义负责人类，这个类需要定义一个指向备忘录类的引用，并提供对这个引用的访问器，原发器类通过这个类访问备忘录类。

举例：

```java
public class Originator {//定义原发器类
    private String state;//原发器类中需要保存的状态
    public void setState(String state) {
        this.state = state;
    }
    public String getState() {
        return state;
    }
    public Memento saveMemento() {//将状态保存到备忘录类
        return new Memento(state);
    }
    public void restoreMemento(Memento memento) {//从备忘录类恢复保存的状态
        this.state = memento.getState();
    }
}
public class Memento {//定义备忘录类,其访问属性应保证只有原发器类能够访问
    private String state;
    public void setState(String state) {
        this.state = state;
```

```
    }
    public Memento(String state) {
      super();
      this.state = state;
    }
    public String getState() {
      return state;
    }
}
public class Caretaker {//定义负责人类
    private Memento memento;//指向备忘器类的引用，如果需要保存更多的状态，可以
定义成一个堆栈，但下面的方法要进行相应的修改
    public void setMemento(Memento memento) {
      this.memento = memento;
    }
    public Memento getMemento() {
      return memento;
    }
}

public class Test {
    public static void main(String[] args) {
      Originator originator = new Originator();
      Caretaker caretaker = new Caretaker();
      originator.setState("originatorstate");
      System.out.println("state =" + originator.getState() + "，这个值被保存");
      //新建的备忘录应该由负责人来进行管理，而不是有原发器类进行管理
      caretaker.setMemento(originator.saveMemento());
      originator.setState("otherstate");
      System.out.println("当前 state =" + originator.getState());
      //通过负责人来返回备忘录，不能直接访问
      originator.restoreMemento(caretaker.getMemento());
      System.out.println("被恢复以后的 state =" + originator.getState());
    }
}
```

5.4.7　观察者模式

　　定义对象间的一种一对多依赖关系，使得每当一个对象状态发生改变时，其相关依赖对象皆得到通知并被自动更新。在系统中存在这种情况，一个对象的状态发生变化时，可能会

有一组对象会随之变化，比如有一组反映数据状态的报表对象，如果对应数据对象的状态发生变化，那么对应的报表对象也应该随之变化。发生变化的对象被称为目标，随目标变化的对象被称为观察者。

具体实现：

- 定义目标接口，声明增加、删除观察者对象的方法以及通知方法；
- 定义具体目标类，继承目标接口，实现接口方法；
- 定义观察者接口，声明目标发生修改时的公共修改方法；
- 定义具体观察者类，继承观察者接口，实现接口方法；
- 如果目标在发生修改的时候需要向观察者传递参数，可以声明一个传递参数的类，在具体目标类中包含这个参数类，并在通知方法中将这个类作为参数传递给具体观察者类。

举例：

```java
public class Parameter { //定义参数类
    private String state;
    public void setState(String state) {
    this.state = state;
    }
    public String getState() {
        return state;
    }
}

public interface Subject { //定义目标接口
    public void add(Observer obs); //声明增加观察者方法
    public void remove(Observer obs); //声明删除观察者方法
    public void notify(Parameter param); //声明通知方法
    public void updateDate(String state);
}

public interface Observer { //定义观察者接口
    public void update(Parameter param); //声明发生修改是的公共方法
}

import java.util.ArrayList;
public class ConcreteSubject implements Subject { //定义具体目标类
    private ArrayList obsList = new ArrayList(); //用列表装载观察者对象
    private Parameter param = new Parameter(); //定义参数
    @Override
    public void add(Observer obs) {
        obsList.add(obs);
    }
    @Override
```

```
public void remove(Observer obs) {
    obsList.remove(obs);
}
@Override
public void notify(Parameter param) {
  for (Object obs:obsList) { //遍历观察者列表中的对象,并调用更新方法
    ((Observer)obs).update(param);
  }
}

//具体目标类的一些工作,发生修改时调用通知方法
@Override
public void updateDate(String state) {
    param.setState(state);
    notify(param);
}

}
public class ConcreteObserver implements Observer {
    @Override
    public void update(Parameter param) {
        System.out.println("观察者说:" + param.getState());
    }

}
public class Test {
    public static void main(String[] args) {
        Subject subject = new ConcreteSubject();
        Observer observer = new ConcreteObserver();
        subject.add(observer);
        subject.updateDate("something happend");
    }

}
```

5.4.8 状态模式

允许一个对象在其内部状态改变时改变它的行为,对象看起来似乎修改了它的类。在系统中存在有一些对象,当它的状态发生变化的时候,其行为将会发生很大的变化,比如人的行动,当他是婴儿的时候使用四肢爬行,而长大后是直立使用两条腿走路,当步入老年后就需要拄着拐杖走路了。对此有两种解决方案,第一种是在行走这个方法中通过条件判断来决定他现在处于哪个年龄段,采用哪种行走方式;另外一种则是将年龄从人这个对象中分离出来,对不同的年龄段设置不同的状态类,每个状态类决定自己的行走方式,很明显后一种具

有更好的可读性和可扩展性，这也就是状态模式。

具体实现：

• 定义一个环境类，这个类是具体业务类，定义一个指向抽象状态类的引用，并实现相关业务的方法；

• 定义一个抽象状态类，这个类包含了具体业务对象的所有状态属性（不是业务对象的所有属性，而是与状态相关的部分属性）以及一个指向环境类的引用，同时声明与状态相关的业务方法；

• 定义具体状态类，这些类继承抽象状态类，实现业务方法。

举例：

```java
public class Context {//定义一个环境类
    private AbstractState state;//定义一个指向抽象状态类的引用
    public void setState(AbstractState state) {
        this.state = state;
    }
    public AbstractState getState() {
        return state;
    }
    public void operation() {//通过调用状态类的方法实现相关业务方法
        state.operation();
    }
}
public abstract class AbstractState {//定义一个抽象状态类
    protected Context context;//定义一个指向环境类的引用
    private String statevalue;//一些状态属性的定义和访问
    public void setStatevalue(String statevalue) {
        this.statevalue = statevalue;
    }
    public String getStatevalue() {
        return statevalue;
    }
    public abstract void operation();//与状态相关的业务方法
    public abstract void checkstate();//处理状态转换的方法
}
public class ConcreteStateA extends AbstractState {//定义具体状态类
    public ConcreteStateA(Context context) {
        this.context = context;
        this.setStatevalue("状态 A");
    }
}
```

```
    @ Override
    public void operation( ) {    //实现具体与状态相关的业务方法
      //在业务处理过程中可能会改变状态属性的值，因此需要调用状态转换方法
        System. out. println( " 现在是在" + this. getStatevalue( ) + " 当中执行 operation( )
操作");
        checkstate( );
    }
```

//每个状态向其他状态的转化存在不同的可能，因此每个具体状态子类的实现可能是不一样的，如果是同样的处理，可以把这个方法放到父类当中实现

```
    @ Override
    public void checkstate( ) {
        System. out. println( "操作前 context 是:" + context. getState( ). getStatevalue( ));
          context. setState( new ConcreteStateB( context));
        System. out. println( "操作结束后是:" + context. getState( ). getStatevalue( ));
    }
}
public class ConcreteStateB extends AbstractState {    //再定义一个具体状态类
    public ConcreteStateB( Context context) {
        this. context = context;
        this. setStatevalue( "状态 B");
    }
    @ Override
    public void operation( ) {
        System. out. println( " 现在是在" + this. getStatevalue( ) + " 当中执行 operation( )
操作");
        checkstate( );
    }
    @ Override
    public void checkstate( ) {
        System. out. println( "操作前 context 是:" + context. getState( ). getStatevalue( ));
        context. setState( new ConcreteStateA( context));
        System. out. println( "操作结束后是:" + context. getState( ). getStatevalue( ));
    }
}
public class Test {
    public static void main( String[ ] args) {
        Context context = new Context( );
        AbstractState state = new ConcreteStateA( context);
```

```
        context. setState( state) ; //环境类的当前状态是 ConcreteStateA
        context. operation( ) ; //执行后, 环境类的当前状态是 ConcreteStateB
        context. operation( ) ; //执行后, 环境类的当前状态是 ConcreteStateA
    }
}
```

5.4.9　策略模式

定义一系列算法, 将每个算法封装起来, 并让它们可以相互替换。在系统当中同一问题可能存在有不同的解决方案, 对这些解决方案的选择有两种处理方案, 第一种是将它硬编码到代码当中, 通过分支判断来选择其中的一种; 第二种是可以考虑通过配置文件的方式, 由配置文件决定到底采用哪种解决方案。如果需要改变解决方案或者增删解决方案, 第二种方式要更简单一些。比如对于排序算法的选择。

具体实现:

●定义一个环境类, 这个类是具体业务类, 定义一个指向抽象策略类的引用, 并实现相关业务的方法;

●定义一个抽象策略类, 可以是接口也可以是抽象类, 声明相关业务方法;

●定义具体策略类, 继承抽象策略类, 实现业务方法。

举例:

```java
public class Context { //定义一个环境类
    private AbstractStrategy strategy; //定义一个指向抽象策略类的引用
    public void setStrategy( AbstractStrategy strategy){
        this. strategy = strategy;
    }

    public void operation( ){ //通过调用策略类的方法实现相关业务方法
        strategy. operation( );
    }
}

public abstract class AbstractStrategy { //定义一个抽象策略类
    public abstract void operation( ); //声明业务方法
}

public class ConcreteStrategy extends AbstractStrategy { //定义具体策略类
    @ Override
    public void operation( ) { //实现业务方法
        System. out. println(" 在这里做了一些事情" );
    }
}

public class Test {
```

```
public static void main(String[] args) {
    Context context = new Context();
    AbstractStrategy strategy = new ConcreteStrategy();
    context.setStrategy(strategy); //将相关策略注入环境类
    context.operation();
  }
}
```

5.4.10 模板方法模式

定义一个操作中算法的骨架，而将一些步骤延迟到子类中，模板方法使得子类可以不改变一个算法的结构即可重新定义该算法的某些特定步骤。在系统中有一些业务的操作步骤是一样的，但是根据业务的不同存在有一些步骤的具体做法不同的情况，比如做贷款业务，基本步骤是：提出申请、银行审核、发放贷款、还款、结清贷款，可以注意到在还款的时候存在有两种不同的类型：等额本金和等额本息。把基本步骤称为模板方法，具体的提出申请这些称为基本方法。

具体实现：
- 定义一个抽象类，定义模板方法，声明或定义基本方法；
- 定义具体子类，继承抽象类，根据需要实现或覆盖基本方法。

举例：

```
public abstract class AbstractClass { //定义一个抽象类
    public void templateMethod() { //定义模板方法
        primitiveOperation1();
        primitiveOperation2();
    }
    public void primitiveOperation1() { //定义一个基本方法
        System.out.println("执行方法1");
    }
    public abstract void primitiveOperation2(); //声明一个基本方法
}
public class ConcreteClass extends AbstractClass { //定义具体类
    @Override
    public void primitiveOperation2() { //实现基本方法
        System.out.println("执行方法2");
    }
}
public class Test {
    public static void main(String[] args) {
```

```
        AbstractClass context = new ConcreteClass( );
        context. templateMethod ( );
    }
}
```

5.4.11 访问者模式

表示一个作用于某一对象结构中的各元素的操作，它使我们可以在不改变各元素类的前提下定义作用于这些元素的新操作。在系统中存在这样一类数据集合，集合中的元素不属于同一个类型(一般都希望它们是同一类型，这样操作起来方便一些，但事实上很多时候会出现这些元素的父类型是一样的，但子类型不同的情况)，同时操作这些元素的访问者因为不同的业务需求可能存在有不同的处理方式。比如购物网站中的购物车，购物车是一个数据集合，里面可能会有实物商品，也可能会有虚拟商品，同样的购物车所面对的对象也有所不同，一类是购买者，另一类是商户，对购买者而言他对商品的行为有购买、退货的行为，而对于商户可能是因为商品改价需要通知购买者。

具体实现：

• 定义一个抽象访问者，可以是接口也可以是抽象类，为每个具体元素类声明一个访问方法；

• 定义具体访问者，继承抽象访问者，实现该访问者对具体元素类的具体访问方法；

• 定义一个抽象元素，可以是抽象类也可以是接口，声明一个以抽象访问者为参数的访问方法；

• 定义具体元素类，继承抽象元素，定义具体元素的业务操作方法，实现访问方法；

• 定义对象结构类，用于存放具体元素对象，提供遍历内部元素的方法及增删对象方法。

举例：

```
public abstract class Visitor {//定义抽象访问者
    //通过重载的方式访问不同类型的元素
    public abstract void visit( ConcreteElementA elementA);
    public abstract void visit( ConcreteElementB elementB);
}
public class ConcreteVisitor extends Visitor {//定义具体访问者
    @ Override
    public void visit( ConcreteElementA elementA) {
        elementA. operationA( );//通过具体元素类提供的方法操作具体元素
    }
    @ Override
    public void visit( ConcreteElementB elementB) {
        elementB. operationB( );//通过具体元素类提供的方法操作具体元素
```

```
        }
    }
    //定义抽象元素接口，如果具体元素还需要继承其他类用接口更好一些
    public interface Element {
        public void accept(Visitor visitor);  //声明访问方法，抽象访问者是参数
    }
    public class ConcreteElementA implements Element {
        @ Override
        public void accept(Visitor visitor) {  //定义具体元素类
```

//采用"双重分派"的调用机制，把自己作为参数传递给调用者，调用者在 visit
方法中又以自己为出发点，调用自己的处理方法，这样在增加新的访问者的时候就不需要
修改具体元素类的代码。

```
            visitor.visit(this);
        }
        public void operationA() {  //具体元素类自身的业务方法
            System.out.println("ConcreteElementA 执行中");
        }
    }
    public class ConcreteElementB implements Element {  //再定义一个具体元素类
        @ Override
        public void accept(Visitor visitor) {
            visitor.visit(this);
        }
        public void operationB() {
            System.out.println("ConcreteElementB 执行中");
        }
    }
    import java.util.ArrayList;
    import java.util.Iterator;
    public class ObjectStructure {  //定义对象结构类，就是具体元素对象的集合
        private ArrayList<Element> list = new  ArrayList<Element>();  //存放具体元素
对象
```

//提供一个遍历方法，访问集合中的每个对象，对象访问通过调用具体元素对象的
访问方法实现

```
        public void accept(Visitor visitor) {
            Iterator<Element> i = list.iterator();
            while (i.hasNext()) {
                ((Element)i.next()).accept(visitor);
```

```
        }
    }
    public void addElement(Element element) { //将元素加入对象集合
        list.add(element);
    }
    public void removeElement(Element element) { //从对象集合删除一个元素
        list.remove(element);
    }
}
public class Test {
    public static void main(String[] args) {
        Visitor visitor = new ConcreteVisitor();
        ObjectStructure os = new ObjectStructure();
        Element elementA = new ConcreteElementA();
        os.addElement(elementA);
        Element elementB = new ConcreteElementB();
        os.addElement(elementB);
        System.out.println("开始执行...");
        os.accept(visitor);
    }
}
```

5.5　实践指导

设计模式是前人在不断实践过程中所总结出来的关于面向对象系统分析、设计的方法论，掌握设计模式有助于提高面向对象分析、设计的质量。要掌握设计模式首先必须要理解面向对象的 7 个设计原则；其次通过分析采用设计模式设计的架构代码来理解不同设计模式的思想和应用场景，比如可以对 SSH 架构进行分析，从中就能够发现很多设计模式的应用，两者也是相辅相成的，通过架构分析可以知道设计模式是怎么回事，通过设计模式可以理解架构设计的思想，从而更好地掌握架构的使用；最后是实践、实践、再实践。

在面向对象设计中不要刻意地去套用某个设计模式，这是初学者常犯的错误，每个设计模式都有其适合的范围，初学者需要记住这些模式的使用场景，在具体设计的时候，特别是在做初步设计的时候不用去理会这些设计模式(有两种情况，一种是对设计模式已经有深入理解，并且能够熟练地应用，在这种情况下会不自觉地在设计的时候去套用这些模式；另一种是对于初学者，如果一开始就纠结于这些设计模式的使用，非但不能把系统分析设计好，相反会像"邯郸学步"一样不知道如何下手，这个时候更应该关注的是系统本身的问题解决)；在完成初步设计后，在精化的过程中再来考虑是否需要使用设计模式做进一步的优化，此时的注意力将从系统的业务分析转向系统的具体实现，这样保证了系统实现的业务方向不会有错误，在具体实现时，即使有偏差也不会导致大的问题出现。

　　当决定在精化过程中采用设计模式进行优化的时候，首先需要思考的问题是在初步设计中所得到的这些具体类有没有明显违反面向对象设计原则的地方，如果有，就确定这个类的应用场景，并与设计模式所对应的场景进行匹配，在匹配这个场景的若干设计模式中挑选一个设计模式，并按所选择的设计模式对类进行重构，之后再检查重构后的方案能否解决违反设计原则的问题，如果能解决继续分析下一个类，不能解决就再选一个设计模式。

　　当所有类都基本符合设计原则（有些时候不能要求全部符合）之后再对所有的类梳理一遍，这时候所关注的重点是：是否有创建型设计模式的应用场合，比如在面向对象中的任务管理设计可能就有创建型设计模式应用的地方，如果有同样的选择一个创建型设计模式，对具体类进行重构。

　　设计模式的掌握是一个不断训练的过程，随着应用程度的加深，对设计模式的理解也能够不断的加深。要记住不采用设计模式同样能够完成系统，采用设计模式在能够优化系统设计的同时也有可能破坏系统设计。

第 6 章　软件质量保证

　　任何一个优秀的软件产品质量都是良好的，质量良好并不代表软件产品中不存在 BUG，试图将软件产品中的所有 BUG 全部清除再进行发布的努力是无效；BUG 仅是软件产品质量的一个方面，衡量软件产品质量的指标还有其他很多种。

　　测试是保障软件质量的过程之一。软件质量保证是一项贯穿软件生命周期全过程的工作，因此需要建立全面质量管理的观念，并在软件项目实施过程中贯彻执行。

6.1　质量与全面质量管理

　　质量是产品或服务满足明示或暗示需求能力的特性和特征的集合，即质量是以用户需求为导向的，满足现有及潜在客户当前或未来的需求和期望，并能够得到持续改进。产品质量对于企业的重要性是毋庸置疑的，生产质量好的产品，满足社会和公众的需求是企业的社会责任之一，同时也是企业能够长久生存的基础。

　　质量和用户的体验相关，用户体验与其所处的社会经济地位相关。在物质匮乏的时代，质量可能仅仅是结实耐用，而不需要去关心其他的因素。但随着社会经济的不断发展，物质生活的日益丰富，质量所需要考虑的因素就更多了，比如舒适性、美观性等。社会经济发展所带来的另一个趋势是产品细分市场的出现，同样的产品在不同的细分市场之上的表现是不一样的，此时对于产品质量的需求就需要向前追溯到产品的设计理念。设计理念需要明确产品是为了适合大众消费，还是为了迎合小众的需求，在明确了设计理念后应该根据不同的市场需求来确定产品的设计。

　　从最初的产品设计理念、产品设计蓝图到最终消费者使用产品，中间还有产品生产、仓存、物流、销售等诸多环节，每一个环节都对产品质量的最终形成起到关键的作用，比如一个非常优秀的产品设计，但是生产过程粗制滥造，可以想象最终的产品会是如何；同样一个优秀的设计和一个优秀的产品制造过程，但制成品像垃圾一样丢在露天不加任何保护措施的存放，最终到达消费者手上又会如何。因此对于产品质量的管理并不仅仅只是针对最终的制成品，而是需要对产品的全生命周期进行管理。

　　图 6-1 朱兰质量曲线说明了一个产品的生命周期，同时也说明了一个产品的质量是如何获得提升的。任何一个产品都是顺应需求而产生的，因此产品生命周期是从市场研究开始，通过市场研究发现市场需求，从市场调研所获得需求很多时候并不会明确指向某一个产品，此时就需要对需求进行甄选，从中明确某一个具体产品需求，这个过程就是产品开发。确定具体产品需求后就可以进行产品设计，产品设计过程是将产品开发所得到的概念性产品具体化的过程，由此可以得到具体的产品设计。同样的产品可以根据不同细分市场的需求进

一步分化出不同的产品规格，就如同一个品牌的汽车可以有不同的配置而有不同的型号一样。如果一个产品就只有一种规格那么可以跳过此步，直接进入到工艺设计的阶段。工艺设计是将产品生产的过程明确化，一个产品并不是一步就能够完成的，其生产过程是由若干个步骤完成。工艺设计需要制定出产品生产的流程。流程当中每阶段的加工方法、检验方法等，工艺设计的结束代表产品设计阶段的结束，可以开始投入生产。生产过程从采购开始，采购包括原材料、加工设备、厂房、人员等一系列为开展正常生产过程的物质购买和人员招聘活动，采购所得到的物资和人员将为开始正式生产而进行环境的准备，包括设备安装、调试、试生产等。当最终生产环境建立之后就可以开始产品的正式生产，在生产过程中的每道工序（前面工艺设计中所说的生产步骤）都需要进行相应的检测，以保障零部件的生产质量能够达到产品设计和工艺设计的要求，在这个过程中存在工艺调整的可能，原始的工艺设计可能并不是最优的，在生产过程中应该根据实际情况进行调整、优化。生产结束后所得到的制成品需要进行最后的检验和测试。合格品才能够进入到市场进行销售，此时产品的生产阶段结束，最后产品将进入销售和服务阶段。产品销售给消费者是这个周期的第一步，完成销售以后需要向消费者提供售后服务，很多时候因为售后服务的欠缺导致产品销售不畅。至此一个产品的周期结束。

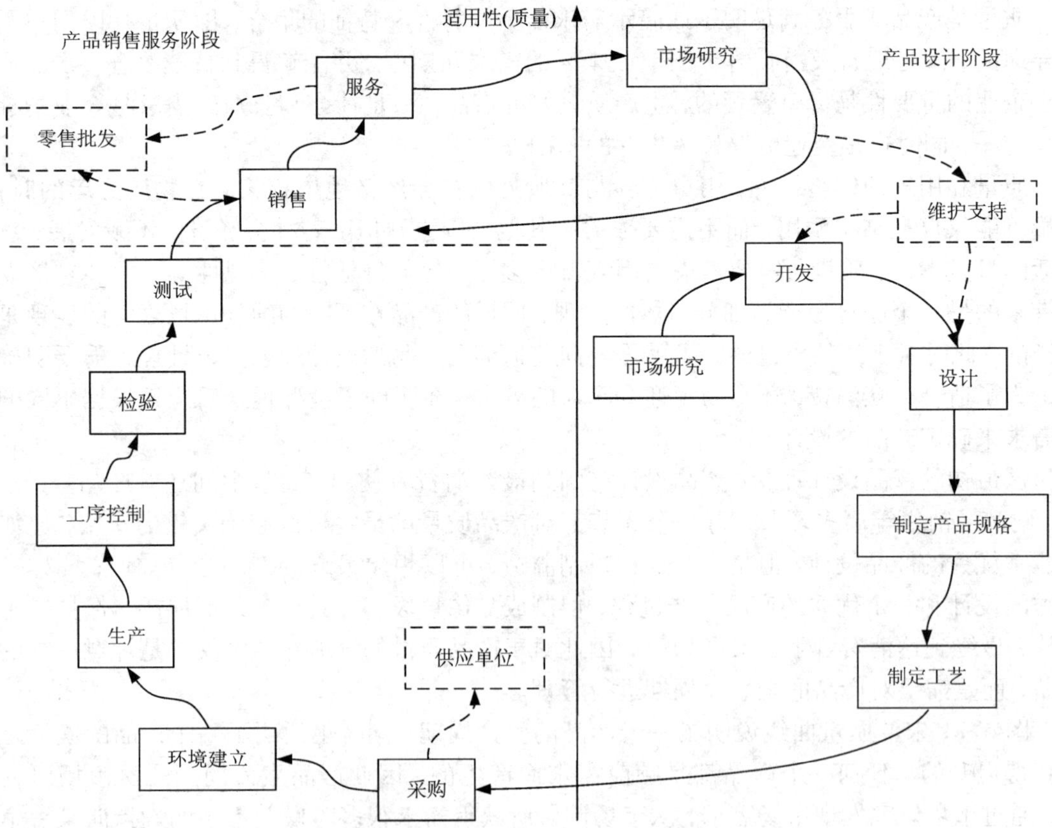

图 6-1　朱兰质量曲线

当一个产品周期结束后，企业有两种选择：第一种是就此止步，选择就此止步的原因有很多，其中因为质量导致销售不能够达到预期效果是一项主要原因；第二种是在此产品的基础上进一步改进，改进的目标不仅包括产品需求的改进，同时也包括质量的改进，很多企业在产品投放市场之初会采用小规模试生产的方式来检验产品，这种做法的好处是可以避免前期的大规模投入因为产品滞销带来损失，也可以将质量问题控制在一个小范围内，并且可以得到用户快速反馈以改进质量；缺点是从小规模试生产到大规模正式生产的过渡期间，产品的质量波动不可避免，因此需要采取一定的措施使得这种波动造成的影响最小。

从产品全生命周期管理的角度来看待用户，此时的用户就不仅仅只是指最终的产品消费者（最终消费者虽然对一个产品而言非常重要，但在一个产品周期中仅处在最后销售和服务两个阶段），它将包括产品的所有相关利益方，从产品生产过程角度，在产品设计、生产的周期中所有的参与者都可以视为用户，下一工序的生产者是上一工序产品的消费者；从产品消费过程的角度，生产者为消费者提供产品，消费者在使用产品的过程中可以将使用体验传递给其他消费者，也可以反馈给生产者。

生产者获得消费者的反馈有利于产品的改进，任何产品不论是设计、生产还是其他方面服务都不可能在最初的阶段做到完美，总会有这样或那样的瑕疵和纰漏存在，比如在生产过程中我们说下一工序的生产者是上一工序产品的消费者，既是站在消费者的角度也是站在生产者的角度，站在生产者角度，为了使下一工序能够顺利的开展，他必须要提供质量满意的产品；站在消费者角度，为了能够更好的使用产品，他需要根据实际的需要向上一工序的生产者提出改进的建议，产品质量就是在这种不断反馈、改进的过程中得到不断提高，这种质量反馈改进的机制必须要有相关制度的保证，这种制度就是全面质量管理。

全面质量管理的实施首先是观念，之后是制度，最后是执行。观念代表了人的思想认识和行为方式，实施全面质量管理要求全员（包括消费者，可以是主动的，比如我们在使用一些软件的时候，需要对软件做出评价，评价行为就是主动的，也可以是被动的）参与，而不仅仅是与产品设计、生产、销售直接相关的人员，比如企业的管理人员，在全面质量管理中不仅仅是制度的制定者和监管者的角色，同时也是参与者的角色，他必须为一线人员提供相关的服务，以保证生产过程能够正常的开展，他提供的服务同样也是一种产品。在全员参与的基础上，就是全员质量意识的形成，每个人都应具备相关质量的概念、了解质量管理过程，掌握正确的质量保证方法和手段，并具备持续改进的思想。观念的形成是一个实践和教育的过程，不能够期望一蹴而就。

有了全面质量管理的观念并不能保证在实施时就会按照质量管理的理念开展管理和生产活动，必须要通过制度来规范行为，制度代表了一种行为准则，全面质量管理制度包括质量标准、质量保证过程以及反馈评价机制等。质量管理经历过从事后质量管理到全面质量管理的演化过程。所谓事后质量管理是指在产品生产过程结束后，对所生产的成品进行检验，检查其是否达到相关的产品质量标准，在产品相对简单的时候这种质量管理方法是适用的，但随着产品复杂度的提高，事后检查已经不能够满足产品质量的要求，比如制造一辆汽车，如果所有的检查都是在一辆汽车已经下线之后再进行，那么一切都为时已晚，因此，质量管理的重心就逐步从结果管理转向过程管理，过程管理是全面质量管理的核心，在产品生命周期的全过程中可以设置若干检查点，每个检查点代表了产品生命周期的一个阶段，每个阶段都有对应的质量标准和检查方法，只有符合质量标准的半成品才能够流入下一个生产环节。

质量标准和检查方法并不是万能的，这与人们的经验和认识有关系，任何人都无法做到面面俱到，这样质量标准和检查方法当中就一定存在不完善的地方，因此需要有相应的反馈评价机制，任何一个环节都应具有向上一环节（也可以是更高层次）反馈质量改进建议的职责，但是反馈评价机制并不代表所反馈的问题一定要得到改进，其原因不仅在于问题本身是否正确，更重要的内在原因是质量成本，任何质量改进包括质量管理都是有成本的，质量成本包括损失成本（内部损失＋外部损失）、检验成本和预防成本，如果投入质量成本与由此所获得的收益的差值为负，很多企业就会选择不进行改进，比如一个普通的成衣作坊聘请阿玛尼的设计师来改进成衣设计的品质，是否就能够达到预期的收益呢？

通过全面质量管理提升产品质量的核心是人，关键是执行，执行牵涉到两方面的问题：落实制度和执行力。落实制度需要建立相应的质量管理机构。与质量管理的变迁一样，质量管理机构最初的工作核心是对成品的抽样检查，利用数理统计的方法来管理产品质量，但随着全面质量管理的开展，其工作重心已经从成品的检测转移到全面质量管理制度的执行保障和部门间协调，其工作覆盖面也从生产环节的尾端延伸到企业管理的方方面面。

有了质量管理机构，有了全面质量管理的制度，有了具有全面质量管理观念的人不一定能够做好全面质量管理工作，仅仅只能说有了这些就具备了开展全面质量管理工作的基础，具体执行效果的优劣取决于具体执行人的执行，这也就是所谓的"执行力"，比如一个生产者他确实是具有质量的观念，也确实是希望把产品质量提高，但是他本身的技术能力不足以让他完成此项工作，而企业又找不到可以替代的人（这种情况是经常发生的），此时就算有质量管理机构，有质量管理制度也无济于事。

实施全面质量管理必然要伴随生产者（包括管理者）素质的全面提高，而且实施全面质量管理的程度一定是要和企业综合能力相匹配，揠苗助长式的全面质量管理非但不能够提升产品质量、提升企业的综合竞争能力，相反将会把企业带入绝境。比如6西格玛模型定义了6个层次的质量管理水平：

6个西格玛＝3.4失误/百万机会：意味着卓越的管理，强大的竞争力和忠诚的客户；

5个西格玛＝230失误/百万机会：优秀的管理、很强的竞争力和比较忠诚的客户；

4个西格玛＝6210失误/百万机会：意味着较好的管理和运营能力，满意的客户；

3个西格玛＝66800失误/百万机会：意味着平平常常的管理，缺乏竞争力；

2个西格玛＝308000失误/百万机会：意味着企业资源每天都有三分之一的浪费；

1个西格玛＝690000失误/百万机会：每天有三分之二的事情做错的企业无法生存。

很多企业都是停留在3个、4个西格玛水平的层次，达到6个西格玛层次的企业凤毛麟角，一般都是行业翘楚。而初创企业一般都在1个、2个西格玛的层次。

当然这也不是说企业不能够向更高方向去努力，质量管理本身就是一个螺旋式上升的过程，如果将质量管理比作产品，那么全面质量管理的执行过程，就是全面质量管理本身不断改进提升的过程，通过执行全面质量管理企业将不断的修正其行为模式，而员工也将在全面质量管理过程中得到提升。

6.2　软件质量模型

6.2.1　软件质量的定义

软件产品与其他工业产品之间存在有很大的差异,具体表现在:

- 软件是智力密集型产品,进行软件生产主要的投入是人力资源而不是设备,现代开发工具虽然提供了部分智能特性,但不能取代人的创造性劳动;
- 软件的生产过程是一个创作性的过程,而不是一个重复性劳动生产过程,重复性生产过程可以总结其规律,并提出诸如科学管理之类的管理方法,但创作性过程做不到;
- 软件是逻辑产品而不是实物产品,软件的功能只能依赖于硬件和运行环境,以及人们对它的操作,才能得以体现;
- 软件产品是在产品设计阶段结束后就直接进入到产品销售服务阶段,不存在中间的产品生产阶段;
- 软件的需求较之有形产品更加模糊,在整个产品周期中随时都可能面临需求的变化;
- 软件功能的实现存在着多样性,在同一个产品当中相同的功能可以有不同的实现,其他产品不存在这样的问题,相同功能的部件一定是标准实现的。

正因为软件产品与其他工业产品存在有上述差异,所以一般工业产品的质量定义和质量标准并不完全适用于软件产品,关于软件质量的定义有很多。

ANSI/IEEE Std 729—1983 定义软件质量为:"与软件产品满足规定的和隐含的需求的能力有关的特征或特性的全体。"其含义包括:

- 能满足给定需要的性质和特性的全体;
- 具有所期望的各种属性的组合程度;
- 顾客和用户觉得能满足其综合期望的程度;
- 确定软件在使用中将满足顾客预期要求的程度。

M. J. Fisher 将软件质量定义为:"所有描述计算机软件优秀程度的特性的组合。"

GB/T 6583—ISO 8402(1994)定义软件质量为:"反映实体满足明确和隐含需要的能力和特性总合"。

RUP 中,软件质量被定义为具有以下三个维度:功能(Functionality)、可靠(Reliability/Dependability)、性能(Performance)。

软件质量和一般产品质量类似,可以被定义为 3A 特性:可说明性(Accountability)、有效性(Availability)、易用性(Accessibility)。

软件质量还可以被定义为:客户满意度、一致性准则、软件质量度量、过程质量观。

总之,软件质量是软件一些特性的组合,它依赖软件的本身,可以从以下三方面来反映软件质量:

- 用户需求是度量软件质量的基础,不符合需求的软件不具备质量;
- 用户需求既有显式的需求也有隐式的需求,如果软件只满足那些精确定义了的需求而没有满足这些隐含的需求,软件质量也不能保证;
- 需要通过工程化的方式来开发软件,软件工程由一系列的规范化标准和开发准则构成，如果不遵守这些，软件质量就得不到保证。

6.2.2　软件质量指标

软件质量可以通过一组软件质量指标(也可以称为质量要素、质量特性)来进行说明，图 6-2 列举了常见的一些软件质量指标。

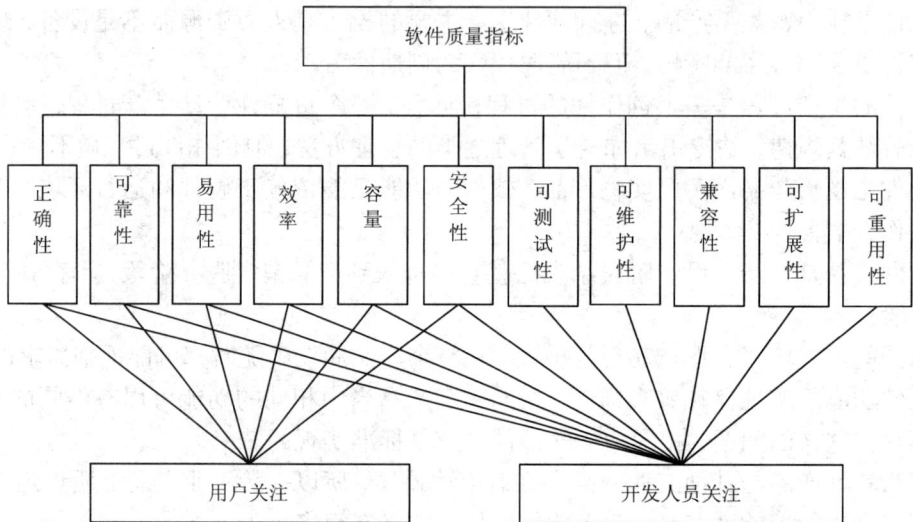

图 6-2　软件质量评价指标

- 正确性

对于任何一个软件产品而言，它总是具备有一定功能的，但这个功能是否满足客户的需求则不一定，因此软件质量指标的第一项也是最重要的指标就是：正确性。正确性指标反映了最后所得到的软件产品所提供的各种功能、用途与用户实际需求之间的契合度。一个与用户需求完全背道而驰的软件产品，即使它的功能再强，其他质量指标再高，也不可能满足用户需求，获得用户认同。

- 可靠性

这个指标代表软件产品在规定的条件下和规定的时间区间完成规定功能的能力。满足功能需求不代表软件产品在使用时不会出现错误，可靠性指标可以用平均故障率和平均缺陷 (BUG)率来进行衡量。一般情况下软件产品随着使用时间的延长，其故障率和缺陷率是逐步下降的，其原因在于随着软件产品使用时间的增加，用户对产品的熟悉程度提高，误操作的概率降低；同时在发生故障和发现缺陷的时候，开展了及时修复工作(打补丁)。

- 易用性

这个指标是指软件产品在指定条件下使用时，被理解、学习、使用和吸引用户的能力。可以分解为易理解性、易学习性、易操作性、吸引性、依从性等子指标。功能强大但操作复杂的软件产品很难被用户接受，尤其是对新产品，当用户面临具有相同功能的多个产品的时候，会直观的去选择那个操作并不复杂的产品，从 Apple 的产品广受欢迎就可以看出这一点，软件产品易用性提高带来的其他好处是：降低了培训的成本、减少了误操作发生的可能。

- 效率

这个指标反映了软件产品在完成某项功能时的耗费程度，包括 CPU、内存、存储设备、网络带宽和时间等，一般可以用响应时间（包括服务器响应时间、网络响应时间、客户端响应时间）、吞吐率、资源利用率、并发用户数等指标来进行度量。软件工程中衡量算法效率的两个指标：空间复杂度和时间复杂度，它们在一定程度上反映了产品的性能指标。性能有时会影响可靠性，比如网络带宽对文件传送的可靠性影响，用 100 M 的局域网和用 56 K 的 Modem 来传送同样文件，后者失败的概率要高于前者；性能同样也会影响软件产品的容量，同样的服务器，高性能的软件产品就会比一般性能的产品处理更多的服务请求。

- 容量

这个指标代表了在相同软硬件配置情况下，系统在其极限状态下没有出现任何软件故障或还能保持主要功能正常运行的能力。现代软件产品一般都是多用户产品，即产品同时向多人提供服务，比如 12306 订票系统，可能瞬间的访问量达到几百万甚至上千万。不同规模的访问量级，软件产品架构设计和算法实现的差异是非常巨大的。

- 安全性

这个指标代表了软件产品在受到攻击时的防范能力，在互联网时代不存在绝对隔离的软件产品运行环境，只要有可能与外界环境发生关系，就存在被攻击的可能，攻击的目标可能是软件产品本身，也可能是利用软件产品作为跳板攻击系统。

- 可测试性

这个指标代表了软件产品发现故障，定位、隔离故障的能力，即软件产品能够被测试的容易程度。可测试性主要包含可见性、可控制性、可操作性、可分解性、简单性和稳定性等，其中可见性是指被测软件的状态、数据输出、资源利用和其他影响能被准确地测试到，以决定测试是否通过，有些时候网络传输的数据以及后台计算的中间数据并不能被直观的观察到，这时候就需要通过诸如事务日志之类的工具进行记载，方便事后分析；可控制性指能向被测软件输入预期的数据，或修改它的状态，如一个应用程序有事件触发的阈值，能够设置和重新设置那些阈值可简化测试，比如对于网站的压力测试，实际测试不可能要求几万人同时操作。

- 可维护性

这个指标代表了维护人员对软件产品进行维护的难易程度，具体包括理解、改正、改动和改进软件产品的难易程度。可维护性不仅适用于最终发布的产品，同样也适合于中间产品，比如构件、类，很多时候软件产品的开发并不是从 0 开始，在有可能的情况下都会尽量利用已有的代码，并在已有代码的基础上根据新的需求进行修改。可维护性指标可以分解成可读性、可理解性、可追溯性、可改变性、可测试性等指标，其中可追溯性是指代码各部分之间的相互依赖程度，依赖越少，隔离性越强，则越容易追溯；可改变性是指对软件做出修改的容易程度，包括找到修改点的难度和修改是否会对软件的其他部分造成影响。

- 兼容性

这个指标是指软件产品从一个环境转移到另外一个环境下的能力，这些环境包括操作系统、数据库、软件环境、硬件环境等，比如企业账务系统最早可能是使用 MS Access 数据库，但随着业务量的增大需要迁移到 MS SQL Server 环境下面，此时是可以无缝的进行迁移还是需要重新设计账务系统，需要考虑。再举一个关于软件环境兼容性的例子，比如需要将数据输出到 Excel，此时是否对 MS Office 的版本有特殊要求。软件产品的兼容性越高意味着进行迁移的时候所需要付出的代价越低，但过度考虑兼容性会牺牲产品的性能。

● 可扩展性

这个指标反映了软件产品在增加新功能时的难易程度，在进行产品扩展时对原有系统的影响越小，代表软件产品的可扩展性越高，同时代表软件产品适应变化的能力越强。提出可扩展性指标的原因有几个：用户提出了新的需求，产品开发采用迭代模型或增量模型。需要注意的是软件产品的可扩展性实现是在系统分析与设计层面，而不是代码层面。

● 可重用性

这个指标反映了软件的整体或一部分能成为一个独立的软件包在其他软件项目中复用的能力，采用面向对象的分析和设计技术其中一个原因就是希望能够提高软件的复用能力，软件复用最小的单位是类，一般情况下单个类直接复用的情形并不多见，更多的是以构件的形式出现，一个构件是由多个类构成，能够独立完成某一功能。构件是软件体系结构设计成果。

除了上述软件质量指标以外，还有其他的一些指标可以用来说明软件质量，如可追溯性、自我描述性、文档质量等。图 6-2 也反映了另一个问题，对同一个软件产品不同角色的关注点存在一定的差异。

用户：关注软件产品的正确性、可靠性、易用性、效率、容量、安全性等指标；

开发人员：除了关注用户所关注的指标外，还会关注可测试性、可维护性、兼容性、可扩展性、可重用性等指标；

管理人员：除上述指标外，更加关注的是进度和成本。

6.2.3　软件质量模型

质量模型是指提供声明质量需求和评价质量基础的特性以及特性之间关系的集合。关于软件质量模型，业界已经有很多成熟的模型定义，比较常见的质量模型有 McCall 模型、Boehm 模型、FURPS 模型、Dromey 模型、ISO/IEC 9126 模型和 ISO/IEC 25010 模型。本书介绍 McCall 模型、Boehm 模型、ISO/IEC 9126 模型和 ISO/IEC 25010 模型。

1）McCall 模型

McCall 的软件质量模型（图 6-3），也被称为 GE 模型（General Electrics Model）。McCall 质量模型使用三个视角来定义和识别软件产品的质量：

● 产品修改（Product revision，ability to change）。

● 产品迁移（Product transition，adaptability to new environments）。

● 产品运行（Product operations，basic operational characteristics）。

McCall 模型被分为三层：

（1）质量要素，总共 11 种，描述软件的外部视角，也就是客户或使用者的视角，与前面介绍的软件质量指标基本相似。

⊗ 正确性：在预定环境下，软件满足设计规格说明及用户预期目标的程度。它要求软件"没有错误"；

⊗ 可靠性：软件按照设计要求，在规定时间和条件下不出故障，持续运行的程度；

⊗ 效率：为了完成预定功能，软件系统所需的计算机资源的多少；

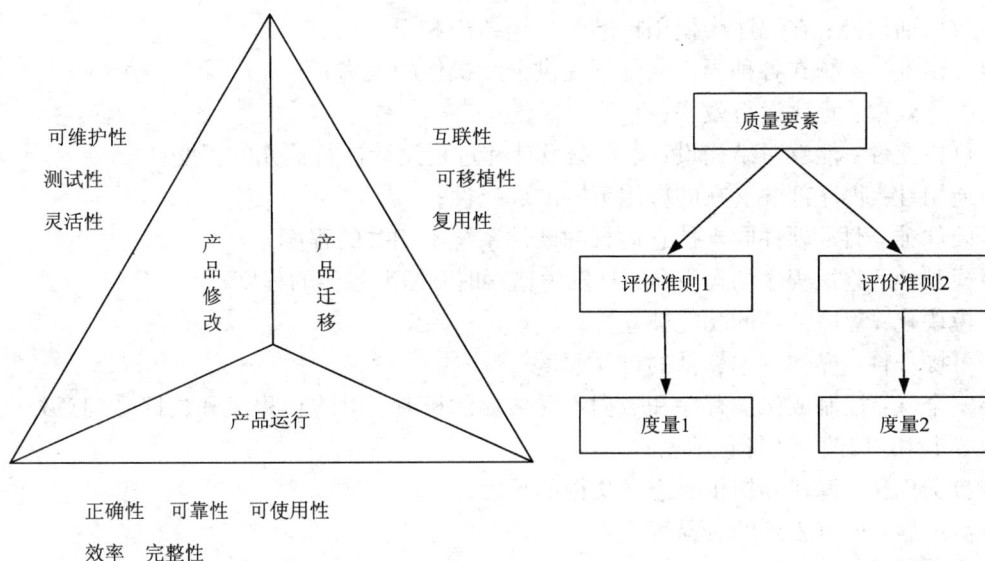

图 6 - 3　McCall 模型

⊛完整性：为了某一目的而保护数据，避免它受到偶然的，或有意的破坏、改动或遗失的能力；

⊛可使用性：对于一个软件系统，用户学习、使用软件及为程序准备输入和解释输出所需工作量的大小；

⊛可维护性：为满足用户新的要求，或当环境发生了变化，或运行中发现了新的错误时，对一个已投入运行的软件进行相应诊断和修改所需工作量的大小；

⊛可测试性：测试软件以确保其能够执行预定功能所需工作量的大小；

⊛灵活性：修改或改进一个已投入运行的软件所需工作量的大小；

⊛可移植性：将一个软件系统从一个计算机系统或环境移植到另一个计算机系统或环境中运行时所需工作量的大小；

⊛复用性：一个软件（或软件的部件）能再次用于其他应用（该应用的功能与此软件或软件部件的所完成的功能有联系）的程度；

⊛互连性：连接一个软件和其他系统所需工作量的大小。如果这个软件要联网，或与其他系统通信，或要把其他系统纳入到自己的控制之下，必须有系统间的接口，使之可以联结。互连性很重要。它又称相互操作性。

（2）评价准则，总共 21 种，描述软件的内部视角，也就是开发人员的视角。

⊛可审查性：检查软件需求、规格说明、标准、过程、指令、代码及合同是否一致的难易程度；

⊛准确性：计算和控制的精度，最好表示成相对误差的函数，值越大表示精度越高；

⊛通信通用性：使用标准接口、协议和频带的程度；

⊛完全性：所需功能完全实现的程度；

⊛简明性：程序源代码的紧凑性；

❖一致性：设计文档与系统实现的一致性；

❖数据通用性：在程序中使用标准的数据结构和类型；

❖容错性：系统在各种异常条件下提供继续操作的能力；

❖执行效率：程序运行效率；

❖可扩充性：能够对结构设计、数据设计和过程设计进行扩充的程度；

❖通用性：程序部件潜在的应用范围的广泛性；

❖硬件独立性：软件同支持它运行的硬件系统不相关的程度；

❖检测性：监视程序的运行，一旦发生错误时，标识错误的程度；

❖模块化：程序部件的功能独立性；

❖可操作性：操作一个软件的难易程度；

❖安全性：控制或保护程序和数据不受破坏的机制，以防止程序和数据受到意外的恶意的存取、使用、修改、毁坏或泄密；

❖自文档化：源代码提供有意义文档的程度；

❖简单性：理解程序的难易程度；

❖软件系统独立性：程序与非标准的程序设计语言特征、操作系统特征、以及其他环境约束无关的程度；

❖可追踪性：对软件进行正向和反向追踪的能力；

❖易培训性：软件支持新用户使用该系统的能力。

（3）度量，定义衡量指标和方法，与评价标准对应，在度量方法上有定量评价和定性评价两种。

在 McCall 模型中一个质量要素是由多个评价准则来进行评价，实践证明以这种方式获得的结果会有一些问题。例如，本质上并不相同的一些问题有可能会被当成同样的问题来对待，导致通过模型获得的反馈也基本相同。这就使得指标的制定及其定量的结果变得难以评价。表 6-1 反映了 McCall 模型中质量要素与评价准则之间的关系。

表 6-1　McCall 模型质量要素与评价准则的关系

准则 ＼ 要素	正确性	可靠性	有效性	完整性	可维护	可测试	可移植	可重用	互操作	可用性	灵活性
可审查性				*		*					
准确性		*									
通信通用性									*		
完全性	*										
简明性			*		*						*
一致性	*	*			*						*
数据通用性									*		
容错性		*									

续表 6 − 1

准则 ＼ 要素	正确性	可靠性	有效性	完整性	可维护	可测试	可移植	可重用	互操作	可用性	灵活性
执行效率			*								
可扩充性											*
通用性							*	*	*		*
硬件独立性							*	*	*		*
检测性				*	*	*					
模块化		*			*	*	*	*	*		
可操作性			*							*	
安全性				*							
自文档化					*	*	*				*
简单性		*			*	*					*
软件独立性							*	*			
可追踪性	*										
易培训性										*	

2）Boehm 模型

Boehm 模型（图 6 − 4）是由 Boehm 等在 1978 年提出来的质量模型，在表达质量特征的层次性上它与 McCall 模型是非常类似的。不过，它是基于更为广泛的一系列质量特征，它将这些特征最终合并成 19 个标准。Boehm 提出的概念的成功之处在于它包含了硬件性能的特征，这在 McCall 模型中是没有的。但是，其中与 McCall 模型类似的问题依然存在。

3）ISO/IEC 9126 模型

ISO/IEC 9126 模型（图 6 − 5）是建立在 McCall 和 Boehm 模型之上的，共分为三层：

- 高层：软件质量需求评价准则（SQRC）；
- 中层：软件质量设计评价准则（SQDC）；
- 低层：软件质量度量评价准则（SQMC）。

分别对应 McCall 等模型的要素、评价准则和度量。高层是从用户观点出发；中层是从开发者观点出发。ISO 认为应对高层和中层建立国际标准，以便在国际范围内推广软件质量管理，而低层可由各单位自行制定。ISO/IEC 9126 模型没有出现 McCall 模型和 Boehm 模型的要素与评价准则之间交叉关系。

ISO/IEC 9126 模型在高层从内部质量、外部质量的角度定义了六个质量特性：

- 功能性：软件是否满足了客户功能要求；
- 可靠性：软件是否能够一直在一个稳定的状态上满足可用性；
- 使用性：衡量用户能够使用软件需要多大的努力；
- 效率：衡量软件正常运行需要耗费多少物理资源；
- 可维护性：衡量对已经完成的软件进行调整需要多大的努力；

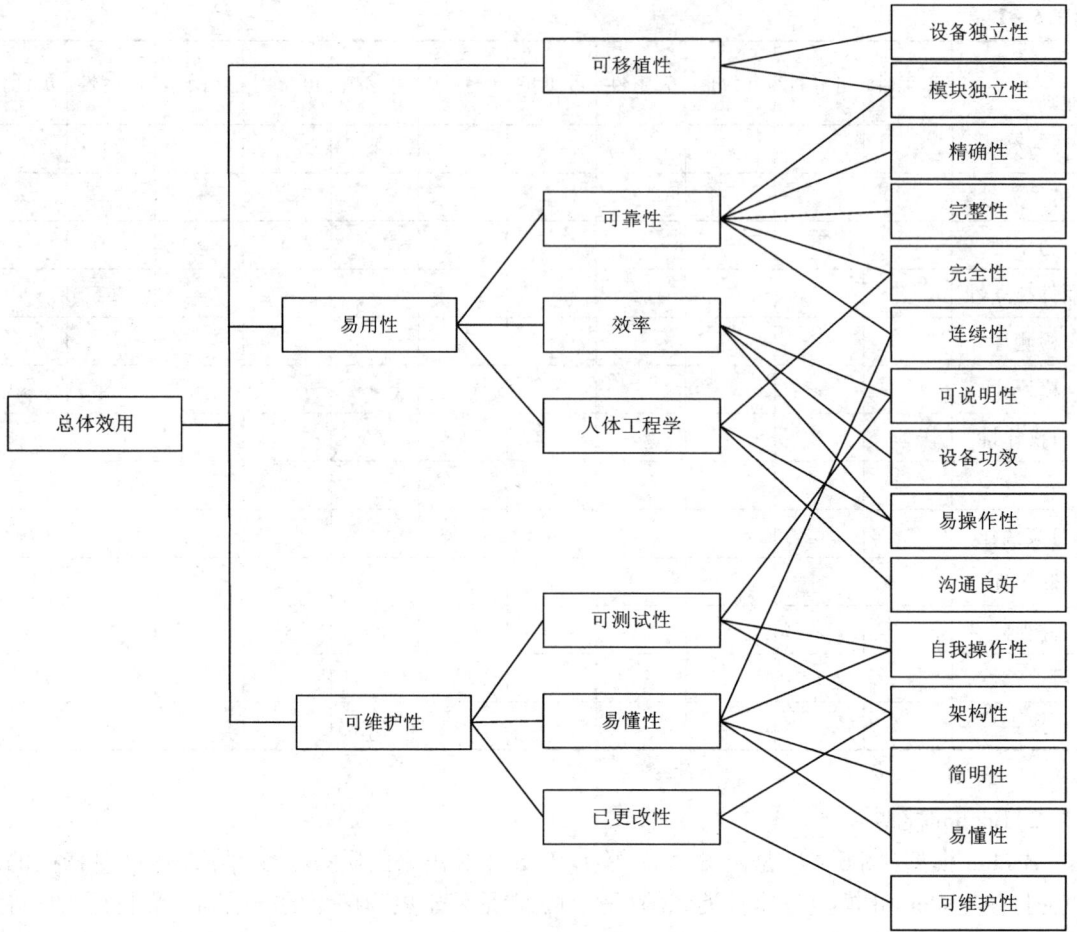

图 6 – 4 Boehm 模型

● 可移植性：衡量软件是否能够方便地部署到不同的运行环境中。

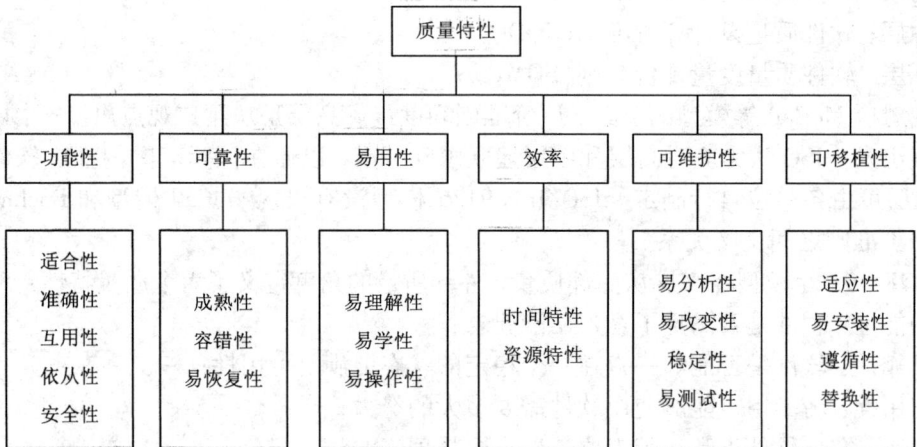

图 6 – 5 ISO/IEC 9126 模型

4) ISO/IEC 25010 模型

ISO/IEC 25010 模型是在 ISO/IEC 9126 模型的基础上推出的, 推出后 ISO/IEC 9126 模型被废止。ISO/IEC 25010 模型定义了 8 个质量特性, 见图 6 - 6 ISO/IEC 25010 模型质量特性。

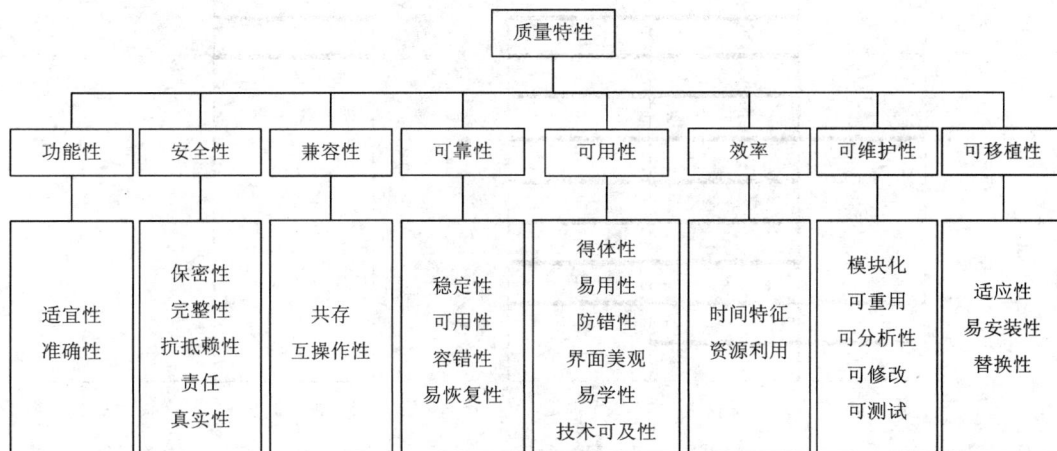

图 6 - 6　ISO/IEC 25010 模型质量特性

除了质量特性以外, ISO/IEC 25010 模型新增了软件使用质量, 使用质量是指: 在特定的使用环境中, 软件产品使得特定用户能达到有效性、生产率、安全性和满意度的特定目标的能力。包括五个特征, 见表 6 - 2 ISO/IEC 25010 模型软件使用质量。

表 6 - 2　ISO/IEC 25010 模型软件使用质量

特征	有效性	效率	满意度	风险防范	上下文
子特征	有效性	效率	有用 信任 快乐 舒适	经济风险防范 健康与安全风险防范 环境风险防范	语境完整性 灵活性

软件质量模型演变的过程反映了软件工程发展过程中软件规范的逐步完善, 在进行软件开发的时候应当遵循这些规范, 才能够在项目需求复杂多变的情况下, 保证软件产品的质量。

6.3　软件质量过程管理

图 6 - 7 反映了软件产品质量指标与产品周期之间的关系。可以看出除了可靠性、易用性指标还能够在售后服务(产品维护)阶段得到改进以外, 其他的指标基本上在需求定义和产品设计阶段就已经定型或者在后续阶段修改需要付出更大的代价。

从图 6 - 7 可以得出的一个结论是: 软件产品质量的保证并不仅仅只限于软件产品的编

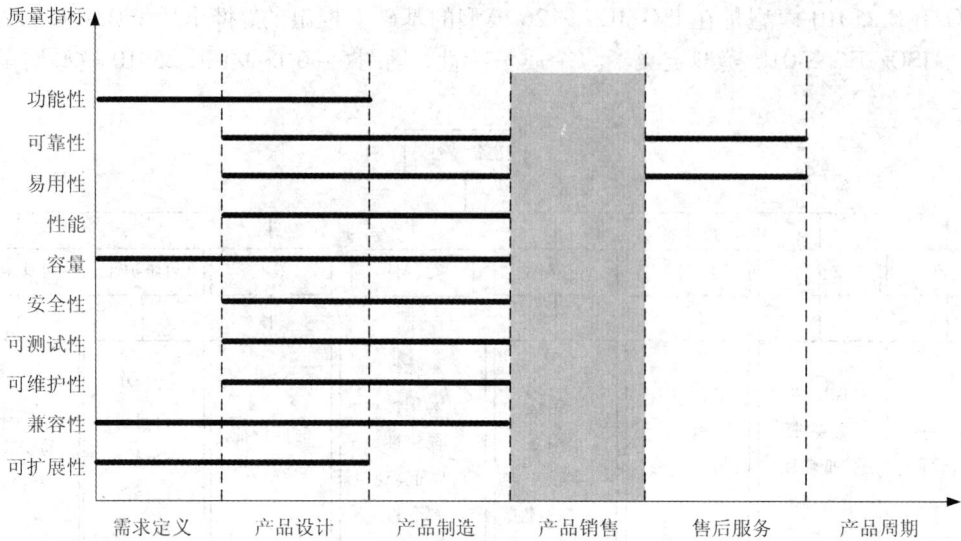

图 6-7 软件产品质量与产品周期关系

码(产品制造)阶段,事实上从需求定义阶段就已经开始,如果需求定义阶段没有准确的描述用户的实际需求,那么这个偏差将会从定义阶段一直延续到产品的交付,可以知道问题发现的时间越晚,改正问题所需要付出的代价越高。从统计数据的角度来看,软件质量问题中有90%以上是在需求定义和系统设计阶段产生的。因此软件产品质量保证是贯穿于产品的整个生命周期,必须在产品周期的每个阶段都予以重视,实施全面质量管理,才能够保证最终的软件产品质量。

6.3.1 软件质量保证体系

软件质量保证是一个系统性的工程,质量保证工作的开展不仅在于项目本身,更重要的是需要在一个组织的内部得到贯彻执行,图6-8说明了软件质量保证工作体系的完整工作结构和工作流程。

质量保证体系可以分为五个部分质量文化建设、质量组织,质量计划、质量控制和质量改进,其中:

(1)质量文化建设要求对全员进行质量意识、方法的培训,同时包括由此延伸的客户管理、合同管理、计划评审等方面的培训;

(2)质量组织是建立计划和实施质量保证过程的组织结构,并明确其工作职责,图6-9是某公司的软件质量管理组织结构图:

● 项目管理委员会:公司项目管理的最高决策机构,由公司总裁、副总裁组成,负责对公司项目的组织工作,对项目产生终止做出决策性判断;

● 项目管理小组:对项目管理委员会负责,由研发总监、开发经理、品质部成员等项目管理人员组成,由研发总监担任组长。负责将项目管理过程中的问题及时反馈给项目管理委员会,决策开发部门与其他部门之间的资源调配,通过周例会,协调解决项目出现的问题,

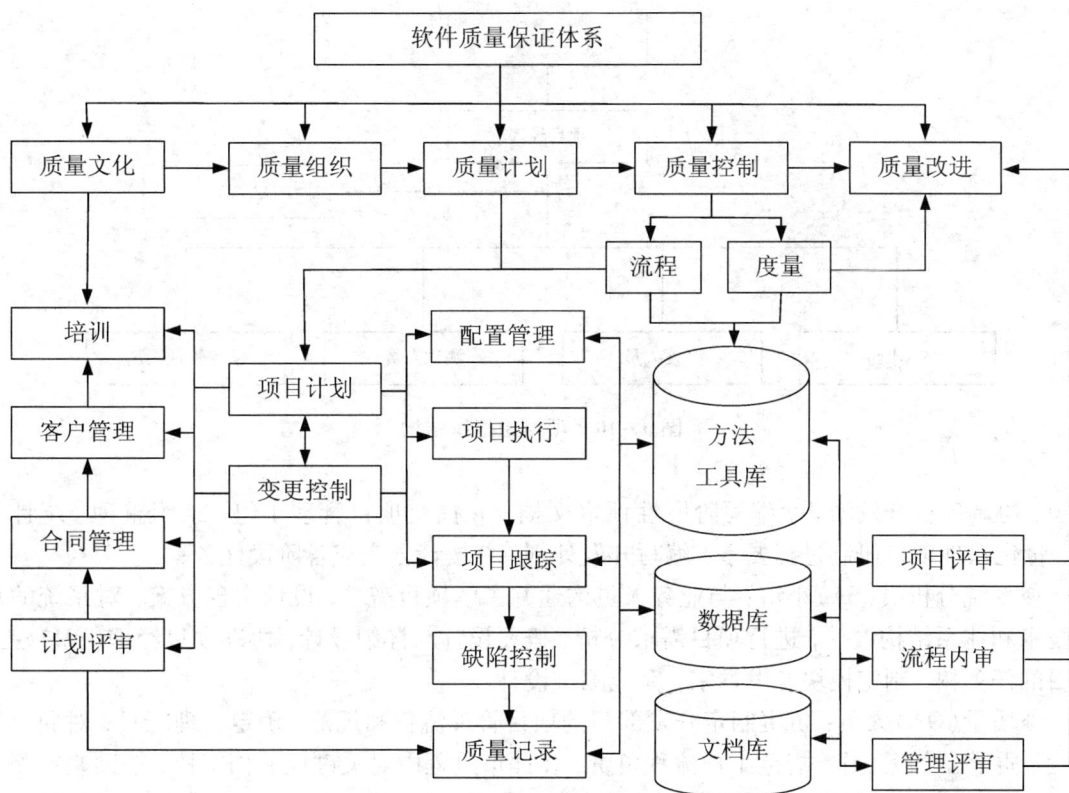

图 6-8 软件质量保障体系

图 6-9 某公司软件质量管理组织机构图

监督项目管理相关制度的执行，根据项目组提出的风险，实现解决；

• 项目评审小组：对项目管理委员会负责，属非常设机构，由提出评审的项目负责人、其他相关项目负责人、技术专家和市场专家组成。负责对项目可行性报告、市场计划和阶段报告、开发计划和阶段报告、项目总结报告进行评审；

• 软件产品项目组：对项目管理委员会负责，负责具体软件项目的开发。成员一般由开发人员构成，具体成员由项目管理小组提出，由项目经理担任项目组长，项目组成员含项目经理、SA 小组、QA 人员、开发人员、测试人员与配置管理人员（图 6-10）。其中：

◈项目经理：对整个项目全过程负责，组织、计划、协调、监督、控制项目进度和状态，

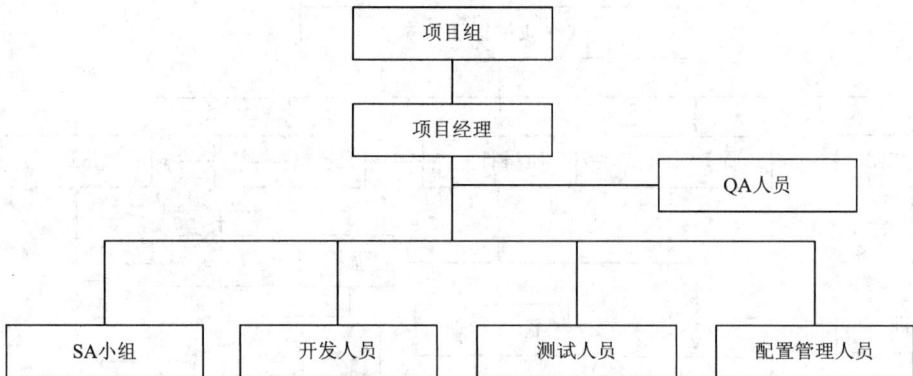

图 6 – 10　项目组组织结构

组织、协调项目开发团队，编写阶段性评审文档，并提交项目管理小组，组织整理、统计分析、量化软件项目研制过程要素，编写开发计划，并按计划完成各阶段任务；

⊗系统分析员（SA）小组：与业务人员沟通并了解项目需求，设计实现方案，对系统的总体技术和体系结构设计，进行项目需求分析、概要设计与详细设计，协助项目经理（PM）建立项目的任务树、制定模块开发卷宗，完成测试设计；

⊗质量（QA）人员：负责制定开发部门的项目管理流程和规范，确定管理工具，对项目的进度、质量、阶段工作、规范工作流程负责，在评审过程中对关键性文档审核，辅助制定测试计划，完成测试分析报告，对相关反馈表进行整理和统计，及时调整工作或者协调其他人员对质量的认识，根据流程对项目经理提交的相关文档进行审核；

⊗配置管理人员（CM）：负责整个开发过程中标识控制、变更管理和版本控制，在立项时完成配置管理计划，并在项目进行过程中完成对配置管理计划变更的跟进工作，确保项目组内部的备份工作，形成配置状态报告。

⊗开发人员：根据开发计划完成开发任务，完成测试设计并完成模块测试；

⊗测试人员：负责开发过程中的各种测试工作，搭建测试平台，完成测试报告、帮助文档、用户手册、操作手册的编写。

（3）质量计划的目的是保证软件产品和软件项目满足质量方针所定义的活动。质量计划详细描述每个阶段要执行的软件质量保证活动，清楚定义评审的内容和过程。表 6 – 3 是某公司的质量计划模板。

表 6 – 3　某公司的质量计划模板

（项目名称）SQA 计划					
计划编号	SQAP + 项目编号 + 两位流水号	SQAL		日期	
版本		SQAM		日期	
分册		PM/SM		日期	

续表 6 – 3

1.　质量目标
　　质量目标,尽可能用测试的条款表达

2.　SQA 组织
2.1　SQA 组的组成
　　SQA 的成员及资格说明(经验与培训)
2.2　SQA 职责和权力
2.3　SQA 组的资源需求

3.　SQA 任务
3.1　规程与标准
　　明确项目标准和规程,作为 SQA 评审和审计的基础
3.2　明确质量活动的责任
　　如检查、审计和测试,配置管理和变更控制,测量和报告,缺陷控制和纠正措施
3.3　阶段划分与任务列表
　　为每个开发阶段定义入口和出口条件,划分 SQA 的工作阶段,确定评审与审计的类型,明确 SQA 作业,可依据项目特点对作业列表进行裁剪与增添
3.4　测试与评估
　　确定测试的类型,对于产品规范、计划要求、测试规范及采用的开发方法和工具的确认和验证活动;通过详细的测试和验证活动计划,对包括资源、进度和审批等方面进行评估
3.5　全程的偏差跟踪
　　根据任务列表进行全程偏差跟踪。

4.　SQA 报告
4.1　文档化 SQA 组的活动结果
　　软件产品评价报告
　　软件工具评价报告
　　项目设备评价报告
　　过程审核报告
　　测量报告
4.2　提供给软件工程组和其他相关组 SQA 活动反馈的方法和频率
　　周报、月报与重要报告等提交的方式与日程(可在计划表中体现)

5.计划进度表与预算表

序号	任务	完成时间	提交结果	备注
1				
2				
3				
4				
5				
预算:				

（4）质量控制是质量保证体系当中最复杂也是最关键的一环，牵涉到质量控制流程和质量度量两个部分，质量度量可以采用6.2节所谈到的任何一种软件质量模型进行，也可以自定义软件质量标准和方法，质量度量的目的是为质量控制和质量改进提供依据；质量控制流程贯穿于软件产品的整个生命周期，从项目立项开始就需要制定相关的质量目标，并根据质量目标制定质量保证计划，在项目实施过程中需要开展配置管理、变更控制、缺陷控制、评审等活动，通过这些活动来支持软件质量保证，在项目结束后需要进行总结分析，为下一项目的开展提供保证。具体项目实施过程中的配置管理、变更控制、缺陷控制、评审等内容将在后续部分介绍。

（5）质量改进即是针对于软件产品项目本身也是针对于质量管理体系本身，从质量管理体系本身的角度出发，质量管理体系本身就存在一个不断试错和完善的过程，这其中不仅涉及到质量管理体系的制度和流程，也涉及到具体实施的人员，任何时候都做不到一开始就十全十美，就像软件质量模型的演进一样，对于质量管理的认识是一个在实践当中不断深化的过程；从项目本身出发，不能够保证完全符合用户的需求，同样也不能保证产品的质量符合相关的规范，这也是为什么在质量控制过程中需要进行评审和测试的原因，通过质量控制所发现的问题是必须要解决的，质量改进也就是要解决这些问题，这些问题包括软件缺陷本身，同时也包括软件开发过程当中的项目管理、开发技术、开发方法以及文档等。

6.3.2 需求管理

用户需求是软件项目的第一步，用户需求是否能够如实的反映用户的真实需求是关系到软件项目成败的关键，也是保证软件项目质量的关键，同时也是软件项目实施的基础。需求管理包括计划组织、用户需求调研、用户需求文档撰写、需求评审和变更管理五方面工作。

1）计划组织

开展用户需求调研工作首先需要制定需求调研计划，明确调研的目标，方法、时间、地点和参与人员。用户需求调研不是一次就能够完成的，在调研的过程中，项目组成员应对每一次调研的成果进行总结分析，在有必要的情况下对调研计划进行修正，应当注意的是任何用户需求调研都是有时间限制的，不能够因为各种可能的突发因素而使得调研进度无法得到保证，这也就需要在调研计划当中进行预先的评估，并提出针对于各种可能因素的处理预案。

在计划中另一个需要注意的问题是参与调研的人员构成，人员构成主要包括项目组成员、用户以及外部专家三个部分，不同的调研目标参与的人员是不同的，比如对项目宏观目标的调研可能就需要用户的主要管理人员和外部专家的参与，但是对于项目的某个具体工作要求，此时用户具体负责此项工作的人员参与就可以了，是否还需要其他人参加则需要考虑工作的相关性，很多时候在进行需求调研的时候会忽视工作的其他相关人员，导致需求之间不能够顺利的衔接。

在制定计划的过程中应该与用户项目负责人进行沟通，而不是在计划制定结束后简单的告知。用户需求调研的成效很大程度上取决于用户的配合程度，同时调研过程中用户的正常工作是会被干扰的，此时就需要事先进行充分的沟通和协调，用户项目负责人是沟通、协调工作的关键角色，而且通过用户项目负责人可以了解用户项目的真实需求。

2）用户需求调研

在完成调研计划后就可以开展相应的需求调研工作，具体需求调研工作有很多种方法，比如文献检索、问卷调查、实地考察、面谈等，一般情况下用户需求调研是从文献检索开始，文献检索能够为需求调研人员提供有关项目的基本理论基础，通常项目组成员并不是相关项目业务领域的专家，此时如果直接与用户进行沟通，结果就是"鸡听鸭讲"，特别是相关业务领域当中牵涉到很多专业词汇和术语的时候，沟通是无法顺利进行的。

在具备了对项目业务领域基本的知识之后可以开展实地考察或面谈的工作，这个时候既是了解用户的需求同时也是项目组加深对相关业务知识的理解，直接的问卷调查在这个时候不被推荐，原因在于如果问卷采用开放式的问卷，不能够保证用户能够真正的配合，而采用客观问卷，因为对用户的需求和业务都不是较深的理解，也无法提出针对性的问题。

当项目组对用户业务和需求有了一定的了解之后，可以将重点放在与项目直接相关的需求调研之上，此时可以采用面谈和问卷调查的方式，为了避免在调查过程当中出现遗漏的情况（这种情况经常发生，每个人更关注的是自己关心的领域）。在面谈过程中可以考虑采用"头脑风暴法"，头脑风暴的做法并不复杂，将所有相关人员召集在一起，不做具体主题的要求，不进行任何意见的评论，仅要求提出对于这个项目的看法。

在每次需求调研结束后需要提出调研总结报告，调研总结报告是后续用户需求文档的基础，同时也是开展下一次调研活动的准备，一般调研总结报告包括调研目标、时间、地点、参与人员、调研过程的概述、调研结论以及对下一步工作的建议，其中最重要的是后面两项。

3）编写用户需求文档

当整个用户调研过程结束后应编制用户需求文档，用户需求文档是项目正式文档之一，是后续开展系统分析、设计、测试和验收工作的主要依据之一，同时也是项目组与用户之间后续工作沟通的基础。用户需求文档有时被称为用户需求说明书，也可以称为用户需求规格说明。格式可以采用相关标准格式也可以自定义格式，附录六给出了 GB/T 8567—2006 软件需求规格说明的格式和内容要求。

在编写用户需求文档时应当注意文档的阅读者包括用户和项目组成员，一般用户都不是计算机领域的专家，同样项目组成员也不是用户业务领域专家，因此在使用相关术语的时候应尽量进行解释，也可以编制统一的术语表，避免用户和项目组成员在理解的时候发生偏差。此外在编写用户需求文档的时候应尽量避免出现二义性，应准确的表达用户的实际需求。

在编写用户需求文档的时候需要注意的另外一个问题是需要对用户需求根据项目的实际情况进行甄选，也就是用户需求文档要能够反映出未来系统的设计实现，因此并不是用户提出的所有需求都需要在用户需求分析文档中出现，不出现的需求有两种情况：所提出的需求与最初的合同要求不符，比如在合同中没有提出需要手机 APP，但用户提出希望用手机 APP来实现；所提出的需求超出了现有的技术能力同时需求可以通过其他的手段，比如人工来解决。

4）需求评审

在完成用户需求文档之后需要提交相关的评审小组对文档进行评审，评审小组由项目组成员、用户和外部专家三部分人员构成，必要的时候企业的研发总监或技术总监应该参与。在提交用户需求文档之前，项目组应对文档内容进行初审，特别是质量管理人员需要对文档的格式、规范进行审查，应保证提交的文档是合规的。

在初审完成正式评审之前，应将用户需求文档发给评审小组成员，并留有足够的时间使评审小组成员能够进行充分的阅读和审核。在这个过程中也可以开始收集评审小组的意见，并进行修改，但修改过程必须在限定的时间内完成，修改结束后需要将修改结果反馈给评审小组成员。

在评审的时候，由项目经理或需求分析人员对文档进行解释说明，之后由评审小组成员提出意见，对所反映的意见如果不存在大的分歧，可以在评审会议上解决，如果存在较大的意见分歧，则需要在会后进行进一步的调研修改。通过评审后的文档根据意见修改后需要再次发给审评小组审议，是否需要再次召开评审会议取决于上次会议的结论。最终定稿的需求分析文档需要经项目组与用户双方签字确认，并进入项目配置文档库，作为之后项目开发的基线。

5）变更管理

用户需求的变化在软件项目中是不可避免的，造成需求变化的原因有很多，比如政策变化，在做一些政府项目的时候，政策变化导致需求发生变化的情况非常多，特别是在新旧政策发生交替的时候；业务流程变化，可能在项目执行过程中，企业发生内部重组或业务流程优化，这时与之相关的软件系统需要随之变化；项目认识的深化，在项目执行过程中不论是用户还是项目组成员都会随项目进展而对项目的认识逐步深化，此时会发现在最初需求分析阶段遗漏或者是错误的东西；领导变化，当项目组更换领导或用户更换领导，可能会出现新任领导与原任领导对项目需求不一致的情况；系统测试或试运行，在系统测试或试运行阶段是可以发现业务流程当中不合理的地方，有些时候软件完全模拟手工操作流程并不是非常合理的。

当需求发生变化的时候，并不代表项目组要完全按照变化的需求来进行修改，其原因在于在项目进展过程中，如果随时因为需求变化而对软件进行修改，那么项目将变的不可控制，其质量也无法获得保证。对于所有的需求变化，项目组都需要在进行评估之后决定是否进行修改，评估的过程包括：对所提出的需求变更进行核实，所有的变更都应该是书面提出的，口头提出的要求应该被忽略；经过核实的需求，项目组需要对变更需求所造成的影响进行评估，如果是在合理范围内（比如对某个流程的优化）同时对进度的影响不大，项目组可以直接采纳变更，并修改项目基线；如果在合理范围内但对项目进度的影响较大，此时项目组就需要提请评审小组，由评审小组做出相关决定；如果认为不在合理范围内，项目组可以通过协商拒绝也可以提交评审小组决议。在需求变更中最严重的情况是发现变更是必须的，而且对项目整体设计的影响是推倒性的，此时必须要通过双方高层的协商决定是否停止项目。

所有采纳的变更都应进入到项目配置管理，并修改项目基线，同时需要修订项目进度计划、设计方案、测试方案等与项目相关的所有文档。

6.3.3　配置管理

现代软件开发过程具有产品设计复杂，参与人员众多的特点，为了保障软件产品的完整性和一致性，需要对整个产品的开发过程实施配置管理。软件配置管理（Software Configuration Management），又称软件形态管理、或软件建构管理，贯穿于整个软件产品生命周期，用于界定软件产品的组成项目，对每个项目的变更进行管控，并维护不同项目之间的版本关联，以使软件在开发过程中任一时间的内容都可以被追溯。

软件配置管理工作的开展包括以下角色：

- 项目经理(PM)。
- 变更控制委员会(CCB)：又名配置控制委员会，负责批准配置项的标识，以及信息系统的基线建立，制定访问控制策略、建立更改基线的设置，审核变更申请、根据配置管理员的报告决定相应的对策。CCB 的成员可能包括：

　◈产品或计划管理部门；

　◈项目管理部门；

　◈开发部门；

　◈测试或质量保证部门；

　◈市场部或客户代表；

　◈制作用户文档的部门；

　◈技术支持部门；

　◈帮助桌面或用户支持热线部门；

　◈配置管理部门。

- 配置管理员(CMO)：根据配置管理计划执行各项管理任务，定期向 CCB 提交报告，并列席 CCB 的例会。其具体职责为以下几项：

　◈文件配置管理工具的日常管理与维护；

　◈各配置项的管理与维护；

　◈执行版本控制和变更控制方案；

　◈完成配置审计并提交报告；

　◈对开发人员进行相关的培训；

　◈识别软件开发过程中存在的问题并起草解决方案。

- 系统集成员(SIO)：负责生产和管理项目的内部和外部发布版本，其具体职责为以下几项：

　◈集成修改；

　◈构建系统；

　◈完成对版本的日常维护；

　◈建立外部发布版本。

- 开发人员(DEV)：根据组织内确定的软件配置管理计划和相关规定，按照软件配置管理工具的使用模型来完成开发任务。

软件配置管理主要包括三方面的内容：版本控制(Version Control)、变更控制(Change Control)、过程支持(Process Support)，关键活动包括：配置项识别、工作空间管理、版本控制、变更控制、状态报告、配置审计等。图 6 - 11 反映了配置管理活动的全过程。

1)配置项(Software Configuration Item, SCI)识别

Pressman 对于 SCI 给出了一个比较简单的定义："软件过程的输出信息可以分为三个主要类别：计算机程序(源代码和可执行程序)、描述计算机程序的文档(针对技术开发者和用户)，以及数据(包含在程序内部或外部)。这些项包含了所有在软件过程中产生的信息，总称为软件配置项。"

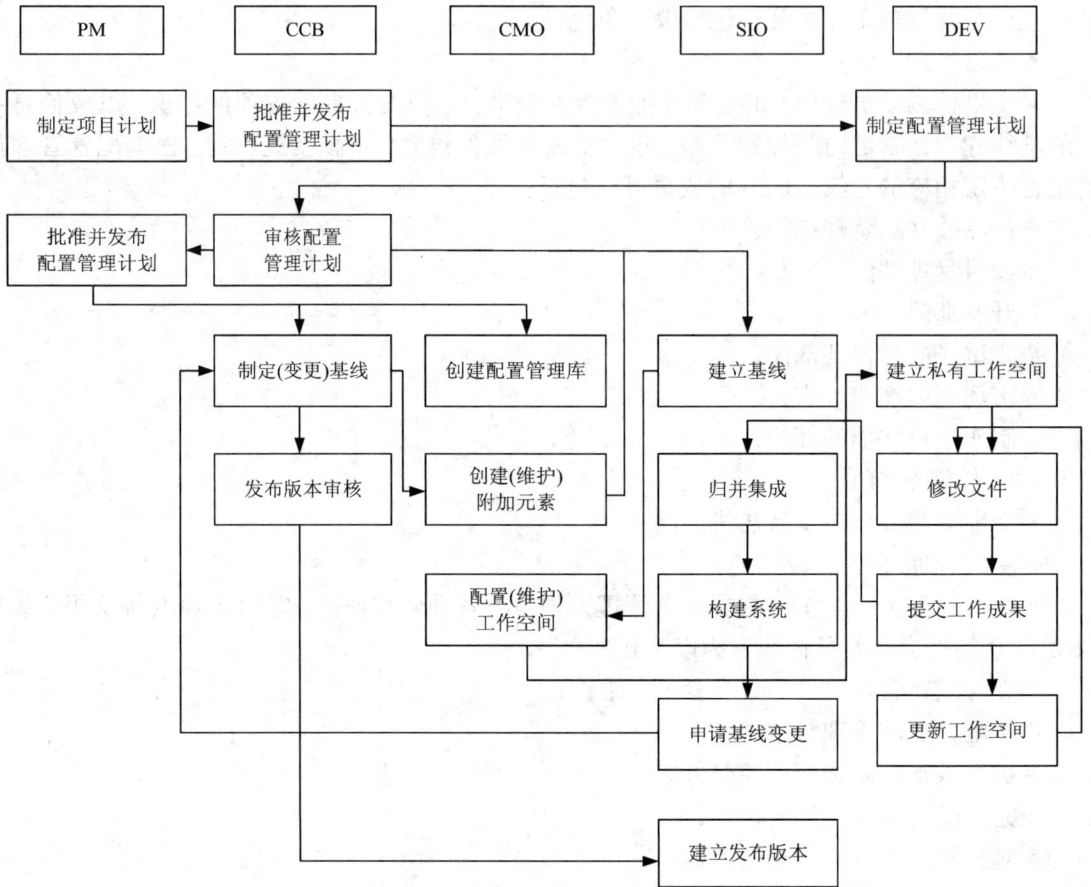

```
        PM          CCB          CMO          SIO          DEV

    制定项目计划   批准并发布                              制定配置管理计划
                   配置管理计划

    批准并发布     审核配置
    配置管理计划   管理计划

              制定(变更)基线   创建配置管理库   建立基线     建立私有工作空间

              发布版本审核     创建(维护)        归并集成     修改文件
                              附加元素

                              配置(维护)        构建系统     提交工作成果
                              工作空间

                                              申请基线变更   更新工作空间

                              建立发布版本
```

图 6 – 11   软件配置管理过程

配置项的识别是配置管理活动的基础, 也是制定配置管理计划的重要内容。为了在不严重阻碍合理变化的情况下来控制变化, 软件配置管理引入了基线 (Base Line) 这一概念。IEEE 对基线的定义是这样的:"已经正式通过复审核批准的某规约或产品, 它因此可作为进一步开发的基础, 并且只能通过正式的变化控制过程改变。"

根据这个定义, 在软件的开发流程中把所有需加以控制的配置项分为基线配置项和非基线配置项两类, 例如:基线配置项可能包括所有的设计文档和源程序等;非基线配置项可能包括项目的各类计划和报告等。

所有配置项都应按照相关规定统一编号, 按照相应的模板生成, 并在文档中的规定章节 (部分)记录对象的标识信息。在引入软件配置管理工具进行管理后, 这些配置项都应以一定的目录结构保存在配置库中。

所有配置项的操作权限应由 CMO (配置管理员)严格管理, 基本原则是:基线配置项向软件开发人员开放读取权限;非基线配置项向 PM、CCB (配置管理委员会)及相关人员开放。

2)工作空间管理

在引入了软件配置管理工具之后, 所有开发人员都会被要求把工作成果存放到由软件配置管理工具所管理的配置库中去，或是直接工作在软件配置管理工具提供的环境之下。所以为了让每个开发人员和各个开发团队能更好的分工合作，同时又互不干扰，对工作空间的管理和维护也成为了软件配置管理的一个重要的活动。

一般来说，比较理想的情况是把整个配置库视为一个统一的工作空间，然后再根据需要把它划分为个人（私有）、团队（集成）和全组（公共）这三类工作空间（分支），从而更好的支持将来可能出现的并行开发需求。

每个开发人员按照任务的要求，在不同的开发阶段，工作在不同的工作空间上，例如：对于私有开发空间而言，开发人员根据任务分工获得对相应配置项的操作许可之后，他即在自己的私有开发分支上工作，他的所有工作成果体现为在该配置项的私有分支上的版本的推进，除该开发人员外，其他人员均无权操作该私有空间中的元素；而集成分支对应的是开发团队的公共空间，该开发团队拥有对该集成分支的读写权限，而其他成员只有只读权限，它的管理工作由系统集成员（SIO）负责；至于公共工作空间，则是用于统一存放各个开发团队的阶段性工作成果，它提供全组统一的标准版本，并作为整个组织的知识库。

当然，由于选用的软件配置管理工具的不同，在对于工作空间的配置和维护的实现上有比较大的差异，但对于 CMO 来说，这些工作是他的重要职责，他必须根据各开发阶段的实际情况来配置工作空间并定制相应的版本选取规则，来保证开发活动的正常运作。在变更发生时，应及时做好基线的推进。

3）版本控制

版本控制是软件配置管理的核心功能。所有置于配置库中的元素都应自动赋予版本的标识，并保证版本命名的唯一性。版本在生成过程中，自动依照设定的使用模型自动分支、演进。除了系统自动记录的版本信息以外，为了配合软件开发流程的各个阶段，还需要定义、收集一些元数据（Metadata）来记录版本的辅助信息和规范开发流程，为今后对软件过程的度量做好准备。当然如果选用的工具支持的话，这些辅助数据将能直接统计出过程数据，从而方便软件过程改进（Software Process Improvement，SPI）活动的进行。

对于配置库中的各个基线控制项，应该根据其基线的位置和状态来设置相应的访问权限。一般来说，对于基线版本之前的各个版本都应处于被锁定的状态，如需要对它们进行变更，则应按照变更控制的流程来进行操作。

4）变更控制

从 IEEE 对于基线的定义中可以发现，基线是和变更控制紧密相连的。也就是说在对各个 SCI 做出了识别，并且利用工具对它们进行了版本管理之后，如何保证它们在复杂多变的开发过程中真正的处于受控的状态，并在任何情况下都能迅速的恢复到任一历史状态就成为了软件配置管理的另一重要任务。因此，变更控制就是通过结合人的规程和自动化工具，以提供一个变化控制的机制。

各基线配置项变更管理的一般流程是：

- （获得）提出变更请求；
- 由 CCB 审核并决定是否批准；
- （被接受）修改请求分配人员为，提取 SCI，进行修改；
- 复审变化；
- 提交修改后的 SCI；

- 建立测试基线并测试；
- 重建软件的适当版本；
- 复审（审计）所有 SCI 的变化；
- 发布新版本。

在这样的流程中，CMO 通过软件配置管理工具来进行访问控制和同步控制，而这两种控制则是建立在前文所描述的版本控制和分支策略的基础之上。

5）状态报告

配置状态报告就是根据配置项操作数据库中的记录来向管理者报告软件开发活动的进展情况。报告应该定期进行，并尽量通过 CASE 工具自动生成，用数据库中的客观数据来真实的反映各配置项的情况。

配置状态报告应着重反映当前基线配置项的状态，以作为对开发进度报告的参照。同时也能从中根据开发人员对配置项的操作记录来对开发团队的工作关系作一定的分析。配置状态报告应该包括下列主要内容：

- 配置库结构和相关说明；
- 开发起始基线的构成；
- 当前基线位置及状态；
- 各基线配置项集成分支的情况；
- 各私有开发分支类型的分布情况；
- 关键元素的版本演进记录；
- 其他应予报告的事项。

6）配置审计

配置审计的主要作用是作为变更控制的补充手段，来确保某一变更需求已被切实实现。在某些情况下，它被作为正式的技术复审的一部分，但当软件配置管理是一个正式的活动时，该活动由 SQA 人员单独执行。

6.3.4 评审

在软件产品质量保证过程中，评审是优先使用的质量保证技术之一，与测试相比，评审的效率更高，成本也更低，特别是事先的评审，有助于缺陷的预防，可以尽量减少通过测试发现缺陷的数量，从而降低项目成本。在软件产品的生命周期当中，评审活动是经常开展的。具体评审可以分为正式评审、非正式评审；内部评审、外部评审；阶段评审、变更评审；项目评审、流程评审和管理评审等。有些时候评审也可以被称为审计。但不论哪种分类评审一般都是出现在项目的里程碑阶段或者项目有重大变化的时候。

以下阶段评审为例来说明评审工作是如何进行，阶段评审属于正式评审的范畴，按照瀑布模型（其他开发模型同样也是可以分成若干阶段的），软件开发可以分成可行性分析、需求分析、设计（有时候被分为概要设计、详细设计）、编码、测试和维护六个阶段，每阶段的成果都是下一阶段工作开展的基础和依据，同时在上一阶段所出现的缺陷如果不能被及时发现，将会在下一阶段被放大，缺陷发现的越晚，修复缺陷所需要付出的代价越大，通过阶段性评审的目的就是要及早的发现产品中潜在的缺陷。阶段性评审一般都是采用会议的形式进行。在进行评审会议之前需要准备好评审所需的各类项目文档，包括但不限于以下文档：

- 可行性分析阶段：可行性分析报告、开发计划等文档；
- 需求分析阶段：软件需求规格说明（也称为：软件需求说明、软件规格说明）、数据要求说明和初步用户手册等文档；
- 设计阶段：结构设计说明、详细设计说明和测试计划初稿等文档；
- 实现阶段：程序清单、用户手册、操作手册、测试计划等文档；
- 测试阶段：测试分析报告、项目开发总结报告等文档。

用于评审的各类文档在经过质量管理人员和配置管理人员的审核并经项目经理确认后后，需要提前发送给评审小组成员，而不是等会议开始的时候直接发给评审小组，要保障评审的效果必须要提供给评审小组足够的阅读和思考时间。评审小组的构成包括项目组成员、用户和外部专家三部分，必要的时候可以包括企业和用户的高层管理人员，特别是在项目前期的可行性分析和需求分析阶段，因为在这两个阶段需要确定软件产品的远景，也就是宏观上需要实现的目标，高层管理人员的参与能够避免项目的大方向偏离。对项目组成员而言并不是需要全体参与的，但以下几类人必须要参加：项目经理、质量保证人员、配置管理人员、系统分析人员、主要开发设计人员、主要测试人员，这些人员是软件项目的核心团队成员。

在进行评审会议的时候，首先由项目经理介绍项目的整体进展情况，其次由各文档的主要负责人对文档内容进行说明，第三步由评审小组成员提出问题，项目组成员进行解释说明，最后由评审小组进行审议。在评审会议以后应该以会议纪要的形式将本次会议的内容进行记录，同时发送给评审小组成员。

很多时候阶段审核并不是一次审核通过，在审核不通过的情况下，项目组必须要根据评审会议所发现的问题和所提出的修改意见重新开始上一阶段的工作，在完成修改后再次提请评审，第二次评审并不需要完全重复第一次的内容，重点应放在第一次评审之后，项目所做出的修改部分。

项目审核通过并不代表上一阶段不存在任何缺陷和问题，有两种情况：第一种是缺陷和问题没有被发现，这种情况只能够等待之后的阶段来发现；第二种情况是发现了缺陷和问题，但所发现的缺陷和问题是能够通过后续的步骤来改进或弥补，比如软件文档的质量，或者是某个数据结构当中的数据长度问题，因为这类问题可以通过简单的修改就能够解决，所以没有必要一定要经过下一次评审。

当阶段评审通过后，阶段评审所得到的各类正式文档（包括代码）应进入配置库，并成为下一阶段工作开展的基线，如果在下一阶段出现变更，则应按变更管理的流程执行，最后修改产品基线。

除了阶段性评审这样大规模的正式评审以外，在项目进展过程中还有很多小规模的评审，最常见的是项目周报和月报，项目周报和月报属于周期性的工作，通过对项目周报和月报的评审可以及时掌握和了解项目的实际进展情况，同时对下一步的工作计划可以根据需要进行调整。

6.4　软件测试

与软件质量保证相伴随的是软件测试，软件测试的概念要早于软件质量保证，自从有了软件开发、设计就有了软件测试，软件质量保证是一种方法论，软件测试是软件质量保证方法中的一种技术。软件测试是指在规定的条件下对软件进行操作，以发现程序错误，衡量软件质量，并对其是否能满足设计要求进行评估的过程。进行软件测试的目的在于：

- 测试是为了发现软件中的错误而执行程序的过程；
- 好的测试方案是极可能发现迄今为止尚未发现错误的测试方案；
- 成功的测试是发现了迄今为止尚未发现错误的测试；
- 测试并不仅仅是为了找出错误，通过分析错误发生的原因和错误发生的趋势，可以帮助项目管理者发现当前软件开发过程中的缺陷，以便及时改进；
- 这种分析也能帮助测试人员设计出有针对性的测试方法，改善测试的效率和有效性；
- 没有发现错误的测试也是有价值的，完整的测试是评价软件质量的一种方法；

另外，根据测试目的的不同还有回归测试、压力测试、性能测试等，分别用于检验修改或优化过程是否引发新的问题，软件所能达到的处理能力和是否达到预期的处理能力等。

因此，软件测试的主要工作是验证和确认。

- 验证是保证软件正确的实现了一些特定功能所开展的一系列活动，即保证软件以正确的方法做了一件事；
- 确认是证实在一个给定的外部环境中软件的逻辑正确性，保证软件做了所期望的事情。

6.4.1 测试分类

软件测试从不同的角度可以有很多种分类，最常见的是以下三种分类：

1）从是否关心软件内部结构和具体实现的角度

- 白盒测试

白盒测试又称结构测试、透明盒测试、逻辑驱动测试或基于代码的测试。白盒测试需要全面了解程序内部逻辑结构，对所有逻辑路径进行测试。对逻辑路径进行覆盖有六种标准，包括语句覆盖、判定覆盖、条件覆盖、判定/条件覆盖、条件组合覆盖和路径覆盖。六种覆盖标准发现错误的能力呈由弱到强的变化。

⊗语句覆盖：每条语句至少执行一次。

⊗判定覆盖：判定的每个分支至少执行一次。

⊗条件覆盖：每个判定的每个条件应取到各种可能的值。

⊗判定/条件覆盖：同时满足判定覆盖条件覆盖。

⊗条件组合覆盖：每个判定中各条件的每一种组合至少出现一次。

⊗路径覆盖：使程序中每一条可能的路径至少执行一次。

白盒测试如果要覆盖所有的可能，在某种程度程度上可以看成是一种穷尽测试，但在一个项目中试图采用穷尽测试是不可能的；因为测试用例的数量在理论上可以接近于无穷，因此需要采用其他的方式来进行测试，使之既能够测试所有的语句，覆盖所需的功能点，又不至于测试用例数量过于庞大。基本路径测试方法就是其中一种。基本路径测试是在程序控制流程图的基础上，通过分析控制结构的环路复杂性，导出基本可执行路径的集合，从而设计测试用例的方法。设计出的测试用例要保证在测试中程序的每个可执行语句至少执行一次。基本步骤是：

⊗根据流程图画出控制流图

流程图用来描述程序控制结构。可将流程图映射到一个相应的控制流图。在流图中，每一个圆，称为流图的结点，代表一个或多个语句。一个处理方框序列和一个菱形决策框可被映射为一个结点，流图中的箭头，称为边或连接，代表控制流，类似于流程图中的箭头。一条边必须终止于一个结点，即使该结点并不代表任何语句。由边和结点限定的范围称为区域。计算区域时应包括图外部的范围。

◈计算圈复杂度

圈复杂度是一种为程序逻辑复杂性提供定量测度的软件度量，将该度量用于计算程序的基本的独立路径数目，为确保所有语句至少执行一次的测试数量的上界。独立路径必须包含一条在定义之前不曾用到的边。

有以下三种方法计算圈复杂度：

◆流图中区域的数量对应于环型的复杂性；

◆给定流图 G 的圈复杂度 $V(G)$，定义为 $V(G) = E - N + 2$，E 是流图中边的数量，N 是流图中结点的数量；

◆给定流图 G 的圈复杂度 $V(G)$，定义为 $V(G) = P + 1$，P 是流图 G 中判定结点的数量。

◈导出独立路径

根据上面的计算方法，可以得到独立路径。一条独立路径是指，和其他的独立路径相比，至少引入一个新处理语句或一个新判断的程序通路。$V(G)$ 值正好等于该程序的独立路径的条数。

◈根据独立路径设计测试用例，图 6 - 12 是基本路径测试法的前三步的例子，具体测试用例读者可以根据程序代码进行设计。

● 黑盒测试

黑盒测试也称为行为测试，侧重于软件的功能需求。黑盒测试不是白盒测试的替代品，而是作为发现其他类型的错误的辅助方法，具体包括：不正确或遗漏的功能、接口错误、数据结构或外部数据库访问错误、行为或性能错误、初始化和终止错误。与白盒测试相比较，白盒测试一般在测试过程的早期执行，黑盒测试是在测试过程的中后期执行；白盒测试关注代码的内部结构，黑盒测试关注产品的外部功能和接口；进行白盒测试需要进行内部代码分析，而黑盒测试不需要。

在进行黑盒测试时的测试用例设计需要关注等价类划分和边界值分析。

等价类是指某个输入域的子集合。在该子集合中，各个输入数据对于揭露程序中的错误都是等效的，并可以假定：测试某等价类的代表值就等于对这一类其他值的测试，因此，可以把全部输入数据合理划分为若干等价类，在每一个等价类中取一个数据作为测试的输入条件，就可以用少量代表性的测试数据，取得较好的测试结果，等价类划分可有两种不同的情况：有效等价类和无效等价类。

有效等价类：是指对于程序的规格说明来说是合理的，有意义的输入数据构成的集合，利用有效等价类可检验程序是否实现了规格说明中所规定的功能和性能。

无效等价类：与有效等价类的定义相反。

设计测试用例时，要同时考虑这两种等价类，因为，软件不仅要能接收合理的数据，也要能经受意外的考验，这样的测试才能确保软件具有更高的可靠性。

确定等价类的指导原则是：

06

```
#01      Void Sort(int iRecordNum, int iType)
#02 {
#03   int x=0;
#04   Int y=0;
#05   while ( iRecordNum->0)
#06   {
 #07   If(0= =iType)
 #08    {x=y+2;break;}
 #09   else
 #10    if(1= =iType)
#11       x=y+10;
 #12   else
 #13   x=y+20;
 #14 }
#15}
```

(a)程序清单

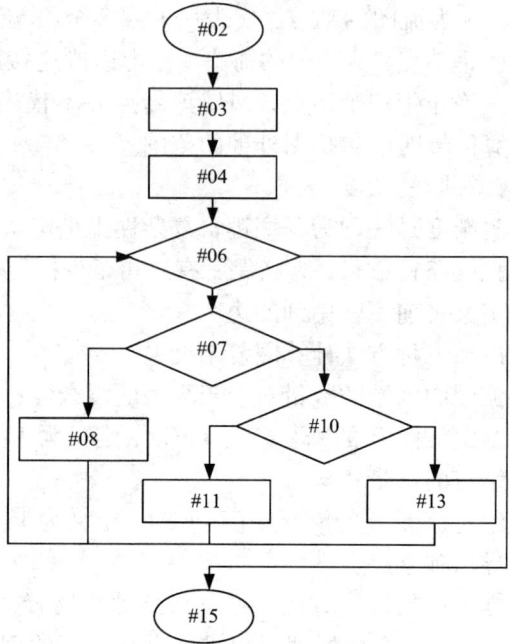

(b)程序流程图

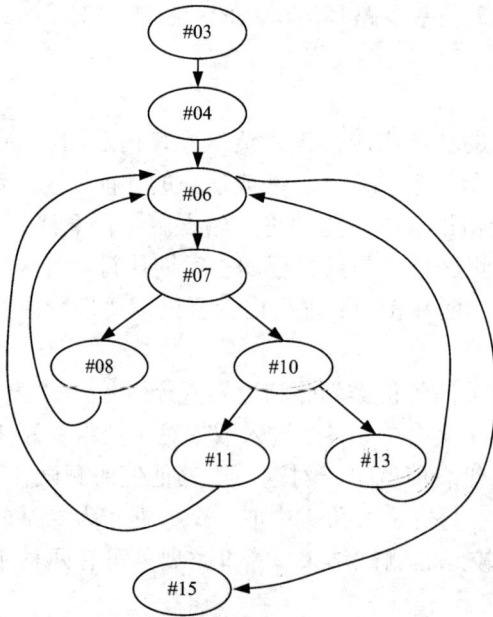

(c)控制流图

路径1:
#03→#04→#06→#15
路径2:
#03→#04→#06→#07→#08→#06→#15
路径3:
#03→#04→#06→#07→#10→#11→#06→#15
路径4:
#03→#04→#06→#07→#10→#13→#06→#15

(d)基本路径

图6-12 基本路径测试法

❉在输入条件规定了取值范围或值的个数的情况下,可以确定一个有效等价类和两个无效等价类。

❖在输入条件需要特定值的情况下，可以确定一个有效等价类和两个无效等价类。

❖在输入条件是一个布尔量的情况下，可以确定一个有效等价类和一个无效等价类。

❖如输入条件指定集合的某个元素，可以确定一个有效等价类和一个无效等价类。

边界值分析是对等价类划分的合理补充，等价类更多的关注是值域的中间部分（有效等价类）和值域之外的部分（无效等价类），但错误很多时候是在值域的边界上发生。边界值分析的测试用例选取有以下指导原则：

❖如果输入条件规定了值的范围，则应取刚达到这个范围的边界的值，以及刚刚超越这个范围边界的值作为测试输入数据；

❖如果输入条件规定了一组数，则用最大值、最小值，以及略大于或略小于最大值和最小值的值；

❖对于输出可以适用上述两条原则；

❖如果程序中使用了一个内部数据结构，则应当选择这个内部数据结构的边界上的值作为测试用例。

正交表（正交数组）测试是在黑盒测试当中有效减少测试次数的一种方法，一般情况下如果输入条件包含 n 个参数，每个参数有 m 个取值可能性的时候，那么输入的组合总数是 m^n 个，即需要 m^n 次测试，而采用正交数组来设计测试案例则可以有效的减少所需的测试次数，比如有 4 个输入参数，每个参数有 3 种不同的取值，一般情况下需要的测试次数是 $3^4 = 81$ 次，而采用正交表只需要 9 次（图 6 – 13），一般正交表可以表示为：$L_a(m^n)$，其中 a 代表需要测试的数，m、n 的含义与前面一样，从图 6 – 13(b)可以看出正交表有以下特点：

❖每一列中，不同的数字出现的次数相等。如图 6 – 13(b)中任何一列都有"1"、"2"、"3"，且在任一列的出现数均相等。

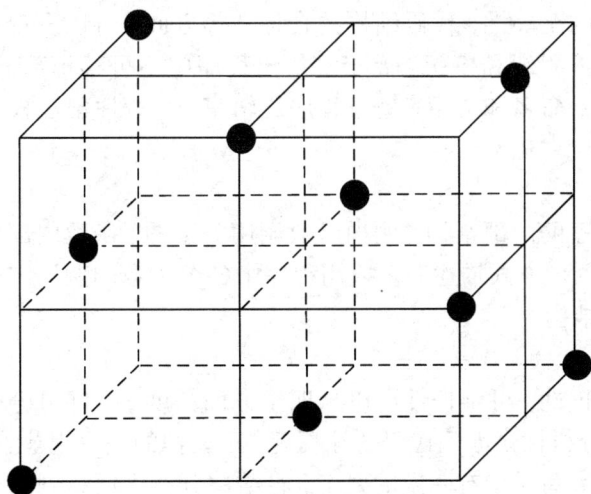

测试	测试参数			
用例	P1	P2	P3	P4
1	1	1	1	1
2	1	2	2	2
3	1	3	3	3
4	2	1	2	3
5	2	2	3	1
6	2	3	1	2
7	3	1	3	2
8	3	2	1	3
9	3	3	2	1

(a)三个参数的L9正交表立体示意　　　　　　(b)四个参数的L9正交表

图 6 – 13　正交表

❖任意两列中数字的排列方式齐全而且均衡。如图 6 – 13(b)中任何两列有序对共有 9

种，1.1、1.2、1.3、2.1、2.2、2.3、3.1、3.2、3.3，且每对出现数也均相等。

以上两点充分的体现了正交表的两大优越性，即"均匀分散性，整齐可比"。通俗的说，每个因素的每个水平与另一个因素各水平各碰一次，这就是正交性。

关于正交表的求解及其理论基础，有兴趣的读者可以参考组合数学与概率论的相关文献。黑盒测试的测试用例设计还有判定表法、因果图法等，限于篇幅，此处不再说明，有兴趣的读者可以参考相关资料。

- 灰盒测试

灰盒测试介于白盒测试与黑盒测试之间，灰盒测试多用于集成测试阶段，不仅关注输出、输入的正确性，同时也关注程序内部的情况。灰盒测试不像白盒那样详细、完整，但又比黑盒测试更关注程序的内部逻辑，常常是通过一些表征性的现象、事件、标志来判断内部的运行状态。具体测试用例设计和测试方法可以根据需要采用白盒测试或黑盒测试的方法。

2）从是否执行程序的角度

- 静态测试

静态测试是指不运行被测程序本身，仅通过分析或检查源程序的语法、结构、过程、接口等来检查程序的正确性。对需求规格说明书、软件设计说明书、源程序做结构分析、流程图分析、符号执行来找错。静态测试通过对程序静态特性的分析，找出欠缺和可疑之处，例如不匹配的参数、不适当的循环嵌套和分支嵌套、不允许的递归、未使用过的变量、空指针的引用和可疑的计算等。静态测试结果可用于进一步的查错，并为测试用例选取提供指导。

静态测试包括代码检查、静态结构分析、代码质量度量等。它可以由人工进行，充分发挥人的逻辑思维优势，也可以借助软件工具自动进行。

◈ 代码检查

代码检查包括代码走查、桌面检查、代码审查等，主要检查代码和设计的一致性，代码对标准的遵循、可读性，代码的逻辑表达的正确性，代码结构的合理性等方面；可以发现违背程序编写标准的问题，程序中不安全、不明确和模糊的部分，找出程序中不可移植部分、违背程序编程风格的问题，包括变量检查、命名和类型审查、程序逻辑审查、程序语法检查和程序结构检查等内容。

◈ 结构分析

结构分析主要是以图形的方式表现程序的内部结构，例如函数调用关系图、函数内部控制流图。其中，函数调用关系图以直观的图形方式描述一个应用程序中各个函数的调用和被调用关系；控制流图显示一个函数的逻辑结构。

◈ 代码质量度量

静态测试中主要关注的是代码的可维护性，可维护性可以从四个方面去度量，即可分析性、可改变性、稳定性以及可测试性。可分析性牵涉到代码的编程规范，文档的编写规范等，可测试性在可分析性的基础上对代码本身编写质量有一定的要求，在结构分析中所得到的函数调用关系和控制流图都可以在此进行应用，函数调用越复杂，控制流图当中的圈复杂度越高，代表测试的难度越大。

静态测试通常是以评审的形式进行，根据测试的范围可以采用正式评审，也可以采用非正式评审的方法。

- 动态测试

　　动态测试是指通过运行被测程序，检查运行结果与预期结果的差异，并分析运行效率和健壮性等性能，这种方法由三部分组成：构造测试实例、执行程序、分析程序的输出结果。动态测试是在软件测试当中运用最多的测试方法。

　　3）从软件开发过程的角度

　　● 单元测试

　　单元测试是指对软件中的最小可测试单元进行检查和验证。对于单元测试中单元的含义，一般来说，要根据实际情况去判定其具体含义，如 C 语言中单元指一个函数，Java 里单元指一个类，图形化的软件中可以指一个窗口或一个菜单等。总的来说，单元就是人为规定的最小的被测功能模块。单元测试是在软件开发过程中要进行的最低级别的测试活动，软件的独立单元将在与程序的其他部分相隔离的情况下进行测试。单元测试工作一般由程序员完成。

　　● 集成测试

　　集成测试，也叫组装测试或联合测试。在单元测试的基础上，将所有模块按照设计要求组装成为子系统或系统，进行集成测试。很多时候在进行单元测试的时候并没有问题，但是一旦进行组装，则发现模块不能够正常的运行。

　　集成测试的目的有功能性和非功能性两类，功能性的是指组装后的子系统或系统达到了系统设计所要求的功能，非功能性的是指除了功能以外的指标，如性能、可靠性等。

　　集成测试是一个循序渐进的过程，并不是要等到系统的全部模块完成之后再进行测试，问题发现的越早越有利于问题的解决。

　　● 系统测试

　　系统测试是基于系统整体需求说明书的黑盒测试，应覆盖系统所有相关的部件，不仅仅包括需测试的软件，还要包含软件所依赖的硬件、外设甚至包括某些数据、某些支持软件及其接口等。系统测试的目的是验证系统是否满足需求规格的定义，找出与需求规格不符或与之矛盾的地方，从而提出更加完善的方案。系统测试发现问题之后要经过调试找出错误原因和位置，然后进行改正。

　　典型的系统测试还包括恢复测试、安全测试、压力测试：

　　◈恢复测试

　　恢复测试作为一种系统测试，主要关注导致软件运行失败的各种条件，并验证其恢复过程能否正确执行。在特定情况下，系统需具备容错能力。另外，系统失效必须在规定时间段内被更正，否则将会导致严重的经济损失。

　　◈安全测试

　　安全测试用来验证系统内部的保护机制，以防止非法侵入。在安全测试中，测试人员扮演试图侵入系统的角色，采用各种办法试图突破防线。因此系统安全设计的准则是要想方设法使侵入系统所需的代价更加昂贵。

　　◈压力测试

　　压力测试是指在正常资源下使用异常的访问量、频率或数据量来执行系统。

　　● 验收测试

　　验收测试是部署软件之前的最后一个测试操作。在软件产品完成了单元测试、集成测试和系统测试之后，产品发布之前所进行的软件测试活动。它是技术测试的最后一个阶段，也称为交付测试。验收测试的目的是确保软件准备就绪，并且可以让最终用户将其用于执行软件的既定功能和任务。

- 回归测试

回归测试是指修改了旧代码后，重新进行测试以确认修改没有引入新的错误或导致其他代码产生错误。自动回归测试将大幅降低系统测试、维护升级等阶段的成本。回归测试作为软件生命周期的一个组成部分，在整个软件测试过程中占有很大的工作量比重，软件开发的各个阶段都会进行多次回归测试。在渐进和快速迭代开发中，新版本的连续发布使回归测试进行的更加频繁，而在极限编程方法中，更是要求每天都进行若干次回归测试。因此，通过选择正确的回归测试策略来改进回归测试的效率和有效性是非常有意义的。

- 确认测试

确认测试的目的是向未来的用户表明系统能够像预定要求那样工作。经集成测试后，已经按照设计把所有的模块组装成一个完整的软件系统，接口错误也已经基本排除了，接着就应该进一步验证软件的有效性，确认测试是在模拟环境下进行的验证被测软件是否满足需求规格说明书列出的需求。

确认测试又可以分为 Alpha 测试和 Beta 测试。

◈ Alpha 测试

Alpha 测试是由一个用户在开发环境下进行的测试，也可以是公司内部的用户在模拟实际操作环境下进行的测试。Alpha 测试的目的是评价软件产品的 FLURPS（即功能、局域化、可使用性、可靠性、性能和支持），尤其注重产品的界面和特色。Alpha 测试可以从软件产品编码结束之时开始，或在模块（子系统）测试完成之后开始，也可以在确认测试过程中产品达到一定的稳定和可靠程度之后再开始。Alpha 测试为非正式验收测试。

◈ Beta 测试

Beta 测试是一种验收测试。Beta 测试一般根据需求规格说明书严格检查产品，逐行逐字地对照说明书上对软件产品所做出的各方面要求，确保所开发的软件产品符合用户的各项要求。

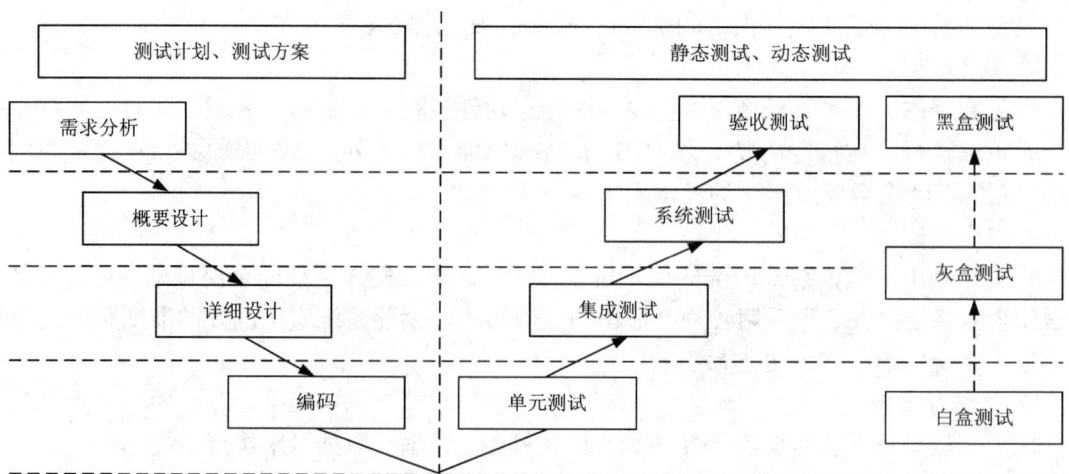

图 6-14 软件开发各阶段与各类测试之间的关系

图 6 – 14 反映了软件开发各阶段与各类测试之间的相互关系。其中需求分析阶段的成果对应验收测试，概要设计对应系统测试，详细设计对应集成测试，编码对应单元测试，此外从单元测试到验收设计，是从白盒测试过渡到黑盒测试，所有的测试可以采用静态测试方法也可以采用动态测试方法。从需求分析到编码的过程中测试计划和测试方案是逐步细化完成的。

6.4.2 软件测试过程

软件测试并不是在产品开发过程结束后才开始进行的，前面谈过的单元测试就是在产品编码阶段需要进行的工作，一般情况下对于测试有以下原则：

- 应及早进行测试并把测试贯穿于整个软件生命周期；
- 软件测试应追溯需求；
- 测试应由第三方承担（不一定指第三方机构）；
- 穷举测试是不可能的；
- 必须确定预期输出结果；
- 必须彻底检查每个测试结果；
- 充分注意测试中的群集现象[①]。

一个简单的产品测试流程可以归结为四步：

第一步：制定测试计划。

需求分析阶段就需要根据产品规格说明书给出测试计划，测试计划是指导测试过程的纲领性文件，包含了产品概述，测试策略，测试方法，测试区域，测试配置，测试周期，测试资源，风险分析等内容。通过测试计划，参与测试的项目成员，可以明确测试任务和测试方法，保证测试实施过程的顺畅沟通，跟踪和控制测试进度，应对测试过程中的各种变更。

制定测试计划的原则是：

- 明确测试的目标，增强测试计划的实用性

测试计划中的测试范围必须高度覆盖功能需求，测试方法必须切实可行，测试工具具有较高的实用性，便于使用，生成的测试结果直观准确。

- 坚持"5W2H"规则，明确内容与过程

"5W"规则指：what（测试的范围和内容），Why（测试目的），When（测试开始和结束日期），Where（测试文档和软件存放位置），Who（谁来做），How（测试的方法和工具），How much（测试所需的资源耗费），这个原则同样适合于软件项目管理。

测试计划的模板可以参考附录七 GB/T 8567—2006 软件测试计划。

第二步：设计测试方案、测试用例。

在系统设计和编码阶段需要给出测试方案和测试用例，其中：

测试方案是根据测试计划制定的，是在对系统模块的功能进行分析后，设计测试点（正常、异常情况，要求达到对模块功能的全覆盖），指导测试用例的设计。在制定测试方案时要求对模块功能实现逻辑进行全面的掌握，包括功能限定，异常情况处理、后台数据处理，涉及到的数据表/字段等，同时需要与开发人员进行沟通，让开发人员对实现逻辑等进行全面

---

① 群集现象：指在测试中发现缺陷越多的地方，存在的未被发现的缺陷也就越多。

说明，并做好记录。与测试计划相比：测试计划是组织管理层面的文件，从组织管理的角度对一次测试活动进行规划，测试方案是技术层面的文档，从技术的角度度一次测试活动进行规划。

测试用例是为某个特殊目标而编制的一组测试输入、执行条件以及预期结果，以便测试某个程序路径或核实是否满足某个特定需求。测试用例的选取原则和方法可以参考上一节的相关内容，在进行测试用例设计时还需要注意以下问题：

- 一种情况一个用例，用例设计尽可能细化；
- 用例名称要求能简单明了的描述该用例的测试点；
- 用例级别要明确，一般主功能正常用例的级别为 1 级，复杂及异常情况用例可为 2、3 级；
- 预置条件要清楚，对该用例执行所需要满足的条件描述清楚，特别是异常情况用例时；
- 测试步骤尽量详细，要做到让用例设计者以外的人能根据测试步骤顺利执行用例；
- 预期结果要明确，对于页面跳转，数据入库等结果要细化，异常操作要有相应提示等。

测试方案与测试用例在设计完成后需要进行相关的评审，只有评审通过后才能够开展下一步工作。

第三步：实施测试。

具体测试的实施是从单元测试开始的，开发人员每完成一个功能单元都应该按照测试方案要求，使用测试用例进行测试，单元测试的具体测试人员可以是开发人员也可以是专门的测试人员，一般情况下单元测试都是由开发人员完成的，但测试人员需要跟踪测试的结果，单元测试之后的集成测试、系统测试则基本上是由专门测试人员完成，验收测试则是由专门测试人员与用户共同完成的。

在具体测试实施过程中，往往会遇到很多问题阻塞测试进度，或者问题迟迟得不到解决，此时要求测试人员能发现问题，尽量通过日志进行定位，如无法定位问题所在，应及时找相关开发人员进行问题定位及解决。

通过测试所发现的问题可以划分为以下级别：

- 致命：系统的要功能完全丧失，数据受到破坏、系统崩溃、死机等；
- 严重：系统的主要功能部分丧失，数据不能保存，所提供的功能或服务受到明显影响；
- 一般：系统次要功能没有完全实现，但不影响用户使用；
- 建议：不影响功能的，提示信息，易用性方面等。

不同级别的问题可以采用不同的处理策略，比如对于建议级的错误，如果产品开发进度很紧，那么可以采用暂时搁置的策略。搁置的问题并不代表不处理，而是暂缓处理，测试人员需要进行记录。

此外对测试中发现问题并已经解决的问题需要进行回归测试，这样做是因为不断修改问题，会导致产品出现多个版本，如果最后签入的版本不是最后修改正确的版本，那么将会导致最终的系统出错，此时发现错误，定位的难度将成倍增加。

第四步：测试总结。

当全部测试完成后需要提交测试总结报告，在之前每个阶段测试当中一般是提交测试报告，有些时候可以简化一些，采用问题清单的方式，问题清单需要明确故障的现象，采用的是哪个测试用例、出现故障的前置操作是哪些等，而测试总结报告要比问题清单复杂，需要对测试的全过程进行总结，包括测试进度、测试用例、测试环境、测试工具、测试方法、测试结论等。

以上是传统开发模型的软件测试过程，那么在敏捷开发中又是如何进行的？敏捷开发提倡以测试驱动开发，需求会按照用户需求程度以及模块之间的关联程度划分为多个迭代，一个迭代可以看成是一个小的完整的版本周期，每个迭代包含多个故事，一个故事相当于一个功能点，一个小的需求，而一个大的、完整的发布版本一般由几个迭代版本组成。在敏捷开发中的测试是从故事开始的，因此没有测试计划。下面是敏捷测试的测试过程：

- 召开故事澄清会议，参与人员包括开发人员、测试人员、用户等。通过会议让所有参与项目的人员更深入的了解需求。会议与测试相关的文档是：故事验收标准。
- 测试人员根据会议时了解的需求点编写测试方案，输出用例。完成后需要对用例进行评审，测试人员再根据意见修改用例，直到大家认可后再导入用例管理工具。
- 在故事测试之前，测试人员需要开发人员进行一部分基本功能的用例验证，用例通过后才可以转测试。
- 故事测试，测试人员执行用例→提交 bug→回归问题→故事评价→关闭故事。
- 迭代结束召开回归会议，开发与测试人员一起进行此次迭代版本的优缺点分析等。
- 问题单逆向分析，分析每个问题单产生的原因，是用例设计遗漏、老版本遗留的问题还是修改引入的问题？
- 撰写测试质量报告，从发现问题多少、严重性以及聚焦的功能点等考虑给出等级评价，并合理的给出建议。

6.4.3　自动化测试

自动化测试是把以人为驱动的测试行为转化为机器执行的一种过程。通常，在设计了测试用例并通过评审之后，由测试人员根据测试用例中描述的规程一步步执行测试，得到实际结果与期望结果的比较。在此过程中，为了节省人力、时间或硬件资源，提高测试效率，可以考虑使用自动化测试。

采用自动化测试之前需要对软件开发过程进行分析，以观察其是否适合使用自动化测试。一般需要满足以下条件：

- 需求变动不频繁

测试脚本的稳定性决定了自动化测试的维护成本。如果软件需求变动过于频繁，测试人员需要根据变动的需求来更新测试用例以及相关的测试脚本，脚本维护本身就是一个代码开发的过程，需要修改、调试，必要的时候还要修改自动化测试框架，如果投入成本大于人工测试成本，那么进行自动化测试没有必要。

- 项目周期足够长

自动化测试需求的确定、自动化测试框架的设计、测试脚本的编写与调试均需要相当长的时间来完成，这样的过程本身就是一个测试软件的开发过程，需要较长的时间来完成。项目周期的时间少于自动化测试的开发时间，那么进行自动化测试没有必要。

- 自动化测试脚本可重复使用

如果完成的自动化测试脚本不能够重复使用，同时其投入成本大于人工测试的成本，那么进行自动化测试没有必要。

除此以外，对于人工测试无法完成，或者需要投入大量时间与人力时可以考虑采用自动化测试。比如性能测试、配置测试、大数据量输入测试等。

自动化测试过程由以下六个步骤构成：

第一步：对测试需求进行分析，确定自动化测试的目标、范围以及所采用的测试工具；

第二步：设计自动化测试用例，与一般人工测试所设计的测试用例没有区别；

第三步：搭建自动化测试框架，与软件设计中的架构设计没有太大区别，定义在使用该套脚本时需要调用哪些文件、结构，调用的过程，以及文件结构如何划分。此外需要对测试用例进行分析抽取其中的公共环境、公共对象和公共方法，这些公共的环境、对象和方法能够被多个测试用例重复调用；

第四步：设计自动化测试脚本，将测试用例转化为自动化测试脚本，现在自动化测试工具也提供了脚本录制功能，对于初学脚本编制的测试人员来说是一个良好的学习机会，但一旦掌握了脚本编写之后，还是应该自行设计脚本；

第五步：测试脚本的正确性，所编写的脚本并不能直接投入到产品测试当中，需要验证其有效性后才能够投入使用。需要注意的是：不是一个测试脚本测试正确后就代表它与其他脚本协作时没有问题，在软件测试的时候，单元测试通过不代表集成测试能够通过，很多时候脚本是在无人值守的环境下自动运行的，因此需要将所有脚本进行测试和试运行之后，能够确定每次试运行结果都是正确和一致的，才能投入到生产环境；

第六步：产品测试。经过测试和试运行的脚本可以投入正常的生产环境进行产品测试。

6.5　实践指导

软件质量管理并不仅仅是一种技术管理手段，更重要的是在思想意识中需要建立质量意识，一个真正的软件开发高手与一般的开发者相比除了技术层面以外，更多的是表现在软件质量的层面，软件质量也不仅仅是所研发的一个软件能够正常的完成业务的需求（这个仅仅是最低层次的要求，一个不满足用户需求的软件是不可能被交付的），还包括代码质量、文档质量、用户体验、运行稳定性、系统坚固性、系统安全性等。一个重视软件质量的程序员可能在单日的代码量上远远小于一个不重视软件质量的程序员，但在项目整体开发速度上一定是高于后者的，原因在于在忽视软件质量进行开发的时候，大量的时间被用于纠错和返工，这样项目最终的进度被滞后了。

软件质量意识是体现在项目整体研发的细节之中的，比如通过两个文本框获得两个数字，之后做他们的除法，这个问题很简单，读者应该也能非常快的写出代码，如果手头上正好有设备，可以先把代码写出来，然后再看一下下面的问题有没有注意：

（1）从文本框获得的数据是文本的首先需要转换成数字，那么在转换的时候是否进行了类型转换纠错？

（2）当发现输入的文本类型不对的时候是否进行了提示？

（3）错误提示了是否把焦点置为出错的文本框？

（4）把焦点置为出错的文本框后，对文本框的内容进行了全选还是做了清空处理？

（5）除数是不应该是0的，那么是否进行了判断？

（6）如果判断了重复问题 2 至问题 4。

（7）对错误的提示是否明确，是否提示了正确的输入格式？

（8）对错误的判断是在文本框失去焦点的时候还是按下计算按钮的时候，还是都做了判断？

（9）两个文本框的切换使用了 Tab、Enter、鼠标还是混合的？

（10）界面设计是放了两个文本框加一个按钮还是把它弄成了一个数学表达式的样子？

（11）如果前台仅作输入，用后台来完成判断和计算的工作，那么是否考虑过注入攻击？

（12）如果前台仅作输入，用后台来完成判断和计算的工作，那么是否考虑过对传回后台的数据进行加密？

（13）接 12 问，对传回后台的加密数据是否考虑过篡改可能？

（14）对文本框、按钮还有变量的命名使用缺省命名、简单字母命名还是用了一个有意义的名字？

（15）是否对代码进行过注释，说明它们是干什么的？

（16）是否考虑过这些注释可以用 Javadoc 转化成为帮助文档？

更多的问题不再提了，有些读者现在可能会说了：这么简单的一个东西有必要弄得这么复杂吗，要记住"成败在于细节"，上面的 16 个问题可以归到前面所提到的一些质量要求（不完全的）上：

- 代码质量：问题 1、问题 5、问题 14、问题 15、问题 16。
- 文档质量：问题 15、问题 16。
- 用户体验：问题 1 至问题 10。
- 运行稳定性、系统坚固性：问题 1、问题 5、问题 13。
- 系统安全性：问题 11、问题 12、问题 13。

对于问题的归类，读者可以自行分析，但从归类中可以看出一个问题可能引起的软件质量问题是多样的。特别需要指出的是系统安全性，在存在有网络数据传输的应用中都应有一个基本假设：网络是不可靠和不安全的。

第 7 章　项目管理

07

7.1　项目管理的基本概念

项目与日常工作不同，项目是指在限定的资源及限定的时间内完成的一次性任务。具体可以是一项工程、服务、研究课题及活动等。项目管理是指在项目活动中运用专门的知识、技能、工具和方法，使项目能够在有限资源限定条件下，实现或超过设定的需求和期望的过程。项目管理是对一些与成功地达成一系列目标相关的活动的整体监测和管控。

从管理的角度，项目管理包括以下五项基本工作：

1）领导

领导是指领导者为实现组织的目标而运用权力向其下属施加影响力的一种行为或行为过程。在软件项目管理当中，领导者一般是项目经理；下属是指他所带领的为完成项目而组成的项目团队；组织目标指项目的预期目标，在软件项目中的预期目标是指按约定的项目周期、经费预算和产品质量完成软件产品。在实施项目领导工作中需要把握以下原则：

● 善于沟通

沟通是领导工作中最重要的一项，沟通不仅包括与下级的沟通，同时也包括与上级和平级之间的沟通，通过沟通能够使被沟通者更好的理解对要实施工作的想法，了解该想法的目标和思路，从而能够更好的配合（指导、建议）工作的开展。

● 制定愿景

愿景是公司对自身长远发展和终极目标的规划和描述。缺乏理想与愿景指引的企业或团队会在风险和挑战面前畏缩不前，对自己所从事的事业不可能拥有坚定、持久的信心，也不可能在复杂的情况下，从大局、从长远出发，果断决策，从容应对。

● 坚持信念

每个企业都要有自己所坚持的核心价值观和行为准则，但在企业发展过程中可能会面临各种挑战和诱惑，在短期利益与长远目标之间，领导者必须要做出选择。项目经理在企业管理层级中处于中下层的地位，面临企业的各类指标和绩效的考核，此时尤其难于做出决策。

● 团队优先

任何时候团体利益与个人利益、部门利益和企业利益之间总是存在有各种各样的冲突，各种利益关系之间的协调也是领导者的日常工作之一，在任何一家成功的企业中，团队利益总要高过个人。企业中的任何一级管理者都应当将企业利益放在第一位，部门利益其次，个人利益放在最后。有些时候作为领导者，还要勇于做出一些有利于公司整体利益的抉择，就算对自己的部门甚至对自己来说是一种损失。

● 充分授权

作为领导者，所面临的工作事务繁杂，如果事必躬亲，不光是时间、精力跟不上，更重要的是无法调动下属工作的积极性，如果将工作的选择权、行动权、决策权部分地甚至全部地下放给员工，将能够更加充分地调动员工本人的积极性，最大程度释放他们的潜力。

需要注意的是授权不等于放任，其中最重要的就是权力和责任的统一。即在向员工授权时，既定义好相关工作的权限范围，给予员工足够的信息和支持，也定义好它的责任范围，让被授权的员工能够在拥有权限的同时，可以独立负责和彼此负责，这样才不会出现管理上的混乱。

● 平等尊重

在一个组织当中，尽管有不同的管理层级和分工，但领导者与下属在人格上是平等的，因此在管理过程中，领导者与下属应该处于平等的地位，只有这样才能营造出积极向上、同心协力的工作氛围。平等尊重的第一个要求是重视和鼓励员工的参与，与员工共同制定团队的工作目标。平等尊重的第二个要求是管理者要真心地聆听员工的意见。在复杂情况面前，管理者要在综合权衡的基础上果断地做出正确的决定。

2）组织

组织是指由诸多要素按照一定方式相互联系起来的系统，按照管理学的观点，组织包含两方面含义：静态含义和动态含义，静态含义是指组织结构，即：反映人、职位、任务以及它们之间的特定关系的网络。这一网络可以把分工的范围、程度、相互之间的协调配合关系、各自的任务和职责等用部门和层次的方式确定下来，成为组织的框架体系；动态含义是指维持与变革组织结构，以完成组织目标的过程。通过组织机构的建立与变革，将生产经营活动的各个要素、各个环节，从时间上、空间上科学地组织起来，使每个成员都能接受领导、协调行动，从而产生新的、大于个人和小集体功能简单加总的整体职能。

任何组织都是由组织环境、组织目的、管理主体和管理客体这四个基本要素构成，通过它们之间的相互结合，相互作用，共同构成一个完整的组织。

● 组织环境

任何组织都处于一定的环境中，并与环境发生着物质、能量或信息交换关系，脱离一定环境的组织是不存在的。作为管理者必须要高度重视外部环境因素，包括经济、技术、社会、政治和伦理等因素，使组织的内外要素互相协调。

● 组织目的

组织目的，就是组织所有者的共同愿望，并得到组织所有成员的认同。任何一个组织都有其存在的目的，建立一个组织，首先必须有目的，然后建立组织的目标，如果没有目的，组织就不可能建立。已有的组织如果失去了目的，这个组织也就名存实亡，而失去了存在的必要。

● 管理主体和管理客体

管理主体和管理客体反映了组织内部的人员（机构）分工，管理主体是指具有一定管理能力，拥有相应的权威和责任，从事管理活动的人或机构。管理客体是管理过程中在组织中所能预测、协调和控制的对象。管理主体与管理客体之间的相互联系和相互作用构成了组织系统及其运动，这种联系和作用是通过组织这一形式而发生的。

作为管理者首先需要明确建立组织的目的，根据目的建立组织的组织框架，明确构成组织的机构、岗位的权利和义务，以及它们之间的相互关系，理顺管理流程、工作流程等相关业务流程，在工作开展工程中不断的优化和调整组织，同时需要关注组织所处的外部环境变化，根据外部环境变化对组织进行调整。

3）用人

用人是管理的精髓所在，任何组织、团队要发展、要壮大都离不开人，用人体现在选人、用人、爱护和培养几个方面。

- 选人

选人是用人的第一步，如果人选错了，那么无论后面如何努力都达不到预期的效果。选人的关键是合适的人做合适的事，高学历不等于高能力，高能力不等于最合适。学历与能力之间有一定的正相关性，但这种相关性并不是强相关，只是表明在某个方面具有比较强的能力，而这种能力未必是适合岗位需求的能力；同样的能力与合适之间也具有和学历与能力相似的关系。一般情况下，在进行选人之前需要首先制定岗位说明书，岗位说明书中会明确的提出这个岗位所需要的职业技能是什么，对人还有没有其他的要求，选人应该以岗位说明书作为标准。

- 用人

"用人不疑，疑人不用"，一旦为一个岗位选定了一个合适的人，就应该给予这个人充分的授权，给予他在这个岗位上工作所需的足够的权力，并明确他在这个岗位上所应该承担的责任，同时对他在工作中所遇到的困难应区分不同情况给予指导和帮助。作为领导者要有"容人之量、用人之量"。

- 爱护

充分授权不代表放任自流，在工作过程中还是需要严格要求，一味的包庇纵容并不是爱护员工的表现，相反在发现问题的时候能够及时给予批评指正，并严格按照规章制度进行处理是爱护员工的表现，只有这样才能够避免小问题积累成大问题，最后不可收拾。因此在工作过程当中的监管是必需的。

- 培养

对于员工的培养不仅是组织发展的需要，同时也是员工个人发展的需要，从组织发展的角度，组织发展后对员工素质的要求也会随之提高，员工素质提高了组织自然也得到了发展，两者是相辅相成的，而且组织发展必须要有一批忠诚于组织愿景的员工；从个人发展的角度，按照马斯诺的需求理论，人在某个层次的需求得到满足后，是有继续向上的动力的，如果员工自身感觉在组织中没有发展，那么只有两种选择：离开或者消极怠工。对员工的培养不仅是对其劳动技能的培养，同时也需要对他的思想品行进行培养。

4）计划

计划是指根据对组织外部环境与内部条件的分析，提出在未来一定时期内要达到的组织目标以及实现目标的方案途径。计划可以根据完成目标的时间长短分为短期计划、中期计划和长期计划，同时一个大的计划也可以分解成若干更小一些的子计划；根据完成目标的性质可以分成战略计划和战术计划，一般情况下战略计划对应为长期计划，可以分解成若干战术计划来完成，战术计划对应到中、短期计划。

按照哈罗德·孔茨和海因·韦里克的理论，计划从抽象到具体的制定过程可以划分为：目的、目标、战略、政策、程序、规则、方案以及预算。

● 目的

任何一项有意义、有组织的活动都是有其目的或者使命的，目的是指行为主体根据自身的需要，借助意识，观念的中介作用，预先设想的行为目标和结果。比如通过本项目实施改进企业的生产处理流程，达到减员增效的目的。

● 目标

目的具有抽象性和原则性，在具体实施的时候需要将目的进一步具体为目标，目标具有可量化和可考核的特征，通常一个目的可以分解为若干具体目标来实施，具体目标和计划一样可以分为长期目标、中期目标、短期目标、战略目标和战术目标。

● 战略

战略是宏观上为了达到总目标而采取的行动和利用资源的总方针，其目的是通过一系列的主要目标和政策去决定和传达应该如何去完成总目标。战略不应该涉及为了完成目标而具体采用的措施和任务。

● 政策

政策是组织的决策层为了体现决策思想，以权威形式、标准化地规定在一定的时期内，应该达到的奋斗目标、遵循的行动原则、完成的明确任务、实行的工作方式、采取的一般步骤和具体措施。政策能事先决定问题处理的方法，这样一方面减少对某些例行问题时间上处理的成本，另一方面把其他计划也统一起来了。在运用政策时，处理人员在不违反政策的前提下具有一定的自行裁量权。

● 程序

程序是行动的指南，是针对于某项具体工作(活动)的完成而制定的具体工作方式，并按照时间顺序对所需的活动进行排列。有些时候程序会与政策混淆，特别是在一些基层的活动中，程序所代表的就是政策，但政策的涵盖面更广，程序是在政策中针对某项具体事务处理的方法和步骤，程序所规定的处理方法和处理步骤在没有得到授权变更的前提下，是不允许具体处理人员随意更改的。

● 规则

规则代表的是一种管理决策，应该详细、明确的阐明必需行动或无需行动。规则是对程序的必要补充，既可以对程序本身的某项具体活动进行补充，也可以对程序本身进行补充。规则也不同于政策，政策的目的是指导行动，并给执行人员留有酌情处理的余地；而规则虽然也起指导作用，但是在运用规则时，执行人员没有自行处理的权限，这一点和程序一样，因此就规则性质而言，规则和程序均旨在约束思想，只有在不需要组织成员使用自行裁量权时，才使用规则和程序。规则和程序都是对政策的必要补充和完善，从时效性的角度，政策的时效性大于程序和规则，程序和规则可以根据组织内外部环境的变化随时进行修改，但政策的修改需要慎重。

● 方案

方案是一个综合的计划，它包括目标、政策、程序、规则、任务分配、要采取的步骤、要使用的资源以及为完成既定行动方针所需要的其他因素。一项方案可能很大，也可能很小。通常情况下，一个方案可以分解成若干子计划，这些子计划可以分成两类：一类是支持计划，也就是项目开展前的一些前期准备工作，这些工作是开展项目所必须具备的基础，比如用人计划；另一类是项目本身的执行计划，是完成项目的必要工作，比如开发计划、测试计划、进度计划等等。所有这些计划都必须加以协调和安排时间。

- 预算

预算在软件项目中是指为完成项目所需投入的人力成本、设备成本、维护成本等的预期，所有项目都需要进行投入产出比的分析，如果产出不能收回成本，或者收益很低，这个项目可能就会被取消，当然不能因为这种可能性就故意去压低预算。预算在项目成本控制当中是非常重要的一个环节。

5）控制

控制就是按设定的标准去衡量计划的执行情况，并通过对执行偏差的纠正来确保计划目标的正确与实现。控制由一系列活动构成，包括：计划组织的行动；协调组织中各部分的活动；交流信息；评价信息；决定采取的行动；影响人们去改变其行为。控制活动分成多种类型，常见的有以下三种：

- 事前控制、事中控制和事后控制

事前控制：指组织在一项活动正式开始之前所进行的管理上的努力。它主要是对活动最终产出的确定和对资源投入的控制，其重点是防止组织所使用的资源在质和量上产生偏差。

事中控制：在某项活动过程中进行的控制，管理者在现场对正在进行的活动始终给予指导和监督，以保证活动按规定的政策、程序和方法进行。

事后控制：它发生在行动或任务结束之后。通过对结果的评价，决定补救措施。

- 预防性控制和纠正性控制

预防性控制：是为了避免产生错误和尽量减少今后的纠正活动，防止资金、时间和其他资源的浪费。

纠正性控制：对于管理者没有预见到问题，当出现偏差时采取措施，使行为或活动返回到事先确定的或所希望的水平。

- 反馈控制与前馈控制

反馈控制：指从组织活动进行过程中的信息反馈中发现偏差，通过分析原因，采取相应的措施纠正偏差。

前馈控制：通过对情况的观察、规律的掌握、信息的分析、趋势的预测，预计未来可能发生的问题，在其未发生前即采取措施加以防止。

在软件项目中，控制的核心内容是进度、质量、成本和风险。其中，质量控制在前一章已经说明，进度、成本和风险将会在后面三节中进行具体的说明。

7.2 进度管理

项目进度管理是指在项目实施过程中，对各阶段的进展程度和项目最终完成的期限所进行的管理。一般情况下首先是制定进度计划（包括子计划），之后在执行过程中，检查实际进度是否按计划要求进行，若出现偏差，便要及时找出原因，采取必要的补救措施或调整、修改原计划，直至项目完成。其目的是保证项目能在满足其时间约束条件的前提下实现其总体目标。项目进度管理包括两大部分的内容，即项目进度计划的制定和项目进度计划的控制。

7.2.1 制定计划

在制定项目进度计划时，必须以项目范围为基础，针对项目范围的内容要求，有针对性的安排项目活动。项目计划的编制可以分成七个步骤(图7-1)：

1)项目描述

项目描述的基础是项目立项规划书、初步设计方案以及可行性分析报告，其目的在于对项目的总体目标进行概要性的说明，建立项目实现的基线目标或者是确定项目的范围，是下一步工作的基础。

项目描述一般是以表格的形式进行说明，内容包括项目名称、项目目标、交付物、交付物的质量标准(验收标准)、工作描述、工作规范、所需资源估计、重大里程碑等，项目描述最后需要通过项目主管确认。

2)项目分解

在项目描述的基础上可以进行项目分解，一个项目总是由若干个工作任务构成的，分解的目的就是将项目目标分解为一个个相对独立、可以进行独立考量的工作任务，项目分解后的工作任务粒度不宜过大也不宜过细，特别是在软件项目当中，过细的分解如果到函数这一级实际上已经没有意义，此时系统设计还未开始，也不可能划分出函数。

工作分解的常用工具是工作分解结构(WBS)，WBS主要是将一个项目分解为易于管理的几个部分，以便确保找出项目所需的所有工作要素。WBS通常是一棵面向结果的树，最底层是细化后的可交付成果，该树确定了项目的整个范围。WBS分解可以有两种类型：

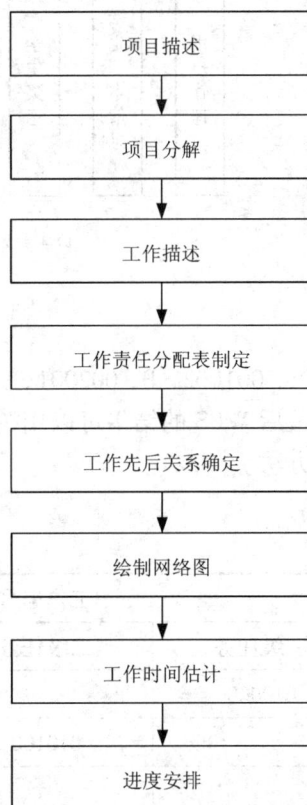

图7-1 计划制定流程

• 基于可交付成果的划分，上层一般是为可交付的成果为导向，下层一般为可交付成果的工作内容。

• 基于工作过程的划分，上层一般是按照工作的流程分解，下层按工作的内容划分。

图7-2说明了WBS的两种不同划分方式。这两种方式不存在优劣的区分，只是从不同的角度对项目进行分解，其最终目标是一致的，但在实际使用时两种分解类型不能混用。

WBS分解结束后需要检查分解结果是否正确，检查的标准是：

• 最底层的要素是否是实现目标的充分必要条件；

• 最底层要素是否有重复；

• 每个要素是否清晰完整；

• 最底层要素是否可以定义清晰的责任人，是否可以进行成本估算和进度安排。

确认分解无误后对WBS分解任务进行编号，编号最常见的是采用分层编号的形式，可以用数字编号也可以用字母编号或者混用，但上下层之间的编号必须清楚，如可以用A，A.1，A.2，B，B.1或001000，001001，001002，002000，002001这种形式，不能够是这样的：A，

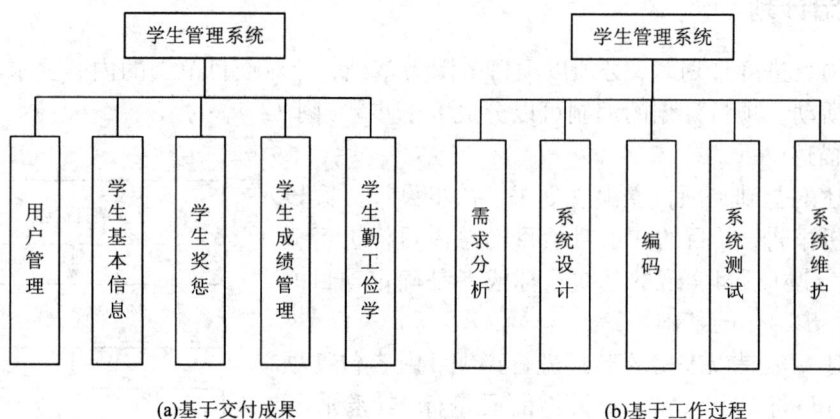

(a)基于交付成果　　　　　　　　　　(b)基于工作过程

图 7-2　WBS 分解

001001，001002，B，002001，这种方式无法看出上下层任务之间的关系。

最后 WBS 的结果可以用树表示，也可以用表格来进行表示，表 7-1 说明了 WBS 的表格表示方法。

表 7-1　WBS 工作任务分解表

工作编号			任务名称	描述
一级任务	二级任务	三级任务		
010000				
	010100			
		010101		
		010102		
	010200			
	010300			
020000				

3）工作描述

这一步需要对通过工作任务分解所得到的各项子任务进行详细说明，包括具体内容和要求，工作描述的成果包括项目工作列表和工作(任务)描述表。

项目工作列表的基本内容包括：工作代码（WBS 编号），工作任务名称、输出（完成任务后应输出的信息以及对输出信息的规范和内容定义）、输入（完成本项工作所要求的前提条件）、负责单位、协作单位、子工作（WBS 当中与本工作直接相连的下属工作），见表 7-2。

表 7 - 2 项目工作列表

工作编号	工作名称	输出	输入	负责单位	协作单位	子工作

工作(任务)描述表的基本内容包括：工作编号、工作任务名称、交付物、验收标准、技术条件、任务描述、假设条件(任务完成的前提条件)、信息源(获取本项目完成所需信息的来源)、约束(完成本项目所需的约束条件，比如时间、人员、价格等)、其他(其他可能影响项目的因素及其防范措施)，见表 7 - 3。

表 7 - 3 工作描述表

工作编号	010000
工作名称	系统需求分析
交付物	用户需求规格说明书、系统接口说明书
验收标准	符合 GB/T 8567—2006 标准要求，并经过评审
技术条件	无
任务描述	对目标系统进行用户需求调研
假设条件	项目已经立项，完成招标采购工作
信息源	目标用户，XXX 领域专家
约束	在 15 个工作日完成
其他	调研用户可能出差或其他原因不能参与现场调研，通过电话或邮件方式解决

4)工作责任分配表制定

在工作分解结构图和项目组织结构图的基础上，将项目分解的各个子工作任务落实到具体的责任人，一般情况下，一项工作的完成并不是一个人就能够独立完成的，还包括其他辅助人员和相关部门，在工作责任表中应该明确的标识出来，对一个工作任务的具体责任可以简单的分为以下几类：实际负责、一般监督、参与商议、可以参与商议、必须通知、最后批准。

可以将工作任务、责任人和具体责任形成一个二维矩阵，见表 7 - 4。

表 7 - 4 工作责任分配表

任务 责任人	任务 1	任务 2	任务 3	任务 4	任务 5	任务 6
责任人 1	实际负责	参与商议	一般监督	最后批准	参与商议	最后批准
责任人 2	可以通知参与商议	实际负责	最后批准	实际负责		
责任人 3	最后批准	一般监督	实际负责	参与商议	最后批准	必须通知
责任人 4	参与商议	最后批准			实际负责	实际负责

5）工作先后关系确定

任何工作都是有先后顺序的，这里面取决于三种因素：强制逻辑关系，工作本身具有严格的顺序，比如采用瀑布模型进行开发，那么需求分析和系统概要设计之间就存在强制逻辑关系；组织关系，这一类工作没有强制性的前后逻辑关系，比如一些并发性的工作，因为人员或其他因素的限制需要逐个完成，此时谁先谁后就取决于项目主管的经验；外部因素制约，有些时候工作的前后关系会受到外部因素的制约，同时这些工作之间又不存在强制逻辑关系，比如需要调研 3 个人，那么这 3 个人的调研顺序受到他们本身工作安排的限制。

工作先后关系的确定是从强制逻辑关系开始的，这类工作是在项目中最多的，也是主要的工作，之后再考虑组织关系的工作，在处理组织关系工作顺序的同时需要考虑外部因素的制约。工作先后关系可以用单代号网络计划、双代号网络计划、GERT/PERT 网络或样板网络等工具来进行描述，下面介绍前面两种。

● 单代号网络（图 7 - 3）：是一种使用节点表示工作，有向线表示工作关系的网络图，简称 AON，其中：每个节点代表一项工作，不能重复，再用数字序号表示工作时要按从小到大顺序排列，工作关系有四种，结束（上一工作任务）到开始（下一工作任务）、开始（一个工作任务）到开始（另一个工作任务）、结束（一个工作任务）到结束（另一个工作任务）、开始（一个工作任务）到结束（另一个工作任务），工作关系中不允许出现循环的情况。

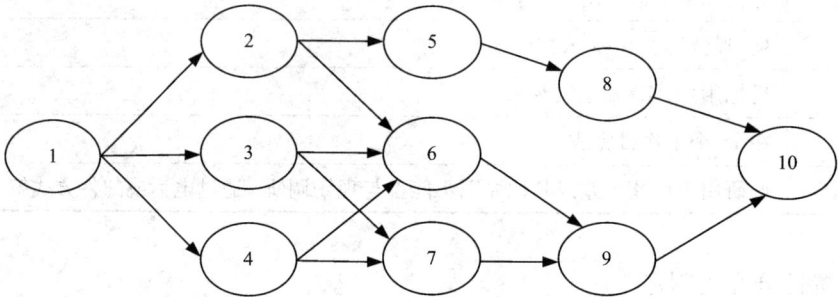

图 7 - 3　单代号网络

双代号网络（图 7 - 4）：是一种用有向线表示工作，节点表示工作相互关系的网络图，简称 AOA。双代号网络一般仅使用结束到开始的关系，因此为了表示所有工作之间的逻辑关系需要引入虚工作（有向线为虚线）加以表示。图 7 - 4 是图 7 - 3 的双代号网络表示。

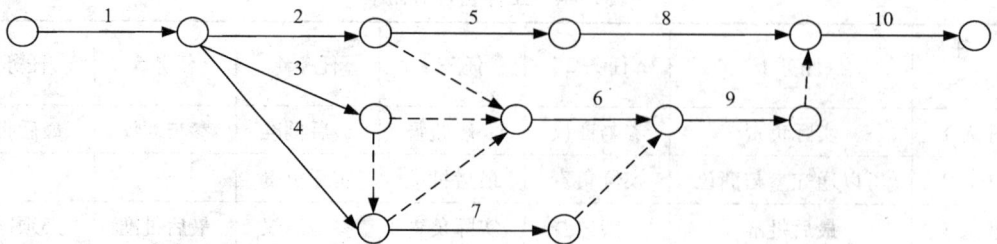

图 7 - 4　双代号网络

工作先后顺序除了用图形表示外也可以用表格进行描述，表 7 - 5 给出了上述工作任务的网络计划工作表。

表 7 - 5　网络计划工作表

任务编号	名称	紧前工作编码	紧后工作编码	时间(天)	负责人
1	任务 1	—	2, 3, 4		
2	任务 2	1	5, 6		
3	任务 3	1	6, 7		
4	任务 4	1	6, 7		
5	任务 5	2	8		
6	任务 6	2, 3, 4	9		
7	任务 7	3, 4	9		
8	任务 8	5	10		
9	任务 9	6, 7	10		
10	任务 10	8, 9	—		

上述工作关系所描述的都是紧邻的情况，比如 A 结束后马上开始 B，有些时候存在更复杂的一些情况，比如 A 结束后需要经过 n 时间的等待才能够开始 B(FTS)，或者在 A 开始后经过 n 时间的等待才能够开始 B(STS)，或者在 A 开始后经过 n 时间才能够结束 B(STF)，或者在 A 结束后经过 n 时间才能够结束 B(FTF)。这些情况的网络图绘制，读者可以参考相关的文献。

6) 工作时间估计

工作时间一般是指某项工作从开始到结束的延续时间。工作时间估计是项目计划制定当中的一项重要基础工作，直接关系到各事项、各工作网络时间计算和整个项目完成所需要的总时间，一般在工作时间估计的开始不需要考虑整个项目的工期，而是客观根据已有的资源、人力、物力和财力的前提下，按照正常工作开展的状态罗列所有工作所需的时间，之后再根据工期对时间进行调整。

在工作时间估计时要注意的是资源需求(包括资源、人力、物力、财力)与资源能力(能够有的资源、人力、物力、财力)两者的关系并不能够直接的、线性的映射到工作时间上面，比如项目需要 100 个人 100 天完成，那么当只有 50 个人的时候，是否时间就只需要 200 天呢？如果是简单的重复生产可能是这样的，但对于软件项目就不一定了。

除了受到资源的约束以外，造成时间估计不准确的另一个原因是人的熟练程度，一个全部由熟手所构成的团队和一个全部由生手构成的团队，两者的时间肯定不一样，同样由生手构成的团队，团队的学习曲线对项目的时间影响也是非常大的。

对于时间估计可以采用以下几种方法：
- 专家判断：专家根据历史的经验和现有的信息做出决定；
- 类比估计：按照之前完成过的类似项目进行推测；

● 单一时间估计法：估计一个最可能工作实现的时间；

● 三个时间估计法：估计工作执行的三个时间：乐观时间 a、悲观时间 b 和正常时间 m，那么期望的时间 $t = (a + 4m + b)/6$，这种方式在敏捷开发中经常用到，当故事讲述结束后，大家一起来估算时间，从所估算的时间中取最大值、最小值和中间值，代入公式就是所期望完成的时间。

工作时间估计结束后可以把时间填入到表 7-5 网络工作计划表。

7）进度安排

进度安排的目标是确定每项工作的起止时间以及相应的资源配备，与工作时间估计不一样，在进度安排时需要考虑项目工期的约束，如果预计的项目时间超过约定的项目工期，就需要进行工作时间的压缩或者调整。

对进度安排常用的技术分析手段主要是关键路径法（CPM）（图 7-5）。关键路径法可以确定项目中各项工作最早、最迟开始时间和结束时间，通过最早、最迟时间的差额可以分析每项工作对时间的紧迫程度和工作的重要程度。最早和最迟时间的之间的差额称为机动时间，机动时间为 0 或最小的工作被称为关键工作（关键活动）。关键路径法的目的就是要确定项目中的关键工作，所有关键工作连接起来就构成关键路径。

关键路径法中需要计算如下时间参数：

◈ 最早开始时间（ES）：ES = MAX（紧前工作的 EF）；

◈ 最早结束时间（EF）：EF = ES + 活动工期 DU；

◈ 最迟开始时间（LS）：LS = LF - 活动工期 DU；

◈ 最迟结束时间（LF）：LF = MIN（紧后工作的 LS）；

◈ 总时差（TF）：TF = LF - EF 或者 TF = LS - ES；

◈ 自由时差（FF）：FF = MIN（ES（紧后工作））- EF。

如果各项活动之间存在有 FTS，STS，FTF，STF 的情况，需要对上述时间计算进行调整，具体调整方法，读者可以参考其他文献或自行推导。在计算最早时间的时候采用正向推导，从第一个活动开始向后推导，计算最晚时间采用逆向推导，从最后一个活动开始向前推导。

除关键路径法分析以外，还有计划评审技术（PERT）、图示评审技术（GERT）、风险评审技术（VERT）等。

确定关键路径之后可以进行项目活动时间的压缩或调整，有两种方法可以采用：

● 费用交换

通过增加关键路径当中某些活动的资源，从而降低该项活动的预期时间，达到缩短工期的目的。一般采用时间-成本平衡法，任何一项活动都可以预估它的正常时间、正常成本、应急时间（完成活动所需要的最少时间，不能够再次下降）和应急成本，当从正常时间缩短到应急时间的时候，正常成本可以认为是按线性关系上升到应急成本。在关键路径中找出单位时间成本上升幅度最小的活动，缩短它的工期，缩短后需要重新计算关键路径，如此反复直到项目达到预期工期为止。

● 工期优化

在不增加项目总成本的前提下，可以采用工期优化的方法，具体实施有三种方式：

◈ 强制缩短：在关键路径上强行缩短活动的时间，可以从开始先压缩或者按比例压缩所有活动的时间或者选择某些活动进行压缩；

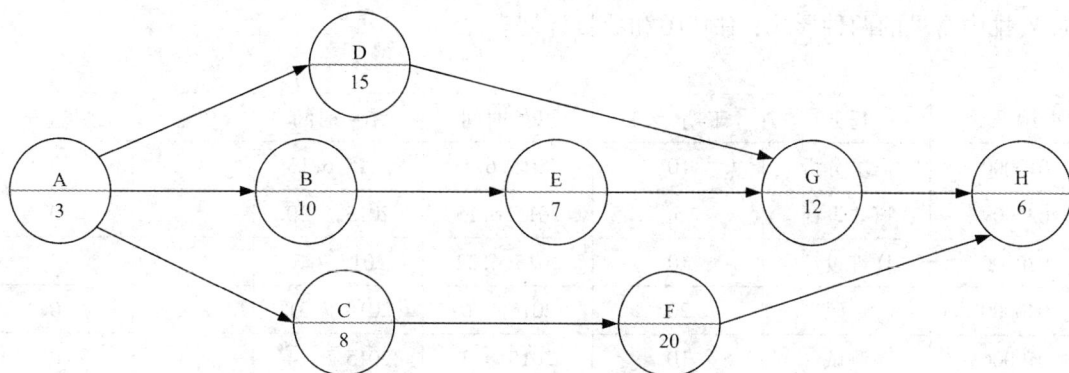

（a）某项目计划网络图（项目工期 42 天）

活动	DU	最早		最迟		TF
		ES	EF	LS	LF	
A	3	0	3	4	7	4
B	10	3	13	7	17	4
C	8	3	11	8	16	5
D	15	3	18	9	24	6
E	7	13	20	17	24	4
F	20	11	31	16	36	5
G	12	20	32	24	36	4
H	6	32	38	36	42	4

（b）时差计算表

①最小时差法：A→B→E→G→H

②最长路径法：有三条路径：

　　　　A→D→G→H　　　　长度：36

　　　　A→B→E→G→H　　　长度：38

　　　　A→C→F→H　　　　长度：37

　　因此 A→B→E→G→H 是关键路径

（c）计算关键路径

图 7 – 5　关键路径法

　　◈调整工作关系：根据活动的性质，可以将关键路径上的某些串联活动改变为并行活动；

　　◈关键路径转移：利用非关键活动的时差，将非关键活动的资源分配给关键活动，从而降低关键活动的时间，此时需要重新计算关键活动路径。

　　在完成项目的工期安排后可以加上日期最后完成整个进度的安排，最后项目进度安排可以用带日期的网络图、甘特图、里程碑图、项目计划表等形式进行描述，图 7 - 6 说明了项目进度安排中常见的两种形式：甘特图和项目计划表。

编号	任务	工期(天)	开始时间	结束时间	资源	进度(%)
010000	需求分析	10	2015.6.1	2015.6.12		0
020000	概要设计	5	2015.6.15	2015.6.20		0
030000	详细设计	10	2015.6.22	2015.7.3		0
040000	编码	20	2015.7.6	2015.7.31		0
050000	测试	10	2015.8.3	2015.8.14		0
060000	试运行	10	2015.8.17	2015.8.28		0

(a)项目计划表

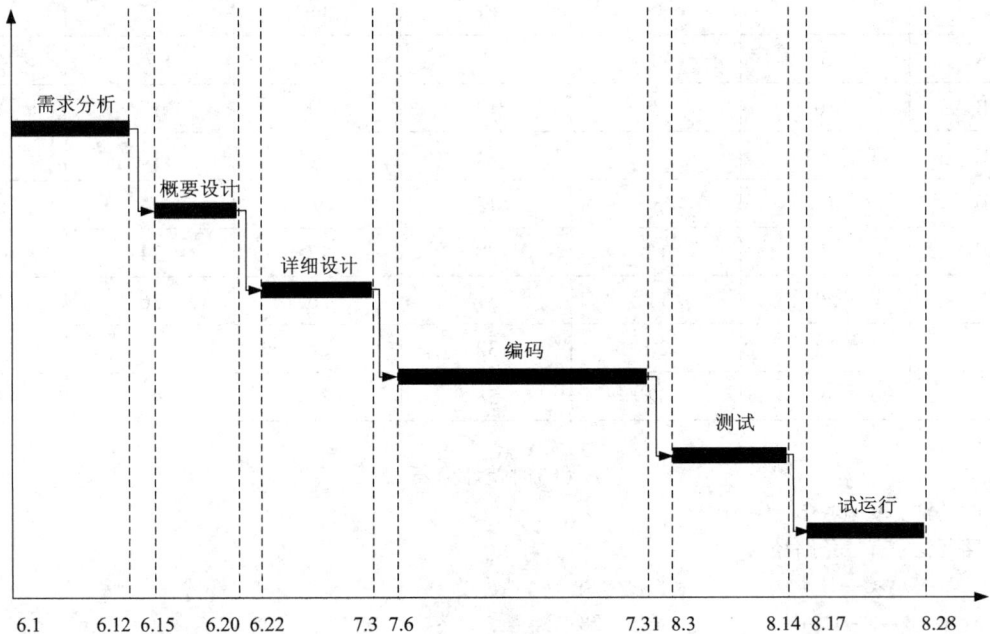

(b)甘特图

图 7 - 6 项目进度安排

7.2.2 进度控制

项目进度控制是指对每项工作的进度进行监督，对那些出现偏差的工作采取必要的措施，以保证项目按预定的进度按时、按质和在预算范围内完成。进度控制是在进度计划的基础上进行的，一般的过程是：收集项目进度信息→发现偏差→采取措施。

1)收集项目进度信息

收集项目进度信息的方法有很多，常用的方式有抽检、日例会、周例会、里程碑会议、日报、周报、月报。

日例会是在软件项目实施过程中的一种常见做法，为了避免耗费过多的时间，一般采用"站立会议"的方式，项目组成员简短的汇报目前工作的进度和遇到的问题，项目经理要将这些内容记录下来；如果项目较大，成员众多，采取整个项目组全体成员召开日例会的方式是不合适的，这时会采用小组会议的形式，而整个项目的进度汇报则会采用周例会的形式，在周例会上每个小组的负责人负责汇报本组项目实施的进度和遇到的问题。里程碑会议一般是在一个重要节点结束后才召开的会议，这个会议的目的除了检查进度以外，更重要的是对上一阶段工作的总结，检讨在上一阶段工作中存在的问题，并提出下一阶段的改进措施。

日报、周报和月报是项目进度检查的另一种方式，项目组成员根据自己完成工作的进度形成日报和周报，小组负责人根据小组成员的日报和周报形成周报和月报，项目经理根据小组负责人的周报、月报形成月报。

采用例会或报告的形式收集项目信息并不能取代抽检，原因在于不论是例会还是报告，项目组成员可能会有意或无意的忽视一些问题，也可能对进度的实际情况描述不准确，因此抽检是必要的，抽检工作的开展并不完全是由项目经理一个人来完成的，小组负责人负有同样的责任。抽检是以例会和报告为基础的，通过检查可以发现一些报告中所没有反映或者重视程度不够的问题。

2）发现偏差

通过采集所获得的进度信息，项目经理需要进行进一步的整理、分析，并从中发现问题，找出原因。

进度问题可能有多种表现，包括：实际进度快于原先所预期的进度、实际进度慢于原先所预期的进度、产品质量低于原先的预期、项目费用超出了原先的预算等，一般情况下实际进度比预期进度快是有益的，但是在一些特殊情况下，进度快可能并不是好事，比如一项活动完成后就要开始占用项目资金，那么提前完成活动，就意味着项目资金占用的开始。而且如果某项活动过快的完成也意味着项目进度计划可能存在问题。

造成进度问题的原因有很多，大概可以归纳成以下几种：

• 项目进度计划的问题：可能不合理的预估了项目活动所需要的时间，各项活动配置的资源不合理；

• 人员问题：参与项目的人员没有经过充分的训练，可能有一定的工作情绪，可能有家庭问题等；

• 资源问题：活动所需的资源没有及时到位，或者资源的品质存在问题等；

• 技术问题：活动开展所需要的技术目前还没有掌握，活动过程中遇到了技术难题等；

• 用户需求变更：项目开展过程中，用户的需求发生了变化；

• 其他外部因素：因外部环境变化，项目受到相关社会、法律或道德等方面的制约等。

3）采取措施

针对项目中所出现的问题，在找出原因后需要采取一定的措施，需要注意的是"不作为"也是措施之一，比如出现项目进度高于预期的时候可以选择"不作为"，当然在选择"不作为"的时候需要经过慎重的考虑，最起码在高层过问的时候需要给出合理的解释。在项目进度控制中可采取的措施有：

• 调整项目进度计划：这是一种通常的做法，调整方法可以用费用交换或工期优化；

- 做好资源保障工作，必要时增加资源投入：确保后续各项活动计划所需的资源能够及时到位，如果需要可以增加资源的投入量；
- 做好人员培训工作：人员培训可以利用空闲时间进行，避免影响项目进度；
- 控制用户变更：响应用户需求变更是必需的，但是并不是说用户一有变更便马上修改项目，需要对变更进行分析，确定变更对项目的影响后才能够做出决定；
- 做好心理辅导工作：当项目存在较大的进度问题的时候，项目组成员所面临的心理压力也会随之增大，因此要通过心理辅导进行疏导。心理辅导也可以解决项目组成员其他的一些心理问题；
- 寻求外援：当碰到项目组无法解决的技术难题，或者是一些项目组无法解决的外部因素的时候，需要考虑寻求项目组之外的帮助，这些帮助可能来自于企业的高层、用户以及外部其他专家。

7.3　成本管理

软件项目成本管理是指在项目实施过程中，为了保证完成项目所花费的实际成本不超过其预算成本而开展的项目成本估算、预算编制和成本控制等方面的活动。

软件项目成本由二部分构成：

- 直接成本：包括直接人力成本和直接非人力成本，其中直接人力成本包括项目组成员的工资、奖金、福利等人力资源费用，直接非人力成本包括与项目相关的办公费、差旅费、培训费、业务费、采购费及其他相关费用；
- 间接成本：包括间接人力成本和间接非人力成本，其中，间接人力成本指的是服务于研发管理整体需求的非项目组人员的人力资源费用分摊；间接非人力成本指不为研发某个特定项目而产生，但服务于整体研发活动的非人力成本分摊，包括房租、水电、物业，研发人员日常办公费用分摊及各种研发办公设备的租赁、维修、折旧分摊。

7.3.1　项目资源计划

完成任何项目都需要消耗一定的资源，资源可以理解成为一切具有现实和潜在价值的东西，包括人力资源、材料、设备和资金等。任何项目都受到有限资源的约束，项目所使用和消耗的资源都需要计入成本。

项目资源计划是在分析、识别项目的资源需求，确定项目所需投入的资源种类、数量和时间的基础上，制定科学、合理、可行的项目资源计划的项目成本管理活动。其工作基础是工作分解结构 WBS、项目进度计划、历史资料、资源库描述（对项目拥有的资源存量的说明）和组织策略（项目所在的企业文化、项目组织结构、项目获得资源的方式和手段等）。编制项目资源计划一般分为四步。

1）资源需求分析

通过分析确定工作分解结构中每一项任务所需的资源数量、质量及其种类，根据项目相关领域的定额或经验数据，确定资源需求量。

- 工作量估算

工作量的大小决定了所需的人力资源的数量，在软件项目中人力资源的主要构成是开发人员，因此一般工作量计算是从项目的代码行数估算开始的，估算代码行数可以采用专家评估和经验数据两种方式，实质上专家评估也是基于经验数据的，经验数据则来自于其他类似的项目。

很多时候代码行数的估计是不准确的，因此工作量估算的另外一种方法是采用功能点估算，在完成项目立项分析之后，初步的功能点已经可以列出，通常在进行项目立项或者是进行招投标的时候也会要求提供初步的功能列表和说明，这个功能列表和说明与未来将要实现的系统基本接近(除非是在项目实施过程当中出现重大的需求变更)，可以根据功能点的难易程度来估算每个功能点所需要的工作量，最后加总得到整个项目的开发工作量。

工作量估算的具体做法参看 7.3.2 节。

● 人力资源估算

在工作量估算的基础上可以进行人力资源需求的估算，一个项目除了开发人员以外还包括系统分析人员、测试人员、文档管理人员、配置管理人员、质量保证人员等，开发人员的数量需求可以用 7.3.2 节所介绍的估算方法进行估算，其他人员一般是定量或按开发人员比例来进行配套，具体配置数量取决于岗位的性质和工作要求，比如系统分析人员，如果项目所需的开发人员数量较大，说明项目的规模很大，那么需要配置的系统分析人员的数量就要增加，这就是按比例配置，但是对于文档管理人员就没有必要说要按比率来增加，项目再小也需要有一个文档管理人员。

● 设备需求

设备需求是指在软件项目开发中所需的软硬件设备，不包括已经配置给项目组成员已有的软硬件设备，这些设备已经纳入期间费用进行了分摊，它所指的是为了该项目正常开展所需要采购或升级的软硬件设备，以及进行项目所需的各类后台计算及存储资源(这些资源可能需要购买、租赁或者已经部署但需要在各个项目组之间进行分配)。

● 场地需求

一般情况下项目组成员如果能够集中办公对项目进度是有好处的，但很多时候做不到这一点，因此最低限度需要提供项目组成员能够集中聚会的场所，比如会议室。

● 消耗品

消耗品是在资源分析中比较容易忽视的一个部分，消耗品包括笔、纸张、水、电等，但消耗品又难于计数，所以一般采用定额的方式进行确定。

资源需求分析的结果可以在项目计划表或者是甘特图上进行记录，也可以使用项目资源矩阵(表 7 - 6)或项目资源数据表(表 7 - 7)表示。

表 7 - 6　项目资源矩阵

工作	资源					备注
	资源 1	资源 2	资源 3	资源 4	资源 5	
工作 1						
工作 2						

表 7－7　项目资源数据表

资源	总量	时间安排				备注
		T1	T2	T3	T4	
资源 1						
资源 2						

2）资源供给分析

确定资源需求后需要分析资源的供给，资源可以分为存量资源和新增资源两类，如果存量资源不能够满足项目的需求那么就需要通过招聘、采购或者是租赁的方式进行新增来满足资源的需求，对一个资源可以用图 7－7 资源负荷图来进行分析。

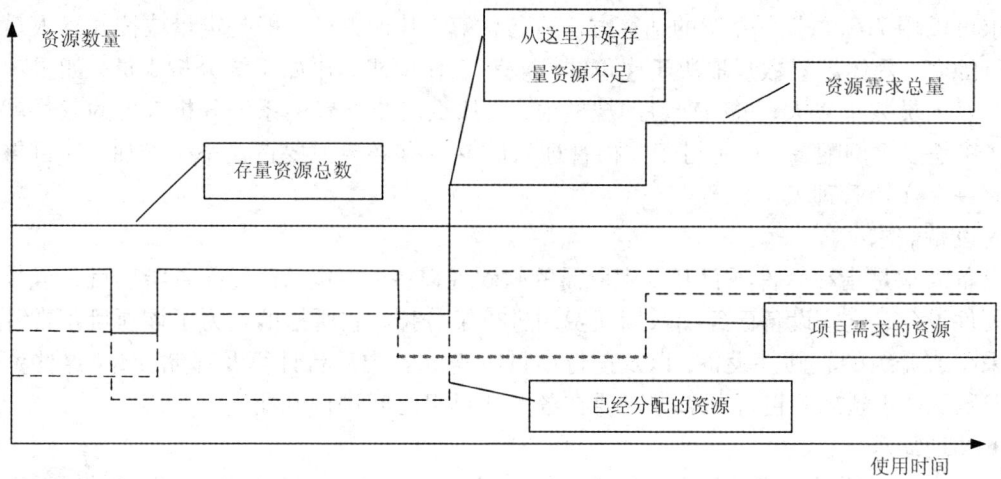

图 7－7　资源负荷图

所有资源的使用都是动态的，为一个项目分配资源的时候必须要考虑其他项目资源分配的使用情况，但总量不足于进行分配的时候可以采取四种策略：是否有可替代的资源、如果有则使用可替代资源；调整本项目的进度，通过延长使用该资源的工作时间降低资源的需求量，或者是避开资源需求的高峰，错峰使用；调整其他项目的进度；新增资源。一般情况下建议采用前两种策略，避免因为一个项目而导致其他项目进度的调整或者是增加项目的采购成本。

3）资源成本比较和资源组合

有些时候资源之间存在一定的可替代性，比如，如果没有足够数量的熟练开发人员，那么可以通过一个熟练人员带几个新手的方式来解决；如果没有足够的服务器也可以使用高性能的 PC 来充当服务器。这个时候对同一活动资源需求的解决就有了多种方案，这样可以对这些方案的成本进行分析比较，分析比较的过程除了要考虑方案的直接成本，还需要考虑间接成本，比如用新手代替熟手，在数量上可能能够进行弥补，但质量上就不一定能得到保证，换句话说此时就需要投入更多的质量成本来保障质量，所增加的质量成本就是间接成本。

但是并不是说在所有资源组合当中选择成本最低的就是最好的选择,因为这其中受到很多内、外部因素的制约,还是以开发人员为例,假设全部使用新手的综合成本低于全部使用熟手的综合成本,那么是否使用新手就是最好呢? 这个不一定成立,使用新手的前提是需要能够招聘到足够的新手,但招聘属于外部因素是不可控的;此外新手是需要训练的,在软件行业虽然有足够多的培训机构,但真正落实到一个项目,"师傅带徒弟"这种传统的训练方式还是不可取代的,因此最优的组合是熟手与新手的组合,他们的成本可能介于新手组合与熟手组合之间。

4)确定项目资源计划

通过对资源需求分析、供给分析、资源组合成本分析,最后可以形成项目资源计划,此时计划中的所有资源都是可以分配的。项目资源计划可以用表 7 - 6 和表 7 - 7 的形式进行说明。

7.3.2 项目成本估算

在进行项目资源计划的时候实质上已经开展了一部分项目成本估算的工作,包括工作量估算以及资源组合成本估算等,因此项目成本估算是建立在项目资源计划的基础上,利用资源单位价格、历史信息以及会计报表对整个项目的成本进行近似估算,估算的结果是进行项目预算的基础。

1)软件规模估算

软件规模可以用代码行分析和功能点分析两种方法,现在常用的是功能点分析。

功能点(FP)分析是一种从用户角度对软件开发进行度量的方法,主要从逻辑设计的角度出发对提供给用户的功能进行量化,确定软件的规模。功能点分析的步骤如下:

第一步:识别功能点的类型。

功能点分析可以用在项目上也可以用在应用上,识别类型就是确定是项目还是应用,项目还需要进一步区分是开发项目还是升级项目。

第二步:识别分析范围和应用边界。

分析范围的界定限制了再一次分析中所应该包括的功能范围。应用边界的界定划分了被分析应用于用户之间的界限。

第三步:确定未经调整的功能点数(UFP)。

未经调整的功能点数反映了应用向用户提供的功能数量。可以分成两类:数据功能和交易功能(图 7 - 8)。

数据功能是指向用户提供的满足内部或外部数据需求的功能,包括:

● 内部逻辑文件(ILF),指一组用户能够识别的,存在内在逻辑关联的数据或者控制信息,这些数据或信息应该在本应用的边界之内被控制的;

● 外部接口文件(EIF),指一组用户能够识别的,在本应用中被引用的以及存在内在逻辑关联的数据或者控制信息,这些信息是在本应用边界之外被控制的。即本应用的 EIF 是其他应用的 ILF。

交易功能指的是向用户提供用来处理数据的功能,包括:

● 外部输入(EI),指一个处理来自本应用边界之外的一组数据或控制信息的基本处理,外部输入的目的是为了维护一个内部逻辑文件或改变系统的行为;

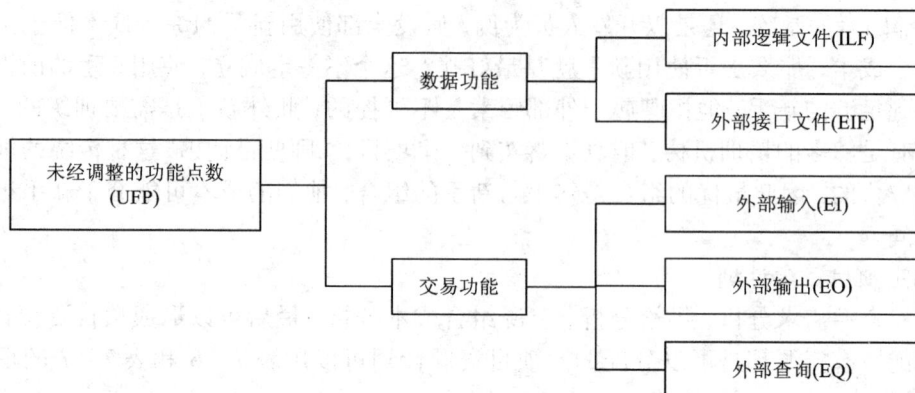

图 7 - 8 未经调整的功能点数分类

• 外部输出(EO)，指向一个应用边界之外发送数据或者控制信息的基本处理，该处理过程必须包含至少一个数学公式或计算方法或生成派生数据，外部输出可能包含维护一个内部逻辑文件或改变系统的行为；

• 外部查询(EQ)，指一个向应用边界之外发送数据或控制信息的基本处理，该处理过程不包含一个数学公式或计算方法或生成派生数据，外部查询不维护内部逻辑文件也不会引起系统行为的改变。

对 ILF 和 EIF 的功能点计数从识别 ILF、EIF 开始，之后确定每个 ILF、EIF 的复杂度，不同复杂度对应不同的功能点数的贡献。ILF、EIF 的复杂度取决于所处理数据的 DET 和 RET，其中：数据元素类型(DET)指的是一个用户可以识别的，非重复的域，记录类型元素(RET)指的是一个 EIF 或者 ILF 中用户可以识别的数据的子集。具体见表 7 - 8、表 7 - 9。

表 7 - 8　ILF、EIF 复杂度

RET ＼ DET	1 ~ 19	20 ~ 50	51 个以上
1	低	低	中
2 ~ 5	低	中	高
6 个以上	中	高	高

表 7 - 9　ILF、EIF 不同复杂度对应功能点数

复杂度	ILF	EIF
低	7	5
中	10	7
高	15	10

对 EI、EO 和 EQ 的功能点计数从识别 ILF、EIF 开始,之后确定每个 EI、EO 和 EQ 的复杂度,不同复杂度对应不同的功能点数的贡献。EI、EO 和 EQ 的复杂度由这个 EI 或 EO 或 EQ 的数据元素类型(DET)数和引用文件类型(FTR)数决定的。其中:引用文件类型(FTR)指由一个交易所维护的 ILF 或者所读取的 EIF。具体见表 7 - 10、表 7 - 11、表 7 - 12。

表 7 - 10　EI 复杂度

FTR ＼ DET	1 ~ 4	4 ~ 15	16 个以上
0 ~ 1	低	低	中
2	低	中	高
3 个以上	中	高	高

表 7 - 11　EO、EQ 复杂度

FTR ＼ DET	1 ~ 5	6 ~ 19	20 个以上
0 ~ 1	低	低	中
2 ~ 3	低	中	高
4 个以上	中	高	高

表 7 - 12　EI、EO、EQ 不同复杂度对应功能点数

复杂度	EI	EO	EQ
低	3	4	3
中	4	5	4
高	6	7	6

第四步:确定调整系数。

调整系数(VAF)反映的是应用给用户提供的功能的概况,也可以称为技术复杂度因子(TCF)。VAF 包含了 14 个基本系统特征(GSC,见表 7 - 13),每一个特征都有特定的规则描述来帮助使用者确定该特征对本应用影响的大小。这些影响值从 0 到 5,分别表示对系统从无影响到具有强烈影响的程度。计算公式为:

$$VAF(TCF) = 0.65 + 0.01 \times \sum Fi$$

表 7 – 13　基本系统特征

F1	可靠的备份和恢复	F2	数据通信
F3	分布式函数	F4	性能
F5	大量使用的配置	F6	联机数据输入
F7	操作简单性	F8	在线升级
F9	复杂界面	F10	复杂数据处理
F11	重复使用性	F12	安装简易性
F13	多重站点	F14	易于修改

第五步：计算经过调整的功能点。

经过调整的功能点(AFP)是针对不同类型的使用(开发、升级、应用)使用不同的公式计算得来的。

• 开发项目

$$DFP = (UFP + CFP) \times VAF$$

其中：

DFP：开发项目的功能点；

UFP：应用在安装以后向用户提供的未经调整的功能点；

CFP：额外的转换功能的未经调整的功能点。

• 升级项目

$$EFP = (ADD + CHGA + CFP) \times VAFA + DEL \times VAFB$$

其中：

EFP：升级项目的功能点；

ADD：升级项目中增加的未经调整的功能点；

CHGA：升级项目中改变的功能在改变后所具有的未经调整的功能点；

CFP：额外的转换功能的未经调整的功能点；

VAFA：升级后的应用的调整系数；

DEL：被删除的功能的未经调整的功能点；

VAFB：升级前的应用的调整系数。

• 应用

$$AFP = ADD \times VAF$$

其中：

AFP：应用的功能点；

ADD：安装的功能的 UFPC；

VAF：调整系数。

表 7 – 14 给出了在不同语言环境下，每个功能点与代码行数的经验换算。

表 7 – 14　功能点与代码行换算关系

语言	代码行/FP	语言	代码行/FP
汇编	320	ADA	71
C	150	PL/1	65
COBOL	105	PROLOG/LISP	64
FORTRAN	105	SMALLTALK	21
PASCAL	91	VB	32
JAVA	30	SQL	12

通过经验数据换算可以得到软件的代码行数，在此基础上可以利用 IBM 模型（Walston – Felix）或 COCOMO 模型（Boehm）进一步计算项目的持续时间、人员需求等数据。

- IBM 模型

$E = 5.2 \times L^{0.91}$，L 是源代码行数（以千行 KLOC 计），E 是工作量（以人月 PM 计）；

$D = 4.1 \times L^{0.36}$，D 是项目持续时间（以月计）；

$S = 0.54 \times E^{0.6}$，S 是人员需要量（以人计）；

$DOC = 49 \times L^{1.01}$。DOC 是文档数量（以页计）。

- COCOMO 模型

构造性成本模型（constructive cost model，COCOMO）最早由勃姆（Boehm）于 1981 年提出。COCOMO 用 3 个不同层次的模型来反映不同程度的复杂性，它们分别为：

❖基本模型：是一个静态单变量模型，它用一个以已估算出来的源代码行数（LOC）为自变量的函数来计算软件开发工作量。

❖中间模型：则在用 LOC 为自变量的函数计算软件开发工作量的基础上，再用涉及产品、硬件、人员、项目等方面属性的影响因素来调整工作量的估算。

❖详细模型：包括中间 COCOMO 模型的所有特性，但用上述各种影响因素调整工作量估算时，还要考虑对软件工程过程中分析、设计等各步骤的影响。

同时根据不同应用软件的不同应用领域，COCOMO 模型划分为如下 3 种软件应用开发模式：

❖组织模式：这种应用开发模式的主要特点是在一个熟悉稳定的环境中进行项目开发，该项目与最近开发的其他项目有很多相似点，项目相对较小，而且并不需要许多创新。

❖嵌入式应用开发模式：在这种应用开发模式种，项目受到接口要求的限制。接口对整个应用的开发要求非常搞，而且要求项目有很大的创新，例如开发一种全新的游戏。

❖中间应用开发模式：这时介于组织模式和嵌入式应用开发模式之间的类型。

COCOMO 模型形式为：

$$MM = a \times EAF \times KDSI^b$$

$$TDEV = c \times MM^d$$

其中：

MM：表示开发工作量（单位人/月）；

KDSI：表示源指令条数（单位千行）；

TDEV：表示开发时间（单位月）；

EAF：表示工作量调节因子；

a，c：表示模型系数；

b，d：表示模型指数。

基本 COCOMO 模型计算取 EAF 等于 1，模型系数和指数取值根据不同应用开发模式取值见表 7 – 15。

表 7 – 15 COCOMO 模型参数取值

应用开发模式	a		b		c	d
	基础	中间	基础	中间		
组织	2.4	3.2	1.05	1.05	2.5	0.38
中间	3.0	3.0	1.12	1.12	2.5	0.35
嵌入	3.6	2.8	1.2	1.2	2.5	0.32

中间 COCOMO 模型建立在基础模型之上，在工作量计算时需要再乘上工作量调节因子（EAF），工作量调节因子（EAF）与软件产品属性、计算机属性、人员属性、项目属性有关，其中：

◈软件产品属性：软件可靠性、软件复杂性、数据库的规模。

◈计算机属性：程序执行时间、程序占用内存的大小、软件开发环境的变化、软件开发环境的响应速度。

◈人员属性：分析员的能力、程序员的能力、有关应用领域的经验、开发环境的经验、程序设计语言的经验

◈项目属性：软件开发方法的能力、软件工具的质量和数量、软件开发的进度要求。

四种属性共 15 个要素。每个要素调节因子为 F_i，取值分为：很低、低、正常、高、很高、极高，共六级。正常情况下 $F_i = 1$。Boehm 推荐的 F_i 值范围是 0.70，0.85，1.00，1.15，1.30，1.65，当确定 15 个 F_i 值后，EAF 的计算如下：

$$EAF = F_1 \times F_2 \times \cdots \times F_{15}$$

2）成本估算过程

软件规模估算是项目成本估算的一部分，实际成本估算过程还需要考虑系统软硬件计划、以及用户培训和系统转换计划，此外如果软件项目存在有数据迁移和维护，那么这部分费用也需要考虑进去。成本估算过程如图 7 – 9 所示。历史项目数据可以为项目成本估算提供参考，前提是这部分数据是完整和准确的。在成本估算过程的最后一步需要对估算的准确度和项目可能存在的风险进行分析，分析的结果用来修正最后的成本估算结果。因此软件项目成果估算的过程可以归结为以下步骤：

①界定项目的边界和范围；

②对项目工作任务进行分解，对每个任务估算所需的资源情况，得到项目资源计划；

③估算每个任务的直接成本，直接成本 = 需求量 × 费率，需求量可以通过项目资源计划

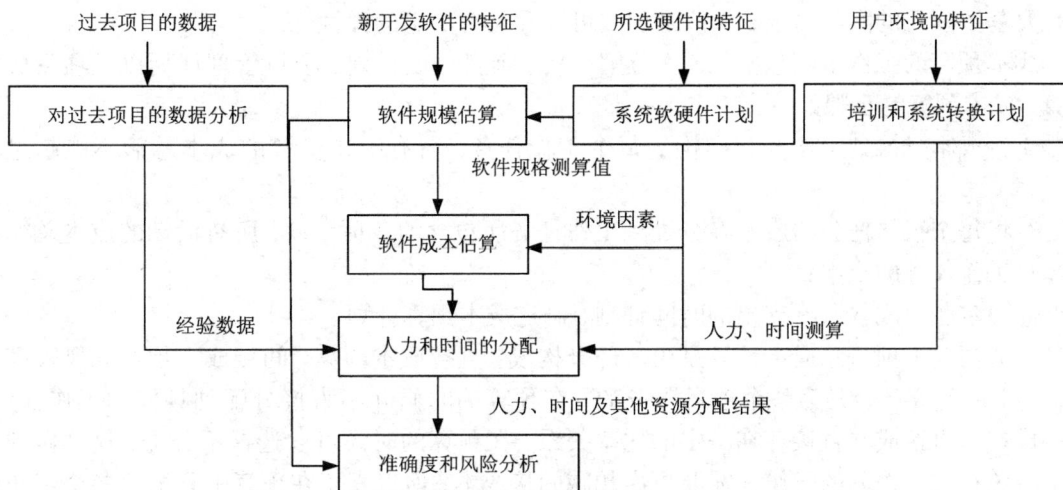

图 7-9 成本估算过程

得到，费率一般可以采用经验数据（比如人力成本）或者是现实采购价格（比如购买服务或者是购买硬件设备）；

④估算项目的间接成本，间接成本 = ∑ 直接成本 × 间接成本系数，间接成本系数每个企业因为管理结构、管理方式和成本控制的方式不同而不同，一般是经验数据，大致为 20% ~ 50%；

⑤分析项目可能存在的风险，计提风险准备金，风险准备金用于应对在项目可能出现的新资源需求、项目延期需要增加的成本以及可能的罚金，风险准备金 = (∑ 直接成本 + 间接成本) × 风险准备金系数，风险准备金系数一般是经验数据，大致为 10% ~ 30%；

⑥完成项目成本估算，项目总成本 = ∑ 直接成本 + 间接成本 + 风险准备金。

从上述过程可以看出有些步骤是在项目进度计划当中完成的，事实上在项目进度计划中也需要考虑成本的问题，而且项目进度与成本之间存在有密切的相关性。

7.3.3 项目成本预算

项目成本预算是将项目成本估算分配到项目各项具体工作上，以确定项目各项工作的成本定额，制定项目成本控制标准，规定项目以外成本的划分和使用规则的过程。项目成本预算具有以下特征：

●计划性：成本估算的总费用将尽量精确的分配到工作分解结构的每一个组成部分，工作分解的每一个组成部分都有确定的预算；

●约束性：预算分配的结果并不反映具体工作负责人的利益诉求，从而表现为一种约束；

●控制性：项目预算所反映的是一种成本控制机制，任何活动原则上都只能在其预算范围内开展。

在编制预算的时候，项目成本预算要与项目目标（包括质量目标和进度目标）相联系，预算的总额总是小于或等于成本估算总额的（这种情况是正常的，因为估算的误差是客观存在的，而且这种误差总是正误差，因此在批准估算的时候，金额总是会被缩减），因此成本预算还是要基于项目的实际需求，应该是切实可行并具有一定的弹性。

成本预算的工作基础包括：工作分解结构、项目进度计划、项目管理计划以及项目成本估算，成本预算的步骤如下：

①将成本分摊到工作分解结构的每个工作任务，所有工作任务的成本总额不能超过总成本；

②将每个工作任务的成本在分配到工作任务所包含的各项活动，所有活动的成本总额不能超过工作任务的成本；

③确定各项成本预算支出的时间计划，制定成本预算计划。

一般情况下项目总成本预算是由三部分构成：直接成本预算、间接成本预算和风险准备金，其中风险准备金是为整个项目服务的，在预算的时候并不直接分配到具体的工作任务；间接成本与直接成本直接存在一定的比率关系，在预算的时候可以选择不分配，这样做的好处是避免在成本控制的时候还需要再次扣减间接成本，所以真正在预算中分配给各个工作任务的是直接成本预算。

风险准备金（也可以叫做预算储备）可以分为应急储备和管理储备两部分，其中应急储备是未规划但可能发生的变更提供的补贴，这些变更是由风险登记册中所列的已知风险引起的；管理储备是为为规划的范围变更和成本变更预留的预算，项目经理在使用管理储备前，可能需要获得批准。管理储备不是项目成本基准的一部分，但包含在项目总预算当中，同时不纳入挣值计算。

通过成本预算可以建立成本基准计划，成本基准计划是按时间安排的成本支出计划，是用来度量和监控项目费用的基准，可以用表格表示，也可以用 S 曲线表示，用 S 曲线表示时费用是累进表示的（图 7 – 10）。

7.3.4 项目成本控制

项目成本控制是为了保证在变化条件下实现其预算成本，按照事先拟定的计划和标准，采用各种方法，对项目实施过程中发生的各种实际成本与计划成本进行对比、检查、监督、引导和纠正，尽量使项目实际成本控制在计划和预算范围内的管理过程。

1）影响成本的因素

在软件项目中影响成本的因素主要有：软件质量、工期、管理水平、人力资源、价格和融资成本，其中：

● 软件质量

项目实施过程是项目质量的形成过程，在这一过程中需要不断进行质量的检查与保障工作和质量失败的补救工作，这些工作都需要消耗资源，都会产生质量成本，质量成本是由质量保证成本和质量故障成本两部分组成，质量保证成本在项目计划、成本估算和预算中都可以明确地指出，而质量故障成本属于项目风险，列入项目已知风险当中，在预算的时候会列入风险准备金，但质量故障的实际花费是不可预测的。

工作任务	周								小计
	1	2	3	4	5	6	7	8	
J1	0.5	0.5	0.5						1.5
J2			0.5	1	1.5				3
J3				1	0.5	0.5			2
J4					1	1	1		3
J5						0.5	1	1	2.5
累计	0.5	1	2	4	7	9	11	12	12

(a)项目每周预算分摊与预算累计表

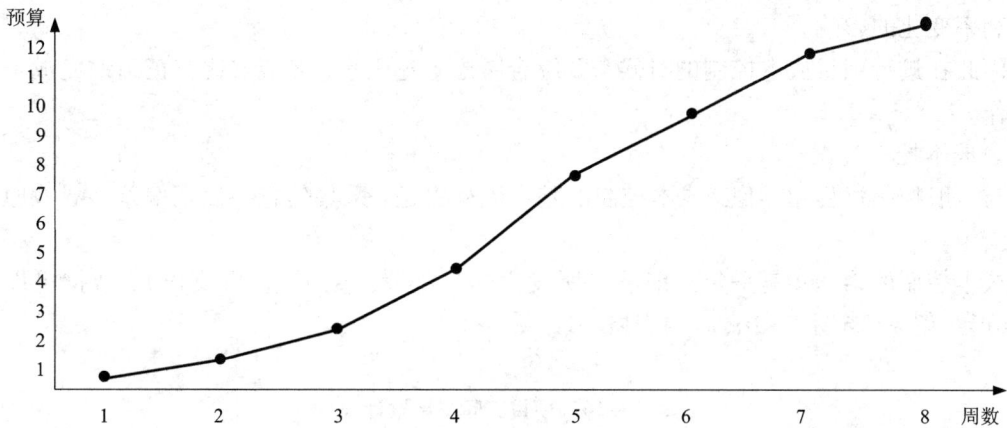

(b)S曲线

图 7 – 10　成本预算分配

- 工期

项目成本估算和预算都是基于项目进度计划开展的，工期缩短有利于减少项目成本，但软件项目更多的时候并不是工期缩短而是工期延长，工期延长意味着需要更多的资源投入，也就是项目的成本增加了，造成工期延长的原因有很多，比如需求变更，出现产品质量问题等。

- 管理水平

优秀的管理可以提高预算的准确度，加强对项目预算的执行和监督，对项目进度能够严格的限制在计划许可的范围之内，从而减少各种变更造成的成本增加和工期的变更，减少风险损失。而差的管理则很容易出现项目失控，项目失控的直接表现是成本增加、进度无法保证，最终导致项目失败。

- 人力资源

软件项目的核心资源是人力资源，项目成本和进度很多时候会因为执行人的原因而出现问题，这一点与项目管理有一定的关系，但不完全都要由项目管理来承担责任，具体工作负责人会因为成本控制意识、进度保证意识和质量保障意识的缺失，犯下这样或那样的错误，从而导致项目成本的提高。

- 价格

价格在整个成本管理中属于最不可控的外部环境因素，一般在进行项目估算和预算的时候，所需资源的价格都是按当时价格来进行计算的，当项目周期比较长的时候，市场价格的波动是不可避免的，而项目采购并不是都发生在预算编制完成后马上就完成全部采购，考虑到资金使用效率，采购一般都是在需要的时候才进行，这样当市场价格降低时就意味着采购成本的下降，而价格上升则意味着采购成本的上升。

- 融资成本

融资成本可以看成是资本的价格，但这里还是将它单列出来，现在很多项目都是由企业先行垫资（可能会有一部分项目启动资金），这样项目的资金来源就由三部分构成：项目阶段付款、企业自有资金和贷款构成，企业自有资金和贷款在使用的时候都是有成本的，都受到市场利率变化的影响。

因此在进行项目成本控制的时候需要综合考虑上述因素，才能够比较正确地完成项目成本工作。

2）成本控制过程

与一般控制过程相类似，成本控制的基本流程也是：采集信息→发现偏差→寻找原因→采取措施。

成本控制的第一步是采集当前项目所发生的各项费用数据（实际支出），数据可以用表7-16形式记录［与图7-10(a)的表格一样］。

表 7-16　项目实际支出累计表

工作任务	周								小计
	1	2	3	4	5	6	7	8	
J1	0.5	0.4	0.5						1.4
J2			0.6	1.2	1.5				3.3
J3				1	0.5				1.5
J4					1				1
J5									
累计	0.5	0.9	2	4.2	7.2				7.2

第二步是对所采集的数据进行分析，一般采用挣值（有时候也被称为盈余量）分析的方法。

挣值（Earned Value，EV）指的是已完成工作预算费用，进行挣值计算的时候需要首先确定工作完成率，工作完成率的确定有三种方式：50-50（工作开始后认为完成50%，全部结束完成100%）、0-100（只有在结束后达到100%，之前都是0）、经验加权（按预算费用均摊到整个工期）；之后用工作完成率乘以工作总预算得到挣值，如表7-16所示的项目，按经验加权法计算，J1 和 J2 已经完成工作，它们的挣值分别是 1.5、3，J3 开始工作了 2 周，可以认为是完成了 2/3 的工作，挣值是 1.33，同理 J4 的挣值是 1，这样在第 5 周的时候累计挣值是 $1.5 + 3 + 1.33 + 1 = 6.83$。

之后可以分别计算：

成本偏差：$CV = EV - AC = 6.83 - 7.2 = -0.37$，其中：AC 为实际支出；

进度偏差：$SV = EV - PV = 6.83 - 7 = -0.17$，其中：PV 为计划预算成本；

成本绩效指数：$CPI = EV/AC = 6.83/7.2 = 0.9486$；

进度绩效指数：$SPI = EV/PV = 6.83/7 = 0.9757$。

表 7 – 17　挣值分析各指标含义

	CV	SV		CP1	SPI
	费用支出	工作进度		费用支出速度	已完成工作百分比
=0	按照预算进行	按照进度进行	=1	按照预算进行	按照进度进行
>0	低于预算	超前进度	>1	低于预算	超前进度
<0	超出预算	落后进度	<1	超出预算	落后进度

第三步根据分析结果查找原因并采取对应措施，表 7 – 18 给出了根据挣值分析所需采用的对应措施。

表 7 – 18　挣值分析结果对应措施

序号	指标关系	原因	措施
1	AC > PV > EV, SV < 0, CV < 0	效率低，进度较慢，投入超前	用工作效率高的人员替换效率低的人员
2	EV > PV > AC, SV > 0, CV > 0	效率高，速度较快，投入延后	若偏离不大，维持现状
3	EV > AC > PV, SV > 0, CV > 0	效率较高，进度快，投入超前	抽出部分人员，放慢进度
4	AC > EV > PV, SV > 0, CV < 0	效率较低，速度较快，投入超前	抽出部分人员，增加少量骨干人员
5	PV > AC > EV, SV < 0, CV < 0	效率较低，速度慢，投入延后	增加高效率人员投入
6	PV > EV > AC, SV < 0, CV > 0	效率较高，进度较慢，投入延后	迅速增加人员投入

一般在成本控制过程中如果实际支出与预算之间的偏差不大，而且项目进度也基本正常，并不需要马上采取措施，只需要关注就可以了。如果偏差较大，工作预算又比较高就需要采取一定的措施。

7.4　风险管理

风险是指在一个特定的时间内和一定环境条件下，人们所期望的目标与实际结果之间的差异程度，风险代表了不确定性，这种不确定包括发生与否的不确定、发生时间的不确定和导致结果的不确定,风险并不总是代表损失也有可能代表收益。项目风险管理是指对项目风险从识别到分析之后采取对应措施的一系列过程,包括将积极因素所产生的影响最大化和使消极因素所产生的影响最小化两方面内容。

风险管理分事前管理、事中管理和事后管理三个部分,从具体过程上可分为风险识别、风险评估、风险计划和风险监控四个步骤。

1)风险识别

风险识别是指系统化的识别对项目计划(成本、进度、资源分配等)的威胁。风险识别可以采用德尔菲法、头脑风暴法、情景分析法、面谈法以及风险检查表等方法。其中风险条目检查表是常见的对已知风险进行识别的一种做法,通过软件行业的多年实践,软件项目可能存在的风险存在有一定的共性,这些共性可以在风险条目检查表中得到体现。风险检查表的风险识别项目有:

- 产品规模:与要开发或要升级的软件的总体规模相关的风险。具体包括:
- ❀是否以 LOC 或 FP 估算产品的规模;
- ❀对于估算出的产品规模的信任程度如何;
- ❀是否以程序、文件或事务处理的数目来估算产品规模;
- ❀产品规模与以前产品的规模的平均值的偏差百分比是多少;
- ❀产品创建或使用的数据库大小如何;
- ❀产品的用户数有多少;
- ❀产品的需求改变多少? 交付之前有多少? 交付之后有多少?
- ❀复用的软件有多少?
- 商业影响:与管理或市场约束相关的风险。具体包括:
- ❀本产品对公司的收入有何影响;
- ❀本项目是否得到公司高级管理层的重视;
- ❀交付期限的合理性如何;
- ❀将会使用本产品的用户数及本产品是否与用户的需要相符合;
- ❀本产品必须能与之互操作的其他产品、系统的数目;
- ❀最终用户的水平如何;
- ❀政府对本产品开发的约束;
- ❀延迟交付所造成的成本消耗是多少;
- ❀产品缺陷所造成的成本消耗是多少。
- 客户特性:与客户的素质以及开发者和客户沟通相关的风险。具体包括:
- ❀以前是否曾与这个客户合作过;
- ❀客户是否很清楚需要什么;他能否花时间把需求写出来;
- ❀客户是否同意花时间召开正式的需求收集会议,以确定项目范围;
- ❀客户是否愿意建立与开发者之间的快速通信渠道;
- ❀客户是否愿意参加复审工作;
- ❀客户是否具有改产品领域的技术素养;
- ❀客户是否愿意你的人来做他们的工作;
- ❀客户是否了解软件过程;

● 过程定义：与软件过程被定义的程度以及它们被开发组织所遵守的程度相关的风险。具体包括：

◈ 高级管理层是否有一份已经写好的政策陈述，该陈述中强调了软件开发标准过程的重要性；

◈ 开发组织是否已经拟定了一份已经成文的、用于本项目开发的软件过程的说明；

◈ 开发人员是否同意按照文档所写的软件过程进行开发工作，并自愿使用它；

◈ 该软件过程是否可以用于其他项目；

◈ 管理者和开发人员是否接受过一系列的软件工程培训；

◈ 是否为每一个软件开发者和管理者提供了印刷版软件工程标准；

◈ 是否为作为软件过程一部分而定义的所有交付物建立了文档概要及示例；

◈ 是否定期对需求规约、设计和编码进行正式的技术复审；

◈ 是否定期对测试过程和测试情况进行复审；

◈ 是否对每一次正式技术复审的结果建立了文档，其中包括发现的错误及使用的资源；

◈ 有什么机制来保证按照软件工程标准来指导工作；

◈ 是否使用配置管理来维护系统/软件需求、设计、编码、测试用例之间的一致性；

◈ 是否使用一个机制来控制用户需求的变化及其对软件的影响；

◈ 对于每一个承包出去的子合同，是否有一份文档化的工作说明、一份软件需求规约和一份软件开发计划；

◈ 是否有一个可遵循的规程，来跟踪及复审子合同承包商的工作；

◈ 是否使用方便易用的规格说明技术来辅助客户与开发者之间的通信；

◈ 是否使用特定的方法进行软件分析；

◈ 是否使用特定的方法进行数据和体系结构的设计；

◈ 是否90%以上的代码都是使用高级语言编写的；

◈ 是否定义及使用特定的规则进行代码编写；

◈ 是否使用特定的方法进行测试用例的设计；

◈ 是否使用配置管理软件工具控制和跟踪软件过程中的变化活动；

◈ 是否使用工具来创造软件原型；

◈ 是否使用软件工具来支持测试过程；

◈ 是否使用软件工具来支持文档的生成和管理；

◈ 是否收集所有软件项目的质量度量值；

◈ 是否收集所有软件项目的生产率度量值。

● 开发环境：与用于开发产品的工具的可用性及质量相关的风险。具体包括：

◈ 是否有可用的软件项目管理工具；

◈ 是否有可用的软件过程管理工具；

◈ 是否有可用的分析及设计工具；

◈ 分析和设计工具是否适用于待建造产品；

◈ 是否有可用的编译器或代码生成器；

◈ 是否有可用的测试工具；

◈ 是否有可用的软件配置管理工具；

◈环境是否利用了数据库或数据仓库;

◈项目组的成员是否接受过每个所使用工具的培训;

◈是否有专家能够回答有关工具的问题;

◈工具的联机帮助及文档是否适当。

- 开发技术:与待开发软件的复杂性以及系统所包含技术的"新奇性"相关的风险。具体包括:

◈该技术对于你的公司而言是新的吗;

◈客户的需求是否需要创建新的算法或输入、输出技术;

◈待开发的软件是否需要使用新的或未经证实的硬件接口;

◈待开发的软件是否需要与开发商提供的未经证实的软件产品接口;

◈待开发的软件是否需要与功能和性能均未在本领域得到证实的数据库系统接口;

◈产品的需求是否要求采用特定的用户界面;

◈产品的需求中是否要求开发某些程序构件,这些构件与你的公司以前开发的构件完全不同;

◈需求中是否要求采用新的分析、设计、测试方法;

◈需求中是否要求使用非传统的软件开发方法;

◈需求中是否有过分的对产品的性能约束;

◈客户能确定所要求的功能是可行的吗?

- 人员数目及经验:与参与工作的软件工程师的总体技术水平及项目经验相关的风险。具体包括:

◈是否有最优秀的人员可用;

◈人员在技术上是否配套;

◈是否有足够的人员可用;

◈开发人员是否能够自始至终地参加整个项目的工作;

◈项目中是否有一些人员只能部分时间工作;

◈开发人员对自己的工作是否有正确的期望;

◈开发人员是否接受过必要的培训;

◈开发人员的流动是否仍能保证工作的连续性;

对风险检查表的每一个条目都需要进行回答,如果回答的结果是比较薄弱、没有或者是与以往的经验有较大偏差时可以认为该条目存在有风险。

风险检查表可以对未知风险进行识别,对未知风险的识别则可以通过德尔菲法、头脑风暴法、情景分析法、面谈法等方法进行。

2) 风险评估

对所有识别出来的风险进行评估,按照发生的可能性和后果的严重性进行排序,确定项目需要关注的风险。风险评估的方法有两种:定性分析、定量分析。

在定性分析中,为了识别风险可能存在的后果,需要标识影响软件风险因素的风险驱动因子,这些因素包括性能、成本、支持和进度。

- 性能风险:产品能够满足需求且符合使用目的的不确定程度。
- 成本风险:项目预算能够被维持的不确定程度。

- 支持风险：软件易于纠错、适应及增强的不确定程度。
- 进度风险：项目进度能够被维持且产品能按时交付的不确定程度。

每一个风险驱动因子对风险后果的影响均可分为四个影响类别——可忽略的、轻微的、严重的、灾难性的。表 7 - 19 指出了由于错误而产生的潜在影响或没有达到预期的结果所产生的潜在影响。影响类别的选择是以最符合表 7 - 19 中描述的特性为基础的。

表 7 - 19　风险因素评估因子表

类别 \ 因素		性能	支持	成本	进度
灾难的	1	无法满足需求而导致任务失败		错误将导致进度延迟和成本增加	
	2	严重退化使得根本无法达到要求的技术性能	无法作出响应或无法支持的软件	严重的资金短缺，很可能超出预算	无法在交付日期内完成
严重的	1	无法满足需求而导致系统性能下降，使得任务能否成功受到置疑		错误将导致操作的延迟，并使成本增加	
	2	技术性能有所下降	在软件修改中有少量的延迟	资金不足，可能会超支	交付日期可能延迟
轻微的	1	无法满足要求而导致次要任务的退化		成本、影响和即可恢复的进度上的小问题	
	2	技术性能有较小的降低	较好的软件支持	有充足的资金来源	实际的、可完成的进度计划
可忽略的	1	无法满足要求而导致使用不方便或不易操作		错误对进度及成本的影响很小	
	2	技术性能不会降低	易于进行软件支持	可能低于预算	交付日期提前

除了对后果进行分析以外，还需要对风险可能产生的概率进行分析，在定性分析中一般采用主观打分的方式，最后的发生概率可以用下列公式计算：

发生概率 = (悲观概率 + 一般概率 × 4 + 乐观概率)/6

可以将风险影响后果(其中可忽略的取值 0.1、轻微的取值 0.2、严重的取值 0.4、灾难性的取值 0.8)与发生概率(概率在 0 ~ 10% 中取 0.1、11% ~ 30% 取 0.3、31% ~ 70% 取 0.5、71% ~ 90% 取 0.7、91% ~ 100% 取 0.9)形成风险等级矩阵，并计算风险值(表 7 - 20)：

风险值 = 发生概率值 × 影响后果值

风险等级矩阵右上角区域是代表重度风险，需要重点关注，中间区域代表中度风险，左下角区域代表轻度风险。

表 7 – 20　风险等级矩阵

影响后果 发生概率	0.1	0.2	0.4	0.8
0.9	0.09	0.18	0.36	0.72
0.7	0.07	0.14	0.28	0.56
0.5	0.05	0.10	0.20	0.40
0.3	0.03	0.06	0.12	0.24
0.1	0.01	0.02	0.04	0.08

定量分析可以采用盈亏平衡分析和决策树分析等方法，其中决策树分析是一种将为常见的做法，决策树分析是一种运用概率与图论中的树对决策中的不同方案进行比较，从而获得最优方案的风险型决策方法。决策树分析的步骤是(详见图 7 – 11)：

①绘制决策树图。从左到右的顺序画决策树，此过程本身就是对决策问题的再分析过程。

②按从右到左的顺序计算各方案的期望值，并将结果写在相应方案节点上方。期望值的计算是从右到左沿着决策树的反方向进行计算的。

③对比各方案的期望值的大小，进行剪枝优选。

方案 收益、概率	新技术		老技术	
	成功	失败	成功	失败
收益	800	– 100	600	– 100
概率	50%	50%	90%	10%

(a)某项目技术方案选型

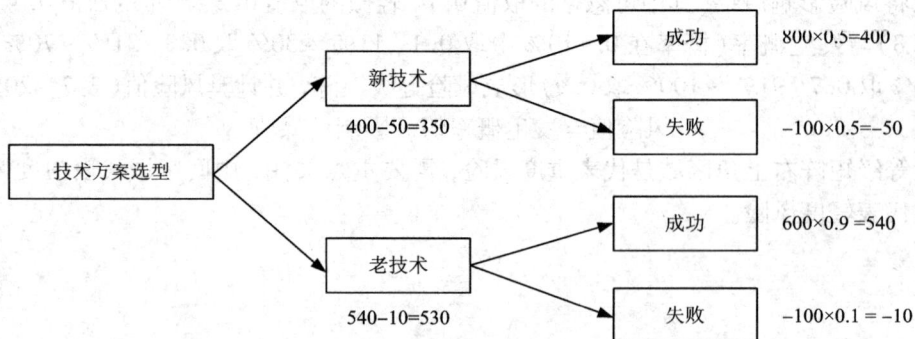

(b)决策树分析

图 7 – 11　决策树分析

通过风险定性和定量分析可以得到项目风险表(表 7-21),表中的第一列来自于风险条目检查表中通过风险识别认为有风险的项目,最后一列是风险值,可以根据风险值进行排序(从大到小)从而确定项目的前 10 项风险(TOP 10),确定前 10 项风险的目的是确定项目最需要重视的风险,并不是说其他的风险就可以忽视。

表 7-21　项目风险表

风险	类别	概率	影响	风险值
规模估算可能非常低	产品规模	60%	严重的	0.20
最终用户抵制该计划	商业特性	40%	轻微的	0.10
交付期限将被紧缩	商业特性	50%	严重的	0.20
资金将会流失	客户特性	40%	灾难的	0.40

3)风险计划

风险计划是指根据已经确定的风险确定采取的策略、措施及其相关责任人。风险处置的策略有以下几种:

●规避策略:改变项目计划以消灭风险或保护项目目标免受影响。虽然不可能消灭所有的风险,但对具体风险来说是可以避免的,某些风险可以通过需求再确认、获取更详细信息、增强沟通、增派专家等方法得以避免。

●转移策略:把风险的影响和责任转嫁给第三方,通常要为第三方支付费用作为承担风险的报酬,比如保险、业绩奖罚条款、维护保修承诺。

●减轻策略:谋求减低不利风险发生的可能性和/或影响程度。比如采用不那么复杂的流程、选择更可靠的供应商、进行更系统化的更彻底的测试、冗余设计、增加资源或时间。

●接受策略:面对风险选择不对项目计划作任何改变,可以是积极的接受:制定应急计划并在风险发生时执行,风险征兆应被监视,最常用的措施是风险储备(包括费用、资源、时间),风险储备的多少取决于风险的概率、影响和可接受的风险损失;也可以是消极的接受,等待风险降临再做处理。

确定了风险处置策略、措施和相关责任人后可以制定风险管理计划,可以在风险管理计划中以表格的形式罗列具体的风险及其处置措施(表 7-22)。

表 7-22　风险管理计划表

序号	风险描述	发生原因	发生时间	发生概率	严重程度	处理措施	责任人

4)风险监控

风险监控是指在风险管理计划的基础上,在项目实施过程中对具体风险的管理过程,包括对已经发生的已知风险确保是否按处置措施进行处理、监视剩余的风险和识别新的风险、收集可用于将来的风险分析信息等。

实施风险监控的主要方法有核对表及评审、定期项目评估、挣值分析以及未知风险应对措施等，其中核对表及评审是建立在风险管理计划的基础之上，每个风险可能发生的项目阶段已经列举，此时当进度到达某个阶段的时候可以与风险管理计划所列的已知风险进行比较；定期项目评估的方法与核对表相似，差别是它发生在项目每个阶段结束的时间；挣值分析在成本控制中已经说明，在成本控制的时候可以对挣值进行分析，以期发现已知和未知的风险，并采取措施；未知风险处置是指对未在风险管理计划中明确提出的风险进行处置，包括发现未知风险、处置未知风险，发现未知风险可以用定期项目评估、挣值分析的方式，也可以采用风险报告的机制，风险报告可以针对已知风险也可以针对未知风险，对已知风险可以提前发现并采取措施，对未知风险也是一样，未知风险的处置方法与前面所谈的处置策略是一致的。

在风险监控的过程中，应定期提交风险监控报告，如表 7 – 23 所示。

表 7 – 23　风险监控报告

序号	风险描述	风险信号	发生概率	影响程度	影响范围	处置措施	风险状态
							未发生/已发生/已排除

7.5　团队建设

团队建设是指为了实现团队绩效及产出最大化而进行的一系列结构设计及人员激励等团队优化行为。

任何软件项目都是由团队完成的，与企业一般组织机构不同，软件项目团队属于临时性组织，一般情况下当新项目成立时，会从企业内部各组织机构抽调人员成立项目组，在项目执行过程中可能存在人员流动（指的是被其他项目抽调或全职担任企业的其他任务）和部分成员肩负企业的其他任务（特别是对辅助性人员）的可能。此外，从广义的角度软件项目团队的成员除了承担项目的企业内部人员构成以外，还包括用户的相关人员和与项目直接相关、长期担任顾问角色的外部专家。

任何团队的形成都可以分为四个阶段：

第一阶段：形成阶段。

这个阶段是指团队确定其任务宗旨，并且被团队成员广泛接受的过程。在这个阶段，团队成员第一次被告知，他们的团队成立了。而且，团队成员也都大致了解团队成立的原因，使命和任务。在团队组建的初期，企业内部的职能部门与团队的关系是非常重要的。

第二阶段：锤炼阶段。

在该阶段，团队成员们开始逐步熟悉和适应团队工作的方式，并且确定各自的存在价值。在这个阶段，矛盾会层出不穷，主要包括团队成员之间的矛盾，经理人的矛盾还有团队规则与企业规则之间的矛盾。而这时候最好让矛盾和分歧充分地暴露，将各种冲突公开化，并且学会倾听，理解和调整。

第三阶段：规范阶段。

　　这个阶段经过锤炼期后，团队逐渐平静下来，走向了规范。那么这个阶段的主要任务就是协调成员之间的矛盾和竞争关系，建立起流畅的合作模式。要让成员们意识到，团队的决策过程是大家共同参与的，应当充分尊重各自的差异，重视互相之间的依赖关系。合作成为团队的基本规范，同时团队应该不断充实自我，努力让团队成为学习型团队。

　　第四阶段：运作阶段。

　　团队成员们开始忠实于自己的团队，并且减少了对上级领导的依赖。成员们相互鼓励，积极提出自己的意见和建议，也对别人提出意见和建议给出积极评价和迅速反馈。

　　一个团队真正形成需要很长的一段时间，但对于软件项目团队而言时间又是最为宝贵的，因此很多时候软件项目团队形成的各个阶段是交错的，不存在各阶段之间的明确时间点划分，要做到这一点首先需要有制度和规范保证，一般情况下，一个成熟的软件企业都有明确的软件项目组织架构以及各类严格的软件工程规范和流程，所有人都是在按规范和流程进行工作，这样很多工作就避免了因为规范、制度不明确所带来的不利影响；其次是需要有经过训练的员工，这种训练并不仅仅指技术上的训练，也包括对上述制度、规范和流程的训练，通过训练使员工明确了自己在项目组当中所承担的角色和工作流程，为下一步顺利工作打下了基础。以上两点为软件项目团队的建设打下了基础，也能够有效的缩短团队形成的时间。

　　软件项目团队建设的重点工作包括：确定团队目标、建立互信关系、完善激励机制、打造学习型组织。其中：

　　● 确定团队目标

　　团队整体的组织目标就是软件项目目标，但这个目标需要进一步分解为长、中、短期目标，并在团队成员中得到贯彻执行；除了组织目标以外还需要确定个人利益目标，组织目标是个人目标的根本，但为了更好地实现组织目标，团队成员的利益目标，也就是团队成员的"动力"目标也不可缺少，它是组织目标实现的保障。因此，组织要为团队成员规划未来的职业发展，描绘未来的"前景"和"钱景"，让大家心有目标，身有行动。

　　● 建立互信关系

　　团队精神的打造和团队合作是建立在团队成员互信关系的基础之上，如果团队成员之间缺乏基本的信任关系，那么团队合作、团队精神无从谈起。互信关系并不是团队成员之间的朋友关系，而是一种建立在工作关系基础上的相互信任关系，互信关系的基础是团队成员具有相同的团队目标和企业规章制度的严格遵守与执行，在这个基础上通过团队成员之间的磨合逐步形成的，互信关系的建立可以通过日常工作交往，也可以通过团队训练活动进行。

　　● 完善激励机制

　　有效的激励能够提高团队成员工作的效率，促进团队精神的形成，有效的激励包括在项目权限范围内的建立合适（公平、公正、可量化）的薪酬与晋升体系、奖励与惩罚制度，团队成员的收益应该与他在项目中所做出的实际贡献相符合，而不是与他的职务、职级直接挂钩。此外，有效的激励并不总是与金钱挂钩的，恰当的口头表扬或者是发放奖励证书也是有效激励的手段之一。

　　● 打造学习型组织

　　学习型组织一方面代表了项目团队的不断进步，另一方面也代表了团队成员的不断进步。如果一个组织不再学习，凡事都以经验为上，那么组织的发展将陷于停顿，甚至倒退，对个人也是一样；个人的学习动力与组织是密切相关的，在一个非学习型组织当中很难能够找到愿意主动学习的个人(除非另外有想法),因此两者之间是相辅相成的。通过学习,不论是组织还是个人都能够找到促进组织和个人发展的机会。打造学习型组织可以与完善激励机制结合起来,通过激励机制鼓励团队成员开展自我学习和相互学习,鼓励团队成员为组织发展出谋划策。

在进行团队建设的时候,要避免以下几个误区:

- 团队利益高于一切

鼓励和激发团队成员的团队精神并不代表团队利益高于一切,如果以团队利益高于一切来约束和衡量团队成员的行为,那么容易产生两个后果,第一个是小团体主义,这样在项目团队的目标与所在组织目标存在有冲突的时候,很难决定到底应该选择哪个目标;第二是过分强调团队利益高于一切,很容易形成以团队利益为名、行践踏个人利益之实,当个人利益无法得到保证的时候,不能指望团队成员还能为团队尽心尽力。

- 过度强调成员间竞争

在团队内部引入竞争机制,有利于团队结构的优化,有利于团队成员的进步,激发出团队的最大潜能,但这种竞争应该是一种良性的竞争,如果过度强调竞争则有可能从良性竞争转化为恶性竞争,因此需要把握好竞争的尺度。

- 团队成员皆兄弟

团队成员之间的关系首先是工作关系,其次才可能是朋友关系,特别是在团队负责人与团队成员之间,GE 的前 CEO 杰克·韦尔奇有这样一个观点:指出谁是团队里最差的成员并不残忍,真正残忍的是对成员存在的问题视而不见,文过饰非,一味充当老好人。只有有严明纪律的团队才是真正的团队。

- 牺牲小我,才能换取大我

很多企业认为,培育团队精神,就是要求团队的每个成员都要牺牲小我,换取大我,放弃个性,追求趋同,否则就有违团队精神,就是个人主义在作祟。的确,团队精神的核心在于协同合作,强调团队合力,注重整体优势,远离个人英雄主义,但追求趋同的结果必然导致团队成员的个性创造和个性发挥被扭曲和湮没。而没有个性,就意味着没有创造,这样的团队只有简单复制功能,而不具备持续创新能力。因此团队不仅仅是人的集合,更是能量的结合。团队精神的实质不是要团队成员牺牲自我去完成一项工作,而是要充分利用和发挥团队所有成员的个体优势去做好这项工作。

7.6　实践指导

软件项目管理和软件质量一样不仅仅只是一种或多种技术手段的应用,项目管理的核心在人,制定了进度和规章如果没有人的执行和遵守,这些进度和规章仅仅只是进度和规章而已。

人是这个世界上最复杂的动物,也是最不容易得到满足的动物,当人是一个独立的个体时,其理性大于感性,而当一群人成为一个群体是则相反,是感性大于理性。一个软件项目既需要个体的创造性工作又需要团体的协同,项目经理就需要在项目组成员何时成为单打独斗的英雄,何时成为一个完整的团队之间进行平衡。

在博弈论中有一个"智猪博弈"的故事,故事中的大猪和小猪可以看成是一个团队,在不合适的制度安排之下，智猪博弈的纳什平衡是大猪行动、小猪等待，如果一个团队存在这种现象那么说明团队的管理出现了问题，至少是激励制度出了问题。但制度并不能解决一切问题，任何制度的执行都是有成本的，任何制度都不可能面面俱到、无一遗漏，所以通过"制度管人"是一种理想的状况，总会有人找到制度的漏洞并利用它。

"过程管理"、"目标导向"同样存在问题，"过程管理"寄希望于对过程的把握从而实现最终的目标，存在的问题是如果过程中出现了偏离目标的现象但是没有及时的发现并采取措施，最终的结果还是失败，大家应该都看过"麦琪的礼物"这部小说，夫妻双方都希望对方能够得到想要的礼物，结果是都把自己最珍贵的东西出卖了，而自己最珍贵的东西又是对方礼物的目标；"目标管理"则是不管任务完成过程中采取何种手段，只要能够达成目标就可以，对于个体而言目标导向没有太大问题，但对一个群体而言就会出现"智猪博弈"现象，要完成最后的目标不可能都是小猪在等待，一定会有大猪站出来完成，这种做法是不能够长久的，终有一天所有的大猪都会离开团体。

"制度管人"、"过程管理"、"目标导向"产生问题的根源是把所有人都看成是"理性人"，做的所有一切都是为了自身利益的最大化，但人是有感性的一面的，像见义勇为，如果一开始就计算得失，估计就再也看不到见义勇为行为了。建立企业文化，使员工有归属感，很大程度上就是要激发员工感性的一面，使之从理性的个体变成感性群体的一员，这也是为什么把团队建设放在这一章来讲的原因。

作为一个项目经理对待项目组的单个成员要能够做到知人善任，也就是让合适的人做合适的事，可以用规章、制度去约束和规范项目组成员的行为，同时也要用自己的行为去影响项目组成员，在激发项目组单个成员的工作热情的同时，必须要加强项目团队的建设，要把项目组的所有成员变成一个团队而不仅仅是一群人坐在一个房间里面工作。

附　录

一、系统流程图图例

符号	名称	说明
	处理	表示数据处理或数据加工的过程
	输入输出	表示输入输出，不指明具体设备
	连接	在同一页中连接流程图的不同部分，圆圈中需加入标号
	换页连接	在不同页中连接流程图的不同部分，需加入标号
→	数据流	连接其他符号，箭头表示数据流向
	穿孔卡片	可以表示卡片输入输出也可以表示卡片文件
	文档	可以表示打印输出，也可以表示从打印终端输入
	顺序访问存储器	磁带输入输出或磁带文件
	联机存储	表示任意联机存储设备，也可以表示数据库

续表

符号	名称	说明
	磁盘	磁盘输入输出或磁盘文件
	磁鼓	磁鼓输入输出或磁鼓文件
	显示	显示部件，用于输出
	人工输入	脱机人工输入数据
	手工操作	脱机人工处理
	辅助操作	使用设备进行脱机操作
	通信链路	通过通信链路传输数据

二、数据流图图例

符号	说明
或	数据的起点或终点
或	数据处理过程
或	数据存储
→	连接其他符号，箭头表示数据流向

续表

符号	说明
A *→ T → C B →	数据 A 和 B 同时输入经处理后输出 C
A → T → B * → C	数据 A 经处理后输出 B 和 C
A + T → C B →	数据 A 或 B 输入或者两个同时输入经处理后输出 C
A → T + → B → C	数据 A 经处理后输出 B 或者 C 或者同时输出
A ⊕ T → C B →	数据 A 或 B 输入经处理后输出 C
A → T ⊕ → B → C	数据 A 经处理后输出 B 或者 C

三、程序流程图图例

符号	名称	意义
▭	开始或结束符号	表示一个流程的开始或结束，一般在符号内标注"开始"（START）或"结束"（END），单出（开始）或者单入（结束）
▭	处理	表示一项工作或者一个处理，单入单出
◇	决策	用于表示一个决策过程，一般是一个条件表达式或逻辑表达式，其计算值为逻辑真（TRUE）或逻辑假（FALSE），单入单出（只有逻辑真的出口）或者是单入双出（逻辑真假都有出口）

续表

符号	名称	意义
→	路径	与其他符号连接表示执行的逻辑顺序
	预先定义的流程	引用一个已经定义的处理过程，在系统复杂的时候，用它表示一个子过程，以简化整体流程图
○	连接	用于连接两张流程图，一般符号中应增加标号以示区分
	注释	

四、UML 语言

1. UML 语言构成

UML 语言由构造元素、规则和公共机制三部分构成，UML 语言结构如图附 –1 所示。

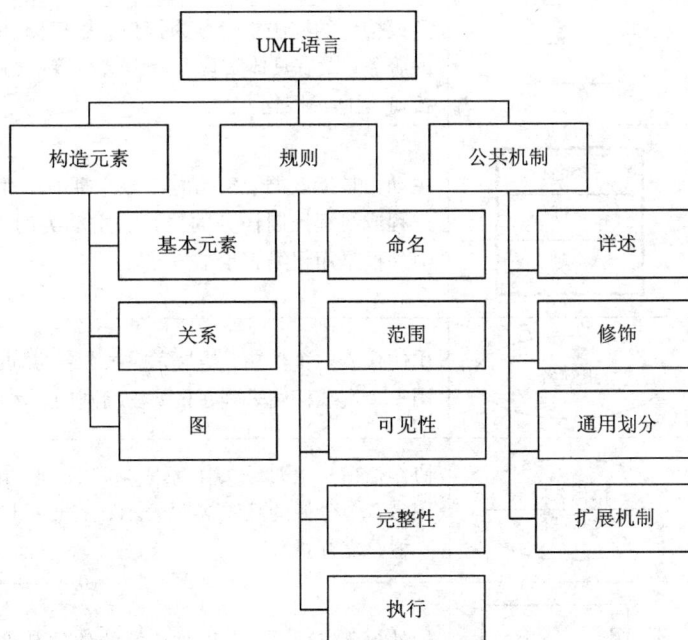

图附 –1 UML 语言结构

● 构造元素

　　构造元素包括基本元素、关系和图。这三种元素代表了软件系统某个事物或事物间的关系。

- 规则

　　规则是对软件系统的某些事物的约束或规定，包括命名、范围、可见性、完整性和执行等。

- 公共机制

　　公共机制指适用于软件系统或业务系统中每个事物的方法或规则，包括详述、修饰、通用划分、扩展机制等。

2. 构造元素

（1）基本元素

分类	名称	图例	说明
结构元素	类	类名 / 属性 / 方法	类是对具有相同属性、相同操作、相同关系的一组对象的共同特征的抽象。用一个矩形表示的，它包含三个区域，最上面是类名、中间是类的属性、最下面是类的方法 。对于类、属性和方法的可见性分别用 +（public）、#（protected）、–（private）、~（package）表示
	对象	对象名：类	类的实例化。一个矩形表示，矩形框中用"对象名：类名"的格式表示一个对象，对象名可省略，表示一个匿名对象
	接口		类或构件的方法集合称为接口，接口向外界声明了它能提供的服务，没有具体实现。分为供给接口（用圆圈表示）和需求接口（用半圆表示）
	主动类	类名 / 属性 / 行为	主动类是指该类创建的对象至少拥有一个进程或线程，通过进程或线程控制任务的执行。主动类的表示与一般类相似，但外框是用粗线表示
	用例	用例名	用例代表一个功能，是为完成某个任务而执行的一序列动作，用一个实线椭圆来表示的，在椭圆中写入用例名称
	协作	协作名称 / 交互过程	协作是指一组对象为了完成某个任务，相互间进行的交互，用带 2 个分栏的虚线椭圆表示，上面一栏是协作名称，下面一栏是交互过程
	构件	构件名	构件也称组件，一个相对独立的软件部件，它把功能实现部分隐藏在内部，对外声明了一组接口（包括供给接口和需求接口），用带有 2 个小方框的矩型表示，矩形里面是构件名称

续表

分类	名称	图例	说明
结构元素	节点	节点名	节点是指硬件系统中的物理部件，它通常具有存储空间或处理能力，用立方体表示，立方体里面是节点名称
行为元素	交互	消息名 →	交互是为了完成某个任务的对象之间相互作用，通过信息的发送和接受来完成的，用一条有向直线表示，有向直线上面标有消息名称
	状态机	状态名	状态机是指在对象生命周期内，对象从一种状态迁移到另一状态的状态序列，一个状态机由多个状态组成。状态表示为一个圆角矩形，矩形里面是状态名称
分组元素	包	包名	包用于对系统元素的分组和管理，包中可含有各种基本元素，包的样式类似于 Windows 系统中的文件夹，里面是包名。也可以在里面加上所含有的类名或其他包名(嵌套包)
注释元素	注释	注释内容	注释用来对其他元素的进行解释，用折角矩形表示，矩形里面是注释内容

(2)关系

名称	图例	说明
关联关系	——————	关联表示两个类之间存在某种语义上的联系，关联关系提供了通信的路径，它是所有关系中最通用、语义最弱的关系，用直线表示
聚合关系	◇————	聚合关系表示类之间的关系是整体与部分的关系，整体和部分不存在共存的关系，表示时用空心菱形加一根直线，菱形指向整体，直线指向部分
组合关系	◆————	组合关系表示类之间的关系是整体与部分的关系，整体和部分存在共存的关系，表示时用实心菱形加一根直线，菱形指向整体，直线指向部分
泛化关系	◁————	泛化关系表示从一般类到特殊类的关系，即继承关系，用空心箭头加一根直线表示，空心箭头指向父类，直线指向子类
实现关系	◁- - - -	实现关系是用来指定接口和实现接口的类之间的关系，用空心箭头加一根虚线表示，空心箭头指向接口，虚线指向类

续表

名称	图例	说明
依赖关系	◀ - - - - - - - -	如果一个类(A)的修改会引起另一个类(B)的变化,那么两个类之间存在有依赖关系,用实心箭头加一根虚线表示,实心箭头指向类(A),虚线指向类(B)
扩展关系	——————→	扩展关系表示把一个构造型附加到一个元素上,使得元素的定义中包括这个构造型,用一个带箭头的实线

（3）图

图名	功能
用例图	描述用户与系统如何交互
类图	描述类、类的特性以及类之间的关系
对象图	描述一个时间点上系统中各个对象的一个快照
构件图	描述构件的结构与连接
包图	描述编译时的层次结构
顺序图	描述对象之间的交互,重点在强调顺序
通信图	描述对象之间的交互,重点在于连接
活动图	描述过程行为与并行行为
状态机图	描述事件如何改变对象生命周期
部署图	描述在各个节点上的部署

3. 规则和公共机制

在 UML 中,基本元素在使用时,应该遵守一定的语义规则:

- 命名,必须为事物、关系和图取一个名字,这个名字就是一个标识符;
- 范围,给一个名称以特定含义的语境,即一个名字有它自身的作用域范围;
- 可见性,在一个包当中元素之间的访问控制;

可见性	规则	表示方法
public	任一元素,若能访问包容器,就可以访问它	+
protected	只有包容器中的元素或包容器的后代才能够看到它	#
private	只有包容器中的元素才能够看得到它	−
package	只有声明在同一个包中的元素才能够看到该元素	~

- 完整性,事物如何正确、一致的相互联系;

●执行,运行或模拟动态模型的含义是什么。

UML 的公共机制包括规格说明、修饰、通用划分和扩展机制四种,其中:

●规格说明:除了图形符号以外,对每个符号所代表的具体含义需要有对应的文字说明,这个文字说明就是规格说明,比如对每个用例都有具体的用例说明;

●修饰:UML 表示法中的每一个元素都有一个基本符号,可以把各种修饰细节加到这个符号上,比如在类图中用斜体修饰类名,则这个类是一个抽象类;

●通用划分:就是对 UML 的元素进行分类,有两种分类方法:类/对象二分法(class/object dichotomy)、接口/实现二分法(interface/realization dichotomy);

●扩展机制:UML 基本元素不能表示所有事物,可以通过扩展机制对基本元素进行扩展,主要的扩展机制有:

◈构造型:用于构造一种新的 UML 元素,格式:《构造性名称》;

◈标记值:为事物(元素)添加新特征的,格式:{标记信息},标记信息通常由名称、分隔符和值组成,标记信息放在 UML 元素当中;

◈约束:用来标识元素之间约束条件,增加新的语义或改变已存在规则,可以用自由文本或类似标记值的形式,约束条件放置在对应 UML 元素的边上。

4.图

（1）用例图

用例图(图附-2)是外部参与者所能观察到的系统功能的模型图,用例图由参与者、用例以及他们之间的关系构成,用于对系统、子系统或类的功能行为进行建模。

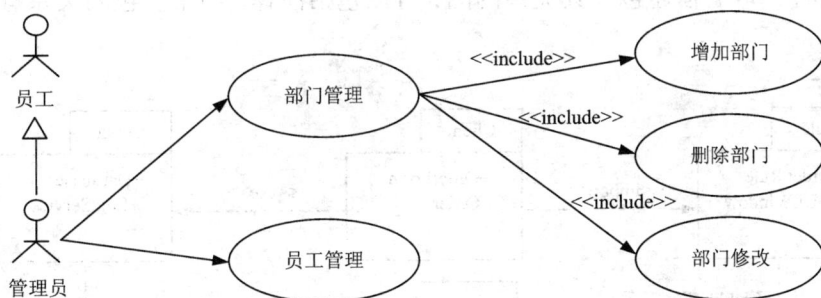

图附-2　用例图

（2）类图

类图(图附-3)是描述类、协作(类或对象间的协作)、接口及其关系的图,可以包括注释、约束、包,类图中的关系有:依赖关系、泛化关系、关联关系和实现关系,在关系上可以标注重数。

（3）对象图

对象图(图附-4)是类图的实例,对象图反映的是在系统某时点上存在的对象,每个对象都有相应的生命周期,对象图有和类图同样的关系。

（4）构件图

构件图是描述构件及构件关系的图,可以包括注释、约束、包,构件之间存在依赖关系。

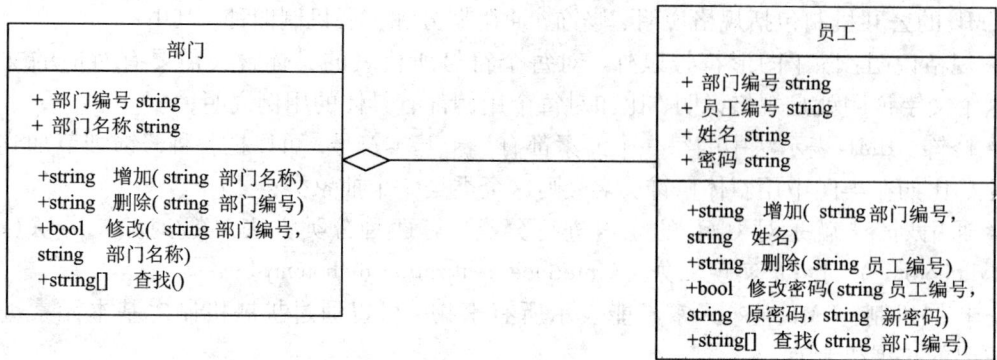

图附 - 3　类图

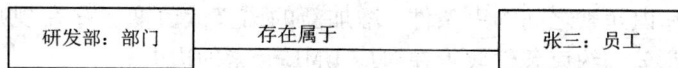

图附 - 4　对象图

图例见图 4 - 12 成绩管理系统构件图。

（5）包图

包图（图附 - 5）是描述包及其关系的图，可以包括注释、约束。包间关系有依赖关系和泛化关系。

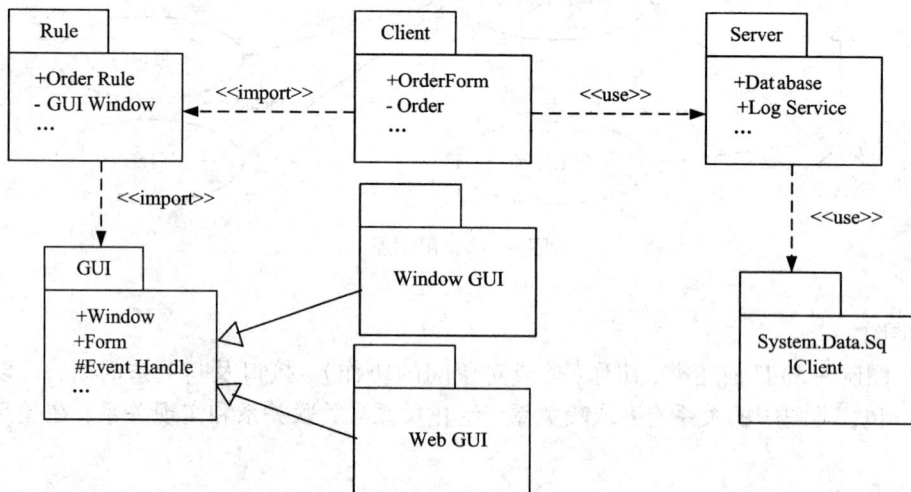

图附 - 5　包图

（6）顺序图

顺序图也称为时序图，描述了系统中对象间通过消息进行的交互，这种交互可以完成一个用例，也可以完成某个功能，强调消息在时间轴上的先后顺序。顺序图的图例参见图3-12登录系统用例顺序图。

顺序图的第一行是参与事件的对象，每个对象下面的垂直虚线代表了对象的生命周期（生命线），虚线上的矩形代表对象的控制焦点，有向实线代表消息，有向虚线代表返回消息，允许给消息加上序号，以表示消息的顺序。

（7）通信图

通信图（图附-6）也称为协作图，描述了系统中对象间通过消息进行的交互，这种交互可以完成一个用例，也可以完成某个功能，强调了对象在交互行为中承担的角色。通信图和顺序图之间的语义是等价的，只是他们的关注点不同而已。在通讯图中可以使用迭代和监护条件来表述循环和分支条件。

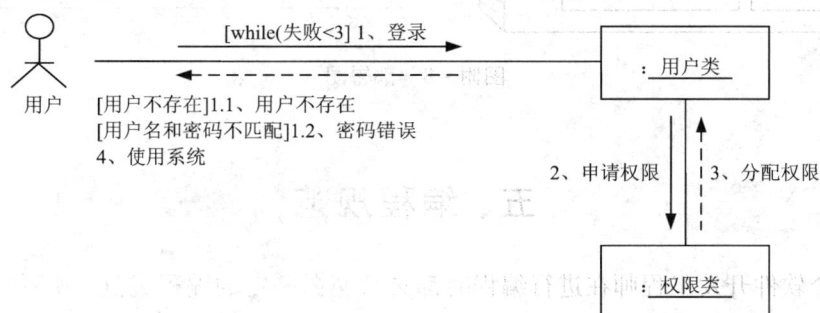

图附-6　通信图

（8）活动图

活动图是描述系统或业务的一序列活动构成的控制流，它描述了系统从一种活动转换到另一种活动的整个过程。可以用来对业务过程，工作流建模，也可以对用例实现，甚至是对程序实现进行建模，如果需要表示参与活动的对象，可以使用"泳道"，图例见图3-8登录系统用例说明（c）。

与程序流程图的最主要的区别在于，活动图能够标识活动的并行行为。如图附-7所示，计算和绘图是两个并发的线程。

（9）状态机图

状态机图简称状态图，描述对象在整个生命周期内，在事件（内部、外部）的作用下，从一种状态转换到另一种状态的关系图。图例见图3-13用户对象状态图。

（10）部署图

部署图（图附-8）也称为配置图，用来描述系统中软件和硬件的物理架构。通过部署图，可以显示运行时系统的结构，同时还表明了构成应用程序的硬件和软件元素的配置和部署方式。如果需要反映软件元素在物理节点上的配置，可以在节点内加入构件或包的信息。

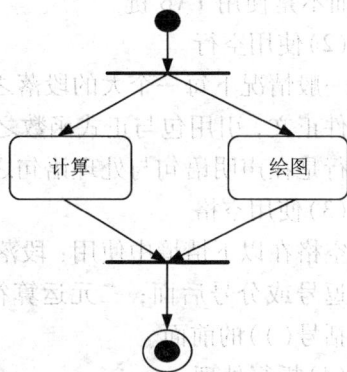

图附-7　活动图

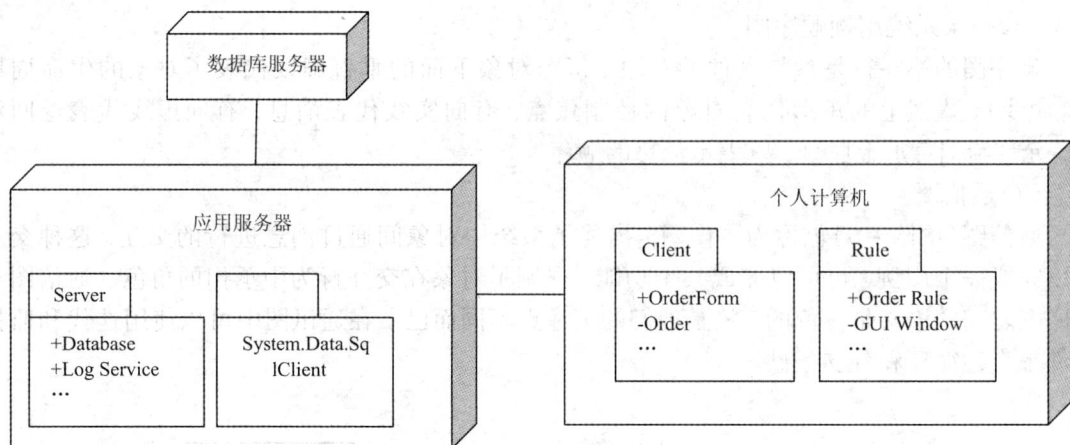

图附-8　部署图

五、编程规范

任何一个软件开发工程师在进行编程时都必须遵循一定的编程规范，其原因在于：在一个软件产品生命周期当中有70%~80%的时间是在维护，而一个作者不可能去承担产品的整个生命周期，一个好的，符合规范的产品可以提高产品的可维护性；另一方面现在的软件产品几乎都是采用团队开发的形式，混乱的编程风格将会给团队协作和代码集成带来灾难；最后任何一个规范的软件企业，都会制定相应的编程规范要求所有的人员遵守。以下将罗列一些常见的编码规范以供参考。

1. 排版规范

排版代表的是一种格式上的要求，一段排版工整的代码要比一段排版混乱的代码更容易让人理解。

（1）锯齿形缩进

现代IDE工具大都提供了段落重排功能，段落重排在手工排版的时候要求使用四个空格，而不是使用TAB键。

（2）使用空行

一般情况下每一个大的段落之间应留有一个空行，这些大的段落之间是指文件头部注释与文件正文，引用包与正式函数之间，函数之间。在一个函数内部同样也需要一些空行，这些空行是在声明语句与处理语句之间，两个不同功能处理语句段之间。

（3）使用空格

空格在以下情境中使用：段落的缩进和语句的折行处理；参数列表当中的参数分隔，一般在逗号或分号后面；二元运算符的运算符两边；等号（＝）的两边；左圆括号（（）的后面、右圆括号（））的前面。

（4）折行处理

一般情况下一个语句的长度不要超过80个字符（大概一个屏幕的显示宽度），如果语句过长应该考虑对它进行拆分，但有些时候不能拆分，就需要进行折行处理，折行处理应注意以下规则：

- 不要把一个标识符拆到两行显示；
- 从逗号后面开始断开；把运算符放到第二行的开始；
- 新的一行应该与上一行同一级别表达式的开头处对齐；
- 如果以上规则导致代码混乱或者使代码都堆挤在右边，那就代之以缩进 8 个空格。

（5）大括号（{}）

大括号（{}）是一个包（命名空间）体、类体、函数（方法）体、控制流语句体、语句块的分隔，左大括号（{）存在两种不同风格的位置，一种是 Java 风格，紧跟在命名的后面，另一种是 Microsoft 的风格，另起一行，与上一行首字母对齐。不论那种风格后面除了注释语句外，不应该有其他的东西。

2. 注释规范

注释可以帮助程序员分析、理解代码，尤其是在产品的后期维护过程中，维护人员可能并不是之前的编程人员，即使是编程人员，也不能奢望他还能记得 1 个月之前为什么要写这样一段代码，在极限编程中，希望大家都能够去修改他人的代码，在没有注释的情况下，这种修改是无法进行的。在注释过程中应简洁明了，避免二义性。

（1）文件头部注释

所有的文件在开始的部分都应该有关于这个文件的说明性注释，常见的内容如下：

```
/*
 * File：文件的名字
 * Author：作者
 * Version：文件的版本号，每次修改都应该改变版本号
 * Date：文件最后修改时间
 * Description：对这个文件的说明，它是干什么的，有什么作用，和其他文件的关系
 * Copyright：文件的版权所有人
 * Function List：主要函数列表，每条记录应包含函数名及功能简要说明
 1. …………
 2. …………
 * History：修改历史记录列表，每条修改记录应包含修改日期、修改者及修改内容
简介
 1. Date：修改时间
 Author：作者
 Modification：对修改内容的说明
 2. …………
 */
```

（2）引用包（命名空间）注释

通常情况下对引用包或命名空间不需要进行注释，但是在引用一些不常见的包或者是第三方包的时候应该进行说明，这样做一方面可以帮助记忆一些不常见的东西，另一方面可以

在这些包不再需要或者是被替换的时候能够方便找到，特别是在使用一些更新版本的包的时候。注释的位置可以放在引入语句的后面，当内容较多的时候可以放在引入语句前面。

（3）函数注释

对代码中的每一个自定义函数都应该进行说明，说明内容包括但不限于以下格式，比如下述格式中没有包括并发性的要求，有些时候可能存在有并发处理的情况：

```
/*
 * Name：函数名称
 * Author：作者
 * Version：函数的版本号，每次修改都应该改变版本号
 * Date：函数最后修改时间
 * Description：对这个函数的说明，它是干什么的，有什么作用，主要的算法
 * Input：输入参数说明
1.…………
2.…………
 * Output：输出参数说明
1.…………
2.…………
 * History：修改历史记录列表，每条修改记录应包含修改日期、修改者及修改内容
简介
1. Date：修改时间
Author：作者
Modification：对修改内容的说明
2.…………
*/
```

（4）标识符注释

一般标识符在良好命名的情况下不需要进行再次说明，但有些时候，如全局标识符，具有特定意义的标识符应当对它们进行说明，说明内容包括：标识符的作用、作用域范围、访问控制权限、取值范围、变化原因等。

（5）语句块注释

语句块注释通常和语句注释结合在一起对一个算法进行说明，应说明实现这个算法的主要思路和实现步骤，特别应说明算法中所采用变量和常量的作用。

（6）语句注释

不是每一条语句都要进行说明，但如果是一个算法的关键语句或者是一个非常规的语句应当进行说明，非常规语句如下例：

```
for (int i = 0; i < array. length − 2; i ++)
```

正常情况下遍历一个数组应该是 i < array. length − 1，但这里是 i < array. length − 2。为什么？

（7）缩写注释

所有的缩写都必须进行注释说明。

（8）使用 JavaDOC

部分工具可以生成外部的注释帮助文件，如果所编写的代码是对外发布的工具包，使用类似 JavaDOC 这样类似的工具和相应的语法对文件进行注释是有帮助的，可以在代码完成的同时就完成了帮助文档的编制工作，当然需要将对外发布的注释和内部注释分开，对外发布的注释重点是告知函数的引用规则，而不是内部实现的细节。

3. 命名规范

代码中所有的标识符（除系统关键字、保留字）以外，都应当符合命名规范的要求。

（1）基本规则

所有的标识符都应符合对应语言的标识符命名规则，虽然部分现代语言支持 Unicode 字符命名，但不建议采用除下划线、英文字母和数字之外的字符进行命名。

对标识符命名应采用有意义的名字，应能够从命名中可以了解标识符的用途及含义，一般使用英文单词进行命名，出现连续两个单词，第二个单词的首字母需要大写，如果英文单词难于表达时可以考虑使用汉语拼音。

一个标识符的长度不要超过语言所限定的标识符长度，一般情况下在 32 个字符以内，过长的标识符会增加编程的难度，在可能的情况下可以使用缩写，比如 function 可以缩写为 fun，这是大家都能够理解的。

（2）具体规则

项目命名：使用项目名称的英文首字母大写进行命名。如 manage information system 缩写为 MIS；

包或命名空间命名：全部使用小写字母，如 mis. jxust. cn；

类和接口命名：首字母大写，连续两个单词的时候，第二个单词的首字母大写，接口有些时候可以在前面加上"I"以示与类的区分；

常量命名：全部字母大写；

方法命名：第一个单词应该是动词，第一个单词应该是小写，连续两个单词的时候，第二个单词的首字母大写；

变量命名：一般采用匈牙利命名法则，变量名 = 范围前缀 + 类型 + 名字，范围前缀一般有：全局作用域 g_，成员变量 m_，局部作用域 l_，局部作用域一般情况下可以省略；类型：如整形 i，字符型 c 等；名字第一个单词应该是小写，连续两个单词的时候，第二个单词的首字母大写。

4. 代码规范

本代码规范包含了在书写代码当中的一些基本要求，这些要求仅是最小要求的集合，复杂的要求可以参考商用代码检查规则。

（1）文件和函数的长度

一个代码文件的长度包括注释和空行不应该超过 2000 行，过长的文件会导致阅读和维护困难，对过长的文件有可能的时候应该进行拆分；通常在一个文件中应只包含一个类。对于一个函数的长度同样不应该超过 200 行，大概 3 屏左右，过长的函数应该进行拆分。

（2）基本规则

所有的常量、变量都应该遵循先声明后使用的原则，对于弱类型的语言，比如 Javascript 应该采用同样的规则；

所有常量、变量的声明都应该在其作用域范围的前部进行集中声明，而不是在需要使用之前进行声明，对每个常量、变量的声明都应用单独的一条语句，而不是用一句将所有同类型的常量、变量声明完成；

所有的变量在其使用前都尽量完成其初始化工作，对数值型可以赋 0，对字符型可以赋空，对日期型可以赋当前时间，对对象类型可以赋 null；

对于所有的 if、while、for 语句不论其语句体是否只有一行代码，都应该加上 {}（或 begin、end）；

对于 switch 语句，每个 case 都应该用 break 结束，如果两个 case 之间没有 break 应该同时也没有其他语句，default 应该放在最后；

应当使用圆括号对表达式的运算优先级进行说明，而不是采用默认运算符优先级进行推定；

自增、自减运算如果不是必要，应该是单独一条语句，而不是出现在表达式当中；

对于在代码中没有使用的标识符，应该在检查原因之后将其删除。

（3）高级规则

所有的自定义数据类型、方法（函数）等都应集中于完成一项工作，同时尽量简化不同数据结构之间的相互关系；

一个函数不论其成功与否都应该返回一个状态码，状态码的一个值反映其成功，其他的值是作为错误码，详细的错误码有助于发现问题；

避免在函数内部去改变函数所传入的参数变量，可以通过临时变量来替代参数变量；

任何函数都应该考虑是否存在有输入边界的情况，如果存在应该进行判断并处理；

降低函数嵌套调用的层次，一般不大于 7 层；

尽量减少函数参数的数量，有必要的情况下可以通过结构来代替过多的参数传递；

没有必要的情况下，尽量少使用递归函数；

所有对象类型的变量在使用完成后都应该进行手工回收（释放），而不应寄托于语言环境所提供的垃圾回收机制；

在使用任何一个对象之前都应该判断它是否为 null，而不应仅仅依靠错误捕获语句；

当一个对象要转换为另一个对象之前，都应当判断是否可以转换，而不应仅仅依靠错误捕获语句（try…catch）；

在存在有类型转换的情形时，必须使用错误捕获语句进行防范；

在进行 IO 操作、数据库操作等与资源相关的操作时，必须使用错误捕获语句进行防范，同时必须使用 finally 进行资源释放；

在使用捕获语句时如果存在多个 catch，所捕获的错误范围应按从小到大的顺序排列；

如果不是必须，一个类当中的方法都应该是 private 或者是 protected。类的所有字段必须是 private，并提供访问器；

在存在有并发冲突可能的方法中，必须加上并发控制；

对所有输入的数据应进行安全性检查，包括输入数据的格式、长度和内容；

对所有可能在网络上传输的数据，特别是敏感数据都应该进行加密处理；

对于所有敏感数据需要进行保存的都应该进行加密保存，并保证加密算法不被泄露；

任何时候不要在系统中留有后门，如果留有后门也只能够在一个可监管的环境下使用，一旦系统正式使用，必须关闭后门；

在编写任何代码的时候都应该有信息安全意识，尽量避免出现漏洞；

优化代码，尽量剔除垃圾代码（不必要的代码），对在测试中所使用的代码应该在正式发布时进行注释；

任何一段代码在完成后都应当进行及时测试。

六、GB/T 8567—2006 软件需求规格说明

说明：

1.《软件需求规格说明》（SRS）描述对计算机软件配置项 CSCI 的需求，及确保每个要求得以满足的所使用的方法。涉及该 CSCI 外部接口的需求可在本 SRS 中给出：或在本 SRS 引用的一个或多个《接口需求规格说明》（IRS）中给出。

2.这个 SRS，可能还要用 IRS 加以补充，是 CSCI 设计与合格性测试的基础。

软件需求规格说明的正文的格式如下：

1　范围

本章应分为以下几条。

1.1　标识

本条应包含本文档适用的系统和软件的完整标识，（若适用）包括标识号、标题、缩略词语、版本号和发行号。

1.2　系统概述

本条应简述本文档适用的系统和软件的用途，它应描述系统和软件的一般特性；概述系统开发、运行和维护的历史；标识项目的投资方、需方、用户、开发方和支持机构；标识当前和计划的运行现场；列出其他有关的文档。

1.3　文档概述

本条应概述本文档的用途和内容，并描述与其使用有关的保密性或私密性要求。

1.4　基线

说明编写本系统设计说明书所依据的设计基线。

2　引用文件

本章应列出本文档引用的所有文档的编号、标题、修订版本和发行日期，也应标识不能通过正常的供货渠道获得的所有文档的来源。

3　需求

本章应分以下几条描述 CSCI 需求，也就是，构成 CSCI 验收条件的 CSCI 的特性。CSCI 需求是为了满足分配给该 CSCI 的系统需求所形成的软件需求。给每个需求指定项目唯一标识符以支持测试和可追踪性。并以一种可以定义客观测试的方式来陈述需求。如果每个需求有关的合格性方法和对系统（若适用，子系统）需求的可追踪性在相应的章节中没有提供，则在此进行注解。描述的详细程度遵循以下规则：应包含构成 CSCI 验收条件的那些 CSCI 特性，需方愿意推迟到设计时留给开发方说明的那些特性。如果在给定条中没有需求的话，本

条应如实陈述。如果某个需求在多条中出现，可以只陈述一次而在其他条直接引用。

3.1　所需的状态和方式

如果需要 CSCI 在多种状态和方式下运行，且不同状态和方式具有不同的需求的话，则要标识和定义每一状态和方式，状态和方式的例子包括：空闲、准备就绪、活动、事后分析、培训、降级、紧急情况和后备等。状态和方式的区别是任意的，可以仅用状态描述 CSCI，也可以仅用方式、方式中的状态、状态中的方式或其他有效方式描述。如果不需要多个状态和方式，不需人为加以区分，应如实陈述；如果需要多个状态或方式，还应使本规格说明中的每个需求或每组需求与这些状态和方式相关联，关联可在本条或本条引用的附录中用表格或其他的方法表示，也可在需求出现的地方加以注解。

3.2　需求概述

3.2.1　目标

a.本系统的开发意图、应用目标及作用范围（现有产品存在的问题和建议产品所要解决的问题）。

b.本系统的主要功能、处理流程、数据流程及简要说明。

c.表示外部接口和数据流的系统高层次图。说明本系统与其他相关产品的关系，是独立产品还是一个较大产品的组成部分（可用方框图说明）。

3.2.2　运行环境

简要说明本系统的运行环境（包括硬件环境和支持环境）的规定。

3.2.3　用户的特点

说明是哪一种类型的用户，从使用系统来说，有些什么特点。

3.2.4　关键点

说明本软件需求规格说明书中的关键点（例如：关键功能、关键算法和所涉及的关键技术等）。

3.2.5　约束条件

列出进行本系统开发工作的约束条件。例如：经费限制、开发期限和所采用的方法与技术，以及政治、社会、文化、法律等。

3.3　需求规格

3.3.1　软件系统总体功能/对象结构

对软件系统总体功能/对象结构进行描述，包括结构图、流程图或对象图。

3.3.2　软件子系统功能/对象结构

对每个主要子系统中的基本功能模块/对象进行描述，包括结构图、流程图或对象图。

3.3.3　描述约定

通常使用的约定描述（数学符号、度量单位等）。

3.4　CSCI 能力需求

本条应分条详细描述与 CSCI 每一能力相关联的需求。"能力"被定义为一组相关的需求。可以用"功能"、"性能"、"主题"、"目标"或其他适合用来表示需求的词来替代"能力"。

3.4.x　（CSCI 能力）

本条应标识必需的每一个 CSCI 能力，并详细说明与该能力有关的需求。如果该能力可以更清晰地分解成若干子能力，则应分条对子能力进行说明。该需求应指出所需的 CSCI 行为，包括适用的参数，如响应时间、吞吐时间、其他时限约束、序列、精度、容量（大小/多少）、优先级别、连续运行需求、和基于运行条件的允许偏差：（若适用）需求还应包括在异常条件、非许可条件或越界条件下所需的行为，错误处理需求和任何为保证在紧急时刻运行的连续性而引入到 CSCI 中的规定。在确定与 CSCI 所接收的输入和 CSCI 所产生的输出有关的需求时，应考虑在本文 3.5.x 给出要考虑的主题列表。

对于每一类功能或者对于每一个功能，需要具体描写其输入、处理和输出的需求。

a. 说明。

描述此功能要达到的目标、所采用的方法和技术，还应清楚说明功能意图的由来和背景。

b. 输入。

包括：

（1）详细描述该功能的所有输入数据，如：输入源、数量、度量单位、时间设定和有效输入范围等。

（2）指明引用的接口说明或接口控制文件的参考资料。

c. 处理。

定义对输入数据、中间参数进行处理以获得预期输出结果的全部操作。包括：

（1）输入数据的有效性检查。

（2）操作的顺序，包括事件的时间设定。

（3）异常情况的响应，例如，溢出、通信故障、错误处理等。

（4）受操作影响的参数。

（5）用于把输入转换成相应输出的方法。

（6）输出数据的有效性检查。

d. 输出。

（1）详细说明该功能的所有输出数据，例如，输出目的地、数量、度量单位、时间关系、有效输出范围、非法值的处理、出错信息等。

（2）有关接口说明或接口控制文件的参考资料。

3.5　CSCI 外部接口需求

本条应分条描述 CSCI 外部接口的需求。（如有）本条可引用一个或多个接口需求规格说明（IRS）或包含这些需求的其他文档。

外部接口需求，应分别说明：

a. 用户接口；

b. 硬件接口；

c. 软件接口；

d. 通信接口的需求。

3.5.1　接口标识和接口图

本条应标识所需的 CSCI 外部接口，也就是 CSCI 和与它共享数据、向它提供数据或与它交换数据的实体的关系。（若适用）每个接口标识应包括项目唯一标识符，并应用名称、序号、版本和引用文件指明接口的实体（系统、配置项、用户等）。该标识应说明哪些实体具有固定的接口特性（因而要对这些接口实体强加接口需求），哪些实体正被开发或修改（从而接口需求已施加给它们)。可用一个或多个接口图来描述这些接口。

　　3.5.x　(接口的项目唯一标识符)

　　本条(从 3.5.2 开始)应通过项目唯一标识符标识 CSCI 的外部接口,简单地标识接口实体,根据需要可分条描述为实现该接口而强加于 CSCI 的需求。该接口所涉及的其他实体的接口特性应以假设或"当[未提到实体]这样做时,CSCI 将……"的形式描述,而不描述为其他实体的需求。本条可引用其他文档(如:数据字典、通信协议标准、用户接口标准)代替在此所描述的信息。(若适用)需求应包括下列内容,它们以任何适合于需求的顺序提供,并从接口实体的角度说明这些特性的区别(如对数据元素的大小、频率或其他特性的不同期望):

　　a. CSCI 必须分配给接口的优先级别;

　　b. 要实现的接口的类型的需求(如:实时数据传送、数据的存储和检索等);

　　c. CSCI 必须提供、存储、发送、访问、接收的单个数据元素的特性,如:

　　(1)名称/标识符;

　　①项目唯一标识符;

　　②非技术(自然语言)名称;

　　③标准数据元素名称;

　　④技术名称(如代码或数据库中的变量或字段名称);

　　⑤缩写名或同义名;

　　(2)数据类型(字母数字、整数等);

　　(3)大小和格式(如:字符串的长度和标点符号);

　　(4)计量单位(如:米、元、纳秒);

　　(5)范围或可能值的枚举(如:0~99);

　　(6)准确度(正确程度)和精度(有效数字位数);

　　(7)优先级别、时序、频率、容量、序列和其他的约束条件,如:数据元素是否可被更新和业务规则是否适用;

　　(8)保密性和私密性的约束;

　　(9)来源(设置/发送实体)和接收者(使用/接收实体);

　　d. CSCI 必须提供、存储、发送、访问、接收的数据元素集合体(记录、消息、文件、显示和报表等)的特性,如:

　　(1)名称/标识符;

　　①项目唯一标识符;

　　②非技术(自然语言)名称;

　　③技术名称(如代码或数据库的记录或数据结构);

　　④缩写名或同义名;

　　(2)数据元素集合体中的数据元素及其结构(编号、次序、分组);

　　(3)媒体(如盘)和媒体中数据元素/数据元素集合体的结构;

　　(4)显示和其他输出的视听特性(如:颜色、布局、字体、图标和其他显示元素、蜂鸣器以及亮度等);

　　(5)数据元素集合体之间的关系。如排序/访问特性;

　　(6)优先级别、时序、频率、容量、序列和其他的约束条件,如:数据元素集合体是否可被修改和业务规则是否适用；

　　(7)保密性和私密性约束；

　　(8)来源(设置/发送实体)和接收者(使用/接收实体)；

　　e. CSCI 必须为接口使用通信方法的特性。如：

　　(1)项目唯一标识符；

　　(2)通信链接/带宽/频率/媒体及其特性；

　　(3)消息格式化；

　　(4)流控制(如：序列编号和缓冲区分配)；

　　(5)数据传送速率，周期性/非周期性，传输间隔；

　　(6)路由、寻址、命名约定；

　　(7)传输服务，包括优先级别和等级；

　　(8)安全性/保密性/私密性方面的考虑，如：加密、用户鉴别、隔离和审核等；

　　f. CSCI 必须为接口使用协议的特性，如：

　　(1)项目唯一标识符；

　　(2)协议的优先级别/层次；

　　(3)分组，包括分段和重组、路由和寻址；

　　(4)合法性检查、错误控制和恢复过程；

　　(5)同步，包括连接的建立、维护和终止；

　　(6)状态、标识、任何其他的报告特征；

　　g. 其他所需的特性，如：接口实体的物理兼容性(尺寸、容限、负荷、电压和接插件兼容性等)。

　　3.6　CSCI 内部接口需求

　　本条应指明 CSCI 内部接口的需求(如有的话)。如果所有内部接口都留待设计时决定，则需在此说明这一事实。如果要强加这种需求，则可考虑本文档的 3.5 给出的一个主题列表。

　　3.7　CSCI 内部数据需求

　　本条应指明对 CSCI 内部数据的需求，(若有)包括对 CSCI 中数据库和数据文件的需求。如果所有有关内部数据的决策都留待设计时决定，则需在此说明这一事实。如果要强加这种需求，则可考虑在本文档的 3.5.x.c 和 3.5.x.d 给出的一个主题列表。

　　3.8　适应性需求

　　(若有)本条应指明要求 CSCI 提供的、依赖于安装的数据有关的需求(如：依赖现场的经纬度)和要求 CSCI 使用的、根据运行需要进行变化的运行参数(如：表示与运行有关的目标常量或数据记录的参数)。

　　3.9　保密性需求

　　(若有)本条应描述有关防止对人员、财产、环境产生潜在的危险或把此类危险减少到最低的 CSCI 需求，包括：为防止意外动作(如意外地发出"自动导航关闭"命令)和无效动作(发出一个想要的"自动导航关闭"命令时失败 CSCI 必须提供的安全措施。

　　3.10　保密性和私密性需求

　　(若有)本条应指明保密性和私密性的 CSCI 需求，包括：CSCI 运行的保密性/私密性环境、提供的保密性或私密性的类型和程度，CSCI 必须经受的保密性/私密性的风险、减少此类危险所需的安全措施、CSCI 必须遵循的保密性/私密性政策、CSCI 必须提供的保密性/私密性审核、保密性/私密性必须遵循的确证/认可准则。

3.11　CSCI 环境需求

（若有）本条应指明有关 CSCI 必须运行的环境的需求。例如，包括用于 CSCI 运行的计算机硬件和操作系统（其他有关计算机资源方面的需求在下条中描述）。

3.12　计算机资源需求

本条应分以下各条进行描述。

3.12.1　计算机硬件需求

本条应描述 CSCI 使用的计算机硬件需求，（若适用）包括：各类设备的数量、处理器、存储器、输入/输出设备、辅助存储器、通信/网络设备和其他所需的设备的类型、大小、容量及其他所要求的特征。

3.12.2　计算机硬件资源利用需求

本条应描述 CSCI 计算机硬件资源利用方面的需求，如：最大许可使用的处理器能力、存储器容量、输入/输出设备能力、辅助存储器容量、通信/网络设备能力。描述（如每个计算机硬件资源能力的百分比）还包括测量资源利用的条件。

3.12.3　计算机软件需求

本条应描述 CSCI 必须使用或引人 CSCI 的计算机软件的需求，例如包括：操作系统、数据库管理系统、通信/网络软件、实用软件、输入和设备模拟器、测试软件、生产用软件。必须提供每个软件项的正确名称、版本、文档引用。

3.12.4　计算机通信需求

本条应描述 CSCI 必须使用的计算机通信方面的需求，例如包括：连接的地理位置、配置和网络拓扑结构、传输技术、数据传输速率、网关、要求的系统使用时间、传送/接收数据的类型和容量、传送/接收/响应的时间限制、数据的峰值、诊断功能。

3.13　软件质量因素

（若有）本条应描述合同中标识的或从更高层次规格说明派生出来的对 CSCI 的软件质量方面的需求，例如包括有关 CSCI 的功能性（实现全部所需功能的能力）、可靠性（产生正确、一致结果的能力）、可维护性（易于更正的能力）、可用性（需要时进行访间和操作的能力）、灵活性（易于适应需求变化的能力）、可移植性（易于修改以适应新环境的能力）、可重用性（可被多个应用使用的能力）、可测试性（易于充分测试的能力）、易用性（易于学习和使用的能力）以及其他属性的定量需求。

3.14　设计和实现的约束

（若有）本条应描述约束 CSCI 设计和实现的那些需求。这些需求可引用适当的标准和规范。

例如需求包括：

a. 特殊 CSCI 体系结构的使用或体系结构方面的需求，例如：需要的数据库和其他软件配置项；标准部件、现有的部件的使用；需方提供的资源（设备、信息、软件）的使用；

b. 特殊设计或实现标准的使用；特殊数据标准的使用；特殊编程语言的使用；

c. 为支持在技术、风险或任务等方面预期的增长和变更区域，必须提供的灵活性和可扩展性。

3.15 数据

说明本系统的输入、输出数据及数据管理能力方面的要求(处理量、数据量)。

3.16 操作

说明本系统在常规操作、特殊操作以及初始化操作、恢复操作等方面的要求。

3.17 故障处理

说明本系统在发生可能的软硬件故障时,对故障处理的要求。包括:

a. 说明属于软件系统的问题;

b. 给出发生错误时的错误信息;

c. 说明发生错误时可能采取的补救措施。

3.18 算法说明

用于实施系统计算功能的公式和算法的描述。包括:

a. 每个主要算法的概况;

b. 用于每个主要算法的详细公式。

3.19 有关人员需求

(若有)本条应描述与使用或支持 CSCI 的人员有关的需求,包括人员数量、技能等级、责任期、培训需求、其他的信息。如:同时存在的用户数量的需求,内在帮助和培训能力的需求,(若有)还应包括强加于 CSCI 的人力行为工程需求,这些需求包括对人员在能力与局限性方面的考虑:在正常和极端条件下可预测的人为错误,人为错误造成严重影响的特定区域,例如包括错误消息的颜色和持续时间、关键指示器或关键的物理位置以及听觉信号的使用的需求。

3.20 有关培训需求

(若有)本条应描述有关培训方面的 CSCI 需求。包括:在 CSCI 中包含的培训软件。

3.21 有关后勤需求

(若有)本条应描述有关后勤方面的 CSCI 需求,包括:系统维护、软件支持、系统运输方式、供应系统的需求、对现有设施的影响、对现有设备的影响。

3.22 其他需求

(若有)本条应描述在以上各条中没有涉及到的其他 CSCI 需求。

3.23 包装需求

(若有)本条应描述需交付的 CSCI 在包装、加标签和处理方面的需求(如用确定方式标记和包装 8 磁道磁带的交付)。(若适用)可引用适当的规范和标准。

3.24 需求的优先次序和关键程度

(若适用)本条应给出本规格说明中需求的、表明其相对重要程度的优先顺序、关键程度或赋予的权值,如:标识出那些认为对安全性、保密性或私密性起关键作用的需求,以便进行特殊的处理。如果所有需求具有相同的权值,本条应如实陈述。

4 合格性规定

本章定义一组合格性方法,对于第 3 章中每个需求,指定所使用的方法,以确保需求得到满足。可以用表格形式表示该信息,也可以在第 3 章的每个需求中注明要使用的方法。合格性方法包括:

　　a. 演示：运行依赖于可见的功能操作的 CSCI 或部分 CSCI，不需要使用仪器、专用测试设备或进行事后分析；

　　b. 测试：使用仪器或其他专用测试设备运行 CSCI 或部分 CSCI，以便采集数据供事后分析使用；

　　c. 分析：对从其他合格性方法中获得的积累数据进行处理，例如测试结果的归约、解释或推断；

　　d. 审查：对 CSCI 代码、文档等进行可视化检查；

　　e. 特殊的合格性方法。任何应用到 CSCI 的特殊合格性方法，如：专用工具、技术、过程、设施、验收限制。

　　5　需求可追踪性

　　本章应包括：

　　a. 从本规格说明中每个 CSCI 的需求到其所涉及的系统(或子系统)需求的可追踪性。(该可追踪性也可以通过对第 3 章中的每个需求进行注释的方法加以描述).

　　注：每一层次的系统细化可能导致对更高层次的需求不能直接进行追踪。例如：建立多个 CSCI 的系统体系结构设计可能会产生有关 CSCI 之间接口的需求，而这些接口需求在系统需求中并没有被覆盖，这样的需求可以被追踪到诸如"系统实现"这样的一般需求，或被追踪到导致它们产生的系统设计决策上。

　　b. 从分配到被本规格说明中的 CSCI 的每个系统(或子系统)需求到涉及它的 CSCI 需求的可追踪性。分配到 CSCI 的所有系统(或子系统)需求应加以说明。追踪到 IRS 中所包含的 CSCI 需求可引用 IRS.

　　6　尚未解决的问题

　　如需要，可说明软件需求中的尚未解决的遗留问题。

　　7　注解

　　本章应包含有助于理解本文档的一般信息(例如背景信息、词汇表、原理)。本章应包含为理解本文档需要的术语和定义，所有缩略语和它们在文档中的含义的字母序列表。

　　附录

　　附录可用来提供那些为便于文档维护而单独出版的信息(例如图表、分类数据)。为便于处理，附录可单独装订成册。附录应按字母顺序(A，B 等)编排。

七、GB/T 8567—2006 软件测试计划

　　说明：

　　1.《软件测试计划》(STP)描述对计算机软件配置项 CSCI，系统或子系统进行合格性测试的计划安排。内容包括进行测试的环境、测试工作的标识及测试工作的时间安排等。

　　2.通常每个项目只有一个 STP，使得需方能够对合格性测试计划的充分性作出评估。

　　软件测试计划的正文的格式如下：

　　1　引言

　　本章应分成以下几条。

　　1.1　标识

本条应包含本文档适用的系统和软件的完整标识，（若适用）包括标识号、标题、缩略词语、版本号和发行号。

1.2　系统概述

本条应简述本文档适用的系统和软件的用途。它应描述系统与软件的一般性质；概述系统开发、运行和维护的历史；标识项目的投资方、需方、用户、开发方和支持机构；标识当前和计划的运行现场；并列出其他有关文档。

1.3　文档概述

本条应概括本文档的用途与内容，并描述与其使用有关的保密性或私密性要求。

1.4　与其他计划的关系

（若有）本条应描述本计划和有关的项目管理计划之间的关系。

1.5　基线

给出编写本软件测试计划的输入基线，如软件需求规格说明。

2　引用文件

本章应列出本文档引用的所有文档的编号、标题、修订版本和日期。本章还应标识不能通过正常的供货渠道获得的所有文档的来源。

3　软件测试环境

本章应分条描述每一预计的测试现场的软件测试环境。可以引用软件开发计划（SDP）中所描述的资源。

3.x　（测试现场名称）

本条应标识一个或多个用于测试的测试现场，并分条描述每个现场的软件测试环境。如果所有测试可以在一个现场实施，本条及其子条只给出一次。如果多个测试现场采用相同或相似的软件测试环境，则应在一起讨论。可以通过引用前面的描述来减少测试现场说明信息的重复。

3.x.1　软件项

（若适用）本条应按名字、编号和版本标识在测试现场执行计划测试活动所需的软件项（如操作系统、编译程序、通信软件、相关应用软件、数据库、输入文件、代码检查程序、动态路径分析程序、测试驱动程序、预处理器、测试数据产生器、测试控制软件、其他专用测试软件和后处理器等）。本条应描述每个软件项的用途、媒体（磁带、盘等），标识那些期望由现场提供的软件项，标识与软件项有关的保密措施或其他保密性与私密性问题。

3.x.2　硬件及固件项

（若适用）本条应按名字、编号和版本标识在测试现场用于软件测试环境中的计算机硬件、接口设备、通信设备、测试数据归约设备、仪器设备（如附加的外围设备（磁带机、打印机、绘图仪）、测试消息生成器、测试计时设备和测试事件记录仪等）和固件项。本条应描述每项的用途，陈述每项所需的使用时间与数量，标识那些期望由现场提供的项，标识与这些项有关的保密措施或其他保密性与私密性问题。

3.x.3　其他材料

本条应标识并描述在测试现场执行测试所需的任何其他材料。这些材料可包括手册、软件清单、被测试软件的媒体、测试用数据的媒体、输出的样本清单和其他表格或说明。本条应标识需交付给现场的项和期望由现场提供的项。（若适用）本描述应包括材料的类型、布局和数量。本条应标识与这些项有关的保密措施或其他保密性与私密性问题。

3.x.4　所有权种类、需方权利与许可证

本条应标识与软件测试环境中每个元素有关的所有权种类、需方权利与许可证等问题。

3.x.5　安装、测试与控制

本条应标识开发方为执行以下各项工作的计划，可能需要与测试现场人员共同合作：

a. 获取和开发软件测试环境中的每个元素；

b. 使用前，安装与测试软件测试环境中的每项；

c. 控制与维护软件测试环境中的每项。

3.x.6　参与组织

本条应标识参与现场测试的组织和它们的角色与职责。

3.x.7　人员

本条应标识在测试阶段测试现场所需人员的数量、类型和技术水平，需要他们的日期与时间，及任何特殊需要，如为保证广泛测试工作的连续性与一致性的轮班操作与关键技能的保持。

3.x.8　定向计划

本条应描述测试前和测试期间给出的任何定向培训。此信息应与3.x.7所给的人员要求有关。培训可包括用户指导、操作员指导、维护与控制组指导和对全体人员定向的简述。如果预料有大量培训的话，可单独制定一个计划而在此引用。

3.x.9　要执行的测试

本条应通过引用第4章来标识测试现场要执行的测试。

4　计划

本章应描述计划测试的总范围并分条标识，并且描述本STP适用的每个测试。

4.1　总体设计

本条描述测试的策略和原则，包括测试类型和测试方法等信息。

4.1.1　测试级

本条所描述要执行的测试的级别，例如：CSCI级或系统级。

4.1.2　测试类别

本条应描述要执行的测试的类型或类别（例如，定时测试、错误输入测试、最大容量测试）。

4.1.3　一般测试条件

本条应描述运用于所有测试或一组测试的条件，例如："每个测试应包括额定值、最大值和最小值；""每个x类型的测试都应使用真实数据（live data）；""应度量每个CSCI执行的规模与时间。"并对要执行的测试程度和对所选测试程度的原理的陈述。测试程度应表示为某个已定义总量（如离散操作条件或值样本的数量）的百分比或其他抽样方法。也应包括再测试/回归测试所遵循的方法。

4.1.4　测试过程

在渐进测试或累积测试情况下，本条应解释计划的测试顺序或过程。

4.1.5　数据记录、归约和分析

本条应标识并描述在本STP中标识的测试期间和测试之后要使用的数据记录、归纳和分

析过程。(若适用)这些过程包括记录测试结果、将原始结果处理为适合评价的形式,以及保留数据归约与分析结果可能用到的手工、自动、半自动技术。

4.2　计划执行的测试

本条应分条描述计划测试的总范围。

4.2.x　(被测试项)

本条应按名字和项目唯一标识符标识一个 CSCI、子系统、系统或其他实体,并分以下几条描述对各项的测试。

4.2.x.y　(测试的项目唯一标识符)

本条应由项目唯一标识符标识一个测试,并为该测试提供下述测试信息。根据需要可引用 4.1 中的一般信息。

a. 测试对象;

b. 测试级;

c. 测试类型或类别;

d. 需求规格说明中所规定的合格性方法;

e. 本测试涉及的 CSCI 需求(若适用)和软件系统需求的标识符(此信息亦可在第 6 章中提供);

f. 特殊需求(例如,设备连续工作 48 小时、测试程度、特殊输入或数据库的使用);

g. 测试方法,包括要用的具体测试技术,规定分析测试结果的方法;

h. 要记录的数据的类型;

i. 要采用的数据记录/归约/分析的类型;

j. 假设与约束,如由于系统或测试条件即时间、接口、设备、人员、数据库等的原因而对测试产生的预期限制;

k. 与测试有关的安全性、保密性与私密性要求。

4.3　测试用例

a. 测试用例的名称和标识;

b. 简要说明本测试用例涉及的测试项和特性;

c. 输入说明,规定执行本测试用例所需的各个输入,规定所有合适的数据库、文件、终端信息、内存常驻区域和由系统传送的值,规定各输入间所需的所有关系(如时序关系等);

d. 输出说明,规定测试项的所有输出和特性(如:响应时间),提供各个输出或特性的正确值;

e. 环境要求,见本文档第 3 章。

5　测试进度表

本章应包含或引用指导实施本计划中所标识测试的进度表。包括:

a. 描述测试被安排的现场和指导测试的时间框架的列表或图表。

b. 每个测试现场的进度表,(若适用)它可按时间顺序描述以下所列活动与事件,根据需要可附上支持性的叙述。

(1)分配给测试主要部分的时间和现场测试的时间;

(2)现场测试前,用于建立软件测试环境和其他设备、进行系统调试、定向培训和熟悉工作所需的时间;

（3）测试所需的数据库/数据文件值、输入值和其他操作数据的集合；

（4）实施测试，包括计划的重测试；

（5）软件测试报告（STR）的准备、评审和批准。

6 需求的可追踪性

本章应包括：

a. 从本计划所标识的每个测试到它所涉及的 CSCI 需求和（若适用）软件系统需求的可追踪性（此可追踪性亦可在 4.2.x.y 中提供，而在此引用）。

b. 从本测试计划所覆盖的每个 CSCI 需求和（若适用）软件系统需求到针对它的测试的可追踪性。这种可追踪性应覆盖所有适用的软件需求规格说明（SRS）和相关接口需求规格说明（IRS）中的 CSCI 需求，对于软件系统，还应覆盖所有适用的系统/子系统规格说明（SSS）及相关系统级 IRS 中的系统需求。

7 评价

7.1 评价准则

7.2 数据处理

7.3 结论

8 注解

本章应包含有助于理解本文档的一般信息（例如背景信息、词汇表、原理）。本章应包含为理解本文档需要的术语和定义，所有缩略语和它们在文档中的含义的字母序列表。

附录

附录可用来提供那些为便于文档维护而单独出版的信息（例如图表、分类数据）。为便于处理，附录可单独装订成册。附录应按字母顺序（A，B 等）编排。

附录

参考文献

［1］张海藩，牟永敏.软件工程导论(第6版)［M］.北京：清华大学出版社，2013
［2］［美］Steve Resnick，等.Scrum 敏捷开发高级教程——使用 Team Foundation Server 2010［M］.朱永光译.北京：清华大学出版社，2013
［3］［美］ErichGamma，等.设计模式——可复用面向对象软件的基础［M］.李英军，等译.北京：机械工业出版社，2014
［4］刘伟.设计模式［M］.北京：清华大学出版社，2011
［5］［美］Murat Yener，等.Java EE 设计模式解析与应用［M］.张龙译.北京：清华大学出版社，2015
［6］张友生，李雄.软件体系结构–原理、方法与实践［M］.北京：清华大学出版社，2009
［7］周苏，等.软件体系结构与设计［M］.北京：清华大学出版社，2013
［8］王珊.数据库系统原理教程［M］.北京：清华大学出版社，1998
［9］何玉洁，等.数据库原理及应用［M］.北京：人民邮电出版社，2012
［10］郑人杰，等.软件测试［M］.北京：人民邮电出版社，2011
［11］李千目.软件测试理论与技术［M］.北京：清华大学出版社，2015
［12］曲朝阳，等.软件测试技术(第2版)［M］.北京：清华大学出版社，2015
［13］覃征，等.软件项目管理(第2版)［M］.北京：清华大学出版社，2009
［14］［美］Andrew Pham，等.Scrum 实战——敏捷软件项目管理与开发［M］.崔康译.北京：清华大学出版社，2013
［15］［美］Boswell，D，等.编写可读代码的艺术［M］.尹哲，等译.北京：机械工业出版社，2012
［16］［美］Dave Hoover，等.软件开发者路线图——从学徒到高手［M］.王江平译.北京：机械工业出版社，2010

图书在版编目(CIP)数据

软件工程导论 / 晏峰著. —长沙：中南大学出版社，2016.12
(2020.7 重印)
ISBN 978 - 7 - 5487 - 2290 - 8

Ⅰ. 软⋯   Ⅱ. 晏⋯   Ⅲ. 软件工程   Ⅳ. TP311.5

中国版本图书馆 CIP 数据核字(2016)第 127813 号

软件工程导论

晏 峰 著

□责任编辑	谢贵良
□责任印制	周 颖
□出版发行	中南大学出版社
	社址：长沙市麓山南路　　邮编：410083
	发行科电话：0731 - 88876770　传真：0731 - 88710482
□印　装	长沙印通印刷有限公司

□开　本	787 mm×1092 mm 1/16	□印张 14.5	□字数 368 千字
□版　次	2016 年 12 月第 1 版	□印次 2020 年 7 月第 3 次印刷
□书　号	ISBN 978 - 7 - 5487 - 2290 - 8
□定　价	39.00 元

图书出现印装问题，请与经销商调换